技術士 一次試験
電気電子部門
苦手をおぎなう合格テキスト

廣吉康平・平塚由香里・滑川幸廣・秋葉俊哉 [共著]

Ohmsha

まえがき

　技術士の一次試験を受験する方で，最終的なキャリアとして「技術士補」を目指している方はいないと思います．当然，一次試験合格後は二次試験を受験し，最終的に「技術士」になることを目指しているでしょう．

　文部科学省は，2016年に取りまとめた「今後の技術士制度の在り方について」の中で，技術者キャリア形成スキームを例示しています．そこには，キャリアのスタート期（ステージ1）に「第一次試験を受験する者は，高等教育機関等の卒業と近い時期に合格した上でこれ以降のステージに進んでいくことが望ましい」という記述があります．要は技術者のキャリア形成には，一次試験合格の知識を有した状態で，二次試験の受験資格に必要な4～7年の実務経験を積むことが望ましいということです．

　この観点から，著者は技術士を目指す方には，ぜひ一次試験を通じて自身の専門分野の知識を深めるだけでなく，不足している知識を洗い出していただきたいと考えています．その手助けとなるように，この本は「答えが分かる」過去問解説ではなく，「考え方が分かる」過去問解説を目指してつくりました．そのため，まず設問に対してどのように考え方を展開していけば結論となる解答にたどり着けるのかの解説を行い，そのあとに問題を解くために必要な基礎知識を解説する構成にしています．

　出題範囲が非常に広い電気電子部門では，自身にとって，まったくの専門外の問題も出題されていると思います．しかし著者は皆さまに，自身の専門とは関係なく，この本に記載されているすべての問題を一度は解いてほしいと考えています．この本を一巡すれば，おぼろげに自身の現在地が見えてくるはずです．自身の現在地を知ることは，技術士という目標までのルートを定める第一歩になります．

　この本を手に取ったすべての方が「自分は絶対に技術士になれる」と信じているわけではないかもしれません．「技術士か～，先は長いな」と感じている方も多いのではないでしょうか．しかし，正しい手順で正しい研鑽に励むことができれば，必ず技術士の資格を手にすることができます．この本が皆さまにとって，遠く先に見えている技術士という目標を少しでもはっきりと映し出す手助けになれば，こんなに嬉しいことはありません．

監修者/著者代表　廣吉　康平

著者陣に
聞きました

| 監修&著者 | 廣吉　康平 | ひろよし・こうへい |

(株)九電工
建築物における電気設備工事のプロジェクトマネジメント

Q1 所有している技術士の部門（科目）を教えてください.
── 電気電子部門（電気設備）と総合技術監理部門（電気電子）です.

Q2 一次試験に合格したときの年齢と，当時の業務内容を教えてください.
── 31歳で合格しました. 当時は電気工事業で新築建築物の施工管理（プロジェクトマネジメント）をしていました.

Q3 一次試験は，何回目の受験で合格しましたか？
── 幸運にも，一次試験は1回目の受験で合格することができました.

Q4 二次試験は一次試験のあと，すぐにチャレンジしましたか？ また，いつ合格しましたか？
── 翌年には二次試験にチャレンジしましたが，初回は残念ながら不合格でした. しかし，その次の年には電気電子部門に，さらにその翌年には総合技術監理部門に，それぞれ合格することができました.

Q5 技術士の資格取得を考えたきっかけは何ですか？
── 技術士という資格が存在することを知ったのは，大学を卒業して会社に入社した直後でした. はじめはその難易度から雲の上の存在だと感じていましたが，業務に慣れてきた30歳頃に，挑戦しようと思い立ちました.

Q6 どのような理由で技術部門（科目）を選びましたか？
── 私の職業が電気設備工事の施工管理であったため，自然に電気電子部門（電気設備）が最適だと考えました. なので，部門（科目）選択については，特に悩むことはありませんでした.

Q7 一次試験の受験対策（勉強）は，どのように行いましたか？
── 過去問を解くことで対策しました. ただ，出題範囲の広さに戸惑い，一番専門から遠い情報通信などは手も足も出ず，自分の得意な問題だけ復習していました. 結果としてギリギリの合格でした.

Q8 技術士を取得したあと，ご自身や周囲に何か変化はありましたか？
── 私の場合，企業内技術士として活動しているため，特別大きな変化はありませんでした. しかし，名刺に技術士の資格を明記することで，取引先や仕事相手からの印象が少し変わったように感じます. また，自分自身も技術士と名乗ることで，業務への意識が高まりました. 最近は，肩書が変わるたびに名刺をつくり直すのが面倒なので，名刺には肩書を記載せず，名前の下に技術士の資格だけを記載しています.

Q9 これから一次試験に臨む受験生に励ましの言葉をお願いします.
── 技術士の一次試験は出題範囲が広いため，自分の知識の範囲を確認する絶好の機会と考えていただきたいです. 専門分野だけを勉強して合格した私がいうのもおかしいですが，ぜひ周辺知識の習得にも活用していただきたいと思います.

著者 平塚　由香里 ひらつか・ゆかり

知財関連会社勤務
特許調査

Q1 所有している技術士の部門（科目）を教えてください.

── 電気電子部門（情報通信）です.

Q2 一次試験に合格したときの年齢と，当時の業務内容を教えてください.

── 年齢は控えさせていただきますが, 遅い方です. 当時はディジタル回路の設計をしていました.

Q3 一次試験は，何回目の受験で合格しましたか？

── 幸い1回目の受験で合格できました.

Q4 二次試験は一次試験のあと，すぐにチャレンジしましたか？ また，いつ合格しましたか？

── 一次試験合格後, 何も分からず受験を迷っていましたが, すでに受験資格があることを知り, 翌年すぐにチャレンジしてみたところ, 幸運なことに合格することができました.

Q5 技術士の資格取得を考えたきっかけは何ですか？

── 転職がきっかけで, 自身の技術力が知りたいと思うようになり, 書店で資格コーナーに立ち寄った際に資格の存在を知り, 一次試験にチャレンジしました. 一次試験合格後, 技術士の方々と出会う機会に恵まれ, 自分も技術士になりたいと思うようになりました.

Q6 どのような理由で技術部門（科目）を選びましたか？

── 私の職種に該当しそうな科目（電子応用）や他部門（情報工学）などと, 当時の仕事の対象に相当する科目（情報通信）があり, どうしようか考えましたが, 学生時代からの専門に近く, 取得したいと思う科目（情報通信）を選択しました.

Q7 一次試験の受験対策（勉強）は，どのように行いましたか？

── 自身の専門以外の出題範囲が広く, どう対処していいか分からなかったため, 過去問を中心に習得していきました. 試験問題について分からない箇所があれば, 深掘していくようにしました.

Q8 技術士を取得したあと，ご自身や周囲に何か変化はありましたか？

── 技術士資格が必要な仕事ではありませんでしたが, 資格を取得したことで, 自身の仕事に取り組む姿勢が変わりました. また, 技術士の仲間入りをすることで知識が増え, より広い分野に視野が広がったことが大きかったです.

Q9 これから一次試験に臨む受験生に励ましの言葉をお願いします.

── 一次試験は出題範囲が広いですが, 基本的な問題も多いため, 学生の頃から意識して勉強し, 記憶が新しいうちにチャレンジした方がよいように思います. 一次試験後は技術士を目指して能力開発を続けていくことになるかと思いますが, 早く一次試験を取得し, 目標をもって計画的に取り組むことが技術者としての充実した仕事にもつながると思います. 頑張ってチャレンジしてみてください. また, すでに二次試験の受験資格をおもちの方は, 効率的に一次試験に必要な知識を整理し, 今まで取り組んでこなかった範囲にも目を通してみてください. 知識の幅が広がり, 余裕が出てくるかもしれません.

著者 滑川　幸廣 なめかわ・ゆきひろ

滑川技術士事務所
技術コンサルティング

Q1 所有している技術士の部門（科目）を教えてください.

―― 電気電子部門の発送配電（現在の電力・エネルギーシステム）と総合技術監理部門です.

Q2 一次試験に合格したときの年齢と，当時の業務内容を教えてください.

―― 54歳で合格しました. 当時は火力発電所の建設工事に従事していました.

Q3 一次試験は，何回目の受験で合格しましたか？

―― 当時は一次試験でもミニ論文と択一問題でしたが，1回目の受験で合格できました.

Q4 二次試験は一次試験のあと，すぐにチャレンジしましたか？ また，いつ合格しましたか？

―― すぐ次の年にチャレンジしましたが，不合格でした. しかし，その次の年に電気電子部門に合格することができました. また，10年ほど経ってから総合技術監理部門に合格しました.

Q5 技術士の資格取得を考えたきっかけは何ですか？

―― 当時，技術士という資格は知っていたのですが，自分のような工事屋がとるような資格ではないと敬遠していました. 建設工事が中断になったときに，上司に技術士の資格取得を勧められ，年齢的に不安がありましたが，受験することになりました.

Q6 どのような理由で技術部門（科目）を選びましたか？

―― 入社以来，火力発電所や原子力発電所の電気設備関係のメンテナンスにかかわっていたので，電気電子部門（発送配電）にしました. 部門（科目）の選択については自然な流れでした.

Q7 一次試験の受験対策（勉強）は，どのように行いましたか？

―― 受験を勧められてから一次試験まで1年もなかったと思います. 当時は詳しい解説書などなかったので，過去問題と答えを突き合わせて，勉強をしていた記憶があります.

Q8 技術士を取得したあと，ご自身や周囲に何か変化はありましたか？

―― 技術士の合格後，すぐに管理部門に異動になってしまい，何のために資格をとったのか戸惑いました. しかし，定年退職が近づくにつれて，技術を生かして世の中の役に立つ仕事がしたいと思い，総合技術監理部門を受験し，幸いにも2回目に合格しました. 退職してからは技術士事務所を設立して，技術士仲間と色々な仕事をしています.

Q9 これから一次試験に臨む受験生に励ましの言葉をお願いします.

―― 一次試験は出題範囲が広く，過去の問題を中心に勉強するのが定石ですが，受験指導をしている私の経験から，あと一歩で合格なのに…という方が多数おられます. 既往問題と，そのほか2～3問，自分の得意分野をつくっておくのが合格の決め手だと思います. 本書はその手助けになると思います.

著者 秋葉 俊哉 あきば・としや

秋葉技術士事務所
電子機器設計，技術コンサルティング

Q1 所有している技術士の部門（科目）を教えてください．

── 電気電子部門（電子応用）です．

Q2 一次試験に合格したときの年齢と，当時の業務内容を教えてください．

── 47歳で合格しました．当時は，システムLSIの開発をしていました．

Q3 一次試験は，何回目の受験で合格しましたか？

── 1回目の受験で合格できました．

Q4 二次試験は一次試験のあと，すぐにチャレンジしましたか？ また，いつ合格しましたか？

── すぐ次の年にチャレンジしましたが，不合格でした．しかし，その次の年に合格することができました．

Q5 技術士の資格取得を考えたきっかけは何ですか？

── 40歳代後半になり，定年後を考える時期になってきた頃に，退職したらなくなる会社の肩書以外に資格をもっていた方がよいと考えて試験勉強に着手しました．

Q6 どのような理由で技術部門（科目）を選びましたか？

── 入社以来，映像機器の回路設計を担当してきたので，迷うことなく電子応用を選びました．

Q7 一次試験の受験対策（勉強）は，どのように行いましたか？

── 過去問を重点的にやったと思います．

Q8 技術士を取得したあと，ご自身や周囲に何か変化はありましたか？

── 電子応用の受験者の特徴かもしれませんが，「資格を生かす」というよりも「腕試し」的な要素が大きかったので，仕事面では特に変化はありませんでした．自分の技術にある程度自信をもてた，という側面もあったと思います．また，技術士会の登録グループや出身大学の技術士会に参加することにより他社や異業種の方と接する機会が増え，所属している企業だけでは得られない技術や視点を知ることができました．特にそのときに得られた人脈と知見を退職してからの仕事につなげることができ，現在もその方々と様々な業務を行っています．

Q9 これから一次試験に臨む受験生に励ましの言葉をお願いします．

── 一次試験は大学の専門課程の範囲の問題が出されるので，まだ記憶に新しい卒業後の早い時期に受験することをお勧めします．また，自分の専門以外の設問にも解答する必要があるので，まずは隣接する分野の過去問にチャレンジしてみてください．

CONTENTS

執筆担当

・廣吉　康平　　　監修｜電磁気・電気回路

・平塚　由香里　　情報通信

・滑川　幸廣　　　電気回路・電気機器・発送配電・電気設備

・秋葉　俊哉　　　電気回路・電子回路

　技術士は産業界における最高位の国家資格です．技術士法第二条において「技術士とは，技術士の名称を用いて，科学技術に関する高等の専門的応用能力を必要とする事項についての計画，研究，設計，分析，試験，評価又はこれらに関する指導の業務（他の法律においてその業務を行うことが制限されている業務を除く）を行う者をいう．」と定義されています．もしあなたが産業界に身を置いているのであれば，目指す価値がある資格であることは間違いありません．

　その技術士を認定する技術士制度は，高度な専門知識と経験をもつ技術者を育成・認定するための国家資格制度で，その存在は日本の技術力向上と産業発展に対する重要な役割を果たしています．アメリカのコンサルティング・エンジニア制度を参考にした技術士法が制定されたのは1957年のことで，その後，社会の技術的なニーズが変化する中で，制度自体も進化し続けてきました．1957年当時は，科学技術の発展と社会の複雑化が一段と進み，様々な技術分野で高度な知識と技術力をもつ技術者が求められるようになっており，それに対応する形で技術士法が制定され，技術士制度が生まれました．技術士法制定の翌年である1958年には初めての試験が行われ，優秀な技術者が技術士として認定されるようになりました．以来，技術士という国家資格は，その資格保持者が高度な専門知識と技術力をもつことを証明する重要な資格となっています．

　技術士資格の特徴として，多様性に富んだ部門設定が挙げられます．現状では，技術士資格は総合技術監理部門を含む全21部門から成り立ち，各部門は科学技術分野の進歩や社会的要請に応じて設定されています．各部門の試験においては，適切な知識と技術が評価の対象となります．例えば，「建設部門」では土木工学，「電気電子部門」では電気・電子工学など，その分野における深い知識と経験が必要とされます．また，「航空・宇宙部門」，「原子力・放射線部門」のように，特定の専門分野を深く追究する部門も存在します．このように，技術士資格は多様な分野を網羅し，それぞれの分野で専門的な知識と技術を所持することが証明できる資格となっています．

　各部門には，より詳細な「科目」が設けられており，それぞれの科目に対してのより深い専門知識や技術，そして問題解決能力が求められています．これらの科目は，幅広い分野から構成されており，二次試験を受験する際は，その中から自身の専門分野や興味・関心に最も合致するものを選ぶ必要があります．ここで1つ忘れてはならないのが，選ぶ科目が自身のキャリアパスを形成するための重要な基盤になるということです．適切な科目を選ぶことで，あなた自身の技術的な成長とキャリアの発展を促進することができます．

　次のページに，各技術部門とその部門における選択科目の一覧を記載します．この一覧を参照しながら，あなた自身のキャリアゴールや興味・関心に最も一致する科目を考えてみてください．

各部門と選択科目の一覧（総合技術監理部門を除く）

技術部門	選択科目	技術部門	選択科目
1 機械	1-1 機械設計 1-2 材料強度・信頼性 1-3 機構ダイナミクス・制御 1-4 熱・動力エネルギー機器 1-5 流体機器 1-6 加工・生産システム・産業機械	10 上下水道	10-1 上水道及び工業用水道 10-2 下水道
2 船舶・海洋	2-1 船舶・海洋	11 衛生工学	11-1 水質管理 11-2 廃棄物・資源循環 11-3 建築物環境衛生管理
3 航空・宇宙	3-1 航空宇宙システム	12 農業	12-1 畜産 12-2 農業・食品 12-3 農業農村工学 12-4 農村地域・資源計画 12-5 植物保護
4 電気電子	4-1 電力・エネルギーシステム 4-2 電気応用 4-3 電子応用 4-4 情報通信 4-5 電気設備		
		13 森林	13-1 林業・林産 13-2 森林土木 13-3 森林環境
5 化学	5-1 無機化学及びセラミックス 5-2 有機化学及び燃料 5-3 高分子化学 5-4 化学プロセス	14 水産	14-1 水産資源及び水域環境 14-2 水産食品及び流通 14-3 水産土木
		15 経営工学	15-1 生産・物流マネジメント 15-2 サービスマネジメント
6 繊維	6-1 紡糸・加工系及び紡績・製布 6-2 繊維加工及び二次製品	16 情報工学	16-1 コンピュータ工学 16-2 ソフトウェア工学 16-3 情報システム 16-4 情報基盤
7 金属	7-1 金属材料・生産システム 7-2 表面技術 7-3 金属加工		
		17 応用理学	17-1 物理及び化学 17-2 地球物理及び地球化学 17-3 地質
8 資源工学	8-1 資源の開発及び生産 8-2 資源循環及び環境浄化	18 生物工学	18-1 生物機能工学 18-2 生物プロセス工学
9 建設	9-1 土質及び基礎 9-2 鋼構造及びコンクリート 9-3 都市及び地方計画 9-4 河川, 砂防及び海岸・海洋 9-5 港湾及び空港 9-6 電力土木 9-7 道路 9-8 鉄道 9-9 トンネル 9-10 施工計画, 施工設備及び積算 9-11 建設環境	19 環境	19-1 環境保全計画 19-2 環境測定 19-3 自然環境保全 19-4 環境影響評価
		20 原子力・放射線	20-1 原子炉システム・施設 20-2 核燃料サイクル及び放射性廃棄物の処理・処分 20-3 放射線防護及び利用

技術士資格は，部門や科目は詳細に分類されていますが，これらは決して独立して存在しているわけではなく，互いに連携しており，技術士は自身の専門分野を超えて広い視野をもつことが推奨されています．技術士には，現代社会における多様な技術問題に対処するために，それぞれの分野の壁を越えた統合的な視点が求められます．これは専門性を深めるだけでなく，他分野との接点を理解し，異なる視点からの解釈や解決策を提供することができるという意義をもっています．そのため，技術士は単なる専門家ではなく，縦割りになりがちな専門分野を横断し，異なる視点を統合して問題解決に取り組むことができる「専門技術のメタ認識者」ともいえるでしょう．このように技術士制度は，現代社会に必要とされる多面的な技術力の育成を目指しています．

　そのため，技術士となるためには，ただ専門知識をもつだけでなく，その知識を適切に活用し，実際の問題解決につなげる能力も求められます．この能力は，技術士が社会の様々な問題を解決するうえでの重要なスキルであり，試験ではその能力を評価する問題も出題されます．さらに，技術士としての倫理観も重要な要素とされています．技術士は，自身の技術力を公正に活用し，社会に貢献することが求められます．そのため技術士試験では，倫理観を問う問題も出題され，技術士としての資質を評価することになります．

　二次試験に合格したあとは，技術士登録を行うことにより技術士と名乗ることができます．技術士法第五十七条第1項に「技術士でない者は，技術士又はこれに類似する名称を使用してはならない．」とあり，これがいわゆる技術士の名称独占です．名称独占は，技術士としての適格者のみに技術士の名称を用いることを認める一方，技術士でない者にはその名称の使用を厳に禁止しています．また，技術士には資質向上の責務があり，技術士は業務を廃止するまでの間，常にその業務に関して，有する知識および技能の水準を向上させるための継続的な研鑽（CPD）が義務付けられています．

　技術士制度は，これまで60年以上にわたり日本の科学技術の発展に大いに貢献してきました．今後も技術士制度は，社会の要請に応じて進化を続け，さらに多くの優秀な技術者を育成し，社会に貢献していくことでしょう．この歴史と進化は，技術士制度が日本の科学技術の発展とともに歩んできた証でもあります．技術士は，その深い知識と豊富な経験を活かし，日本の技術力向上に大きく寄与してきました．この本を手にした皆さまが，いつの日かその仲間入りをしてくれることを願っています．

技術士試験の概要

　技術士試験は，第一次試験と第二次試験から構成されます．

　一次試験では，以下の能力を有するかが判定されます．

・技術士となるのに必要な科学技術全般にわたる基礎的学識

・技術士法第四章の規定に関する適性

・技術士補となるのに必要な技術部門についての専門的学識

　一次試験の詳細については，このあとの「第一次試験の概要」のページで述べます．一次試験に受験資格はなく，誰でも受験することが可能です．

　二次試験では，技術士となるのに必要な技術部門についての専門的学識および高等の専門的応用能力を有するかが判定されます．受験資格を必要としなかった一次試験とは違い，二次試験の受験には技術士補となる資格を有している[注1]こと以外に，以下のような実務経験が必要[注2]です．

・技術士補の登録日以降，技術士補として4年を超える期間技術士を補助している
・技術士補となる資格を有した日以降，監督者の下で，科学技術に関する業務について，4年を超える期間従事している
・科学技術に関する業務について，7年を超える期間従事している

　二次試験の詳細は割愛しますが，筆記試験を合格した者だけが口頭試験に進むことができます．二次試験の合格率は部門によって違いますが，10％前後の難関試験となっています．一次試験，二次試験はそれぞれ年1回行われ，二次試験に合格すると，その専門分野における技術士として登録できる権利を得ることができます．なお，技術士試験の仕組みは非常に複雑で，ここに記載した内容はあくまでも概要のみです．詳細は，試験を実施する日本技術士会のホームページ（https://www.engineer.or.jp）などでご確認ください．

〈技術士試験の仕組み〉

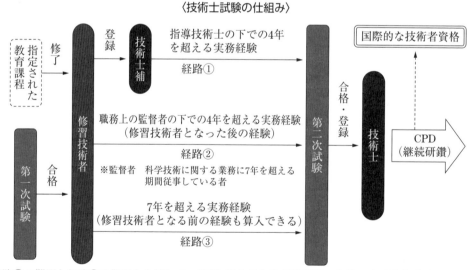

経路①の期間と経路②の期間を合算して，通算4年を超える実務経験でも第二次試験を受験できます．
出典：日本技術士会「技術士制度について（令和5年4月）」

注1）技術士第一次試験に合格しているか，指定された教育課程を修了していることが条件となる．なお，資格を「有している」ことが条件なので，実際に技術士補の資格は必要ではない
注2）総合技術監理部門を除く技術部門を受験する場合

- **受験資格**

特定の受験資格は設けられていません.

- **試験日**

一次試験は，以前は10月の第1または第2日曜日に行われていましたが，2021年度以降は11月の第4日曜日に実施されています.

申込期間は比較的早く，通常6月に設定されています．WEBでの受付は行われておらず，提出は簡易書留郵便のみです．受験される方は余裕をもって，申込書の提出を行うようにしてください.

- **試験会場**

日本の各主要都市で行われます．2023年度の開催地は以下の通りです.

　北海道，宮城県，東京都，神奈川県，新潟県，石川県，愛知県，大阪府，

　広島県，香川県，福岡県，沖縄県

- **試験科目**

一次試験は3科目から成ります.

1. 基礎科目［1時間，15点（15問）満点］：科学技術全般の基礎知識
2. 適性科目［1時間，15点（15問）満点］：技術士法第四章の規定遵守に関する適性
3. 専門科目［2時間，50点（25問）満点］：選択した技術部門の基礎・専門知識

すべての科目の解答方法が択一式となっています.

- **専門科目試験詳細**

試験は35問出題され，受験者はその中から25問を選択して解答します．過去の出題傾向などについては，次ページの「過去問題の分類と傾向分析」で詳しく解説します.

- **合格基準**

各科目で50％以上を得点すると合格になります．3科目すべてで合格しなければ一次試験全体での合格にはなりません．また，科目合格制度は設けられておらず，合格した科目がある場合でも，次年度はすべての科目の受験が必要です.

- **合格率**

年度によって違いますが，電気電子部門の合格率は約40％です．他の部門の合格率や詳しい統計は，日本技術士会のホームページで確認することができます.

- **合格発表**

以前は12月でしたが，2021年度以降は翌年2月に行われています.

大分類	中分類	番号	タイトル	主項目	出題された年度数
電磁気	電磁気の基礎	1	電磁気現象	電磁波	3
				電磁気現象	5
				静電容量	2
				フレミングの左手の法則	2
		2	電位・電界	電位	3
				電界の強さ	5
				クーロン力	2
		3	基本理論	ガウスの法則	4
				基本方程式	3
				その他	4
		4	ビオ・サバールの法則	無限長導線	5
				円形回路	5
		5	ガウスの法則	ガウスの法則	4
	電磁気回路	6	コンデンサ	電荷・エネルギー	6
				平板同士の引力	2
		7	インダクタンス		3
電気回路	基本法則	1	回路理論（1）	オームの法則	5
				キルヒホッフの法則	3
				その他	1
		2	回路理論（2）	重ね合わせの理（電圧源のみ）	7
				重ね合わせの理（電圧源・電流源）	5
		3	回路理論（3）	鳳－テブナンの定理	6
				ノートン等価回路	1
		4	合成抵抗（1）	抵抗の合成	4
		5	合成抵抗（2）	ブリッジ回路による解法	8
	共振・過渡特性	6	RLC回路	一般問題	10
				力率改善	2
				ブリッジ回路	9
		7	共振回路	共振回路	7
		8	過渡現象	過渡現象	13
発送配電	送電	1	送電	％インピーダンス	4
				その他	2
		2	周波数	周波数変動	1
				ひずみ波	1
		3	総合力率	総合力率	6
		4	高電圧	直流送電	2
				高電圧計測	4
	発変電	5	発電効率	エネルギー効率	5
				水頭	1
		6	ランキンサイクル	ランキンサイクル	4
		7	原子力発電	原子力発電	2
		8	回転機	同期発電機	3
				その他	2
		9	再生可能エネルギー	再生可能エネルギー	3
		10	変圧器	変圧器の損失	4
				変圧器の仕組み	5
電気機器	電動機	1	直流電動機	基本事項	3
				分巻式直流電動機	4
		2	同期電動機	同期電動機	3
		3	誘導電動機	誘導電動機	5
	その他		その他	その他	2
電子回路	半導体	1	半導体原理	半導体原理	11
		2	MOS-FET（1）	MOS	11
		3	MOS-FET（2）	CMOS	3
		4	MOS-FET（3）	等価回路	6
				その他	1
		5	トランジスタ	トランジスタ	3
		6	電力用半導体素子	電力用半導体素子	2
				ダイオード特性	3
	変換回路	7	整流回路	単相回路	2
				三相サイリスタブリッジ回路	3
				その他	4
		8	DC-DCコンバータ	DC-DCコンバータ	5
				直流チョッパ回路	4
		9	オペアンプ	利得	7
				ローパスフィルタ	2
				オペアンプの特性	3
				伝達関数	2
	制御	10	伝達関数（1）	応答	4
		11	伝達関数（2）	利得	3
				フィードバック制御	5
		12	PID制御	PID制御	5
情報通信	論理回路	1	論理式	論理式（カルノー図）	3
				論理式（式変形）	5
		2	論理回路	ゲート回路-1（式）	7
				ゲート回路-1（完備性）	3
				ゲート回路-1（その他）	3
				ゲート回路-2	5
	情報理論	3	マルコフ情報源とエントロピー	マルコフ情報源	3
				エントロピー	6
		4	瞬時符号	瞬時符号	6
		5	ハフマン符号	ハフマン符号	4
		6	ハミング符号とパリティ検査行列	ハミング符号	3
				パリティ検査行列	3
	信号処理	7	フーリエ変換，離散フーリエ変換，z変換	フーリエ変換	6
				離散フーリエ変換	7
				z変換	6
				その他	6
		8	AD変換，パルス符号変調	AD変換	4
				パルス符号変調	2
	ディジタル通信	9	ディジタル変調方式	伝送容量	6
				QAM	1
				その他	6
		10	無線通信方式	多元接続方式	2
				OFDM	1
				その他	2
		11	インターネット通信	TCP/IP	4
				インターネット	3
				その他	4
電気設備	リスク対策	1	保護・安全対策	接地	2
				安全対策	5
		2	停電対策	停電対策（BCP）	3
	一般設備	3	電気設備一般	電気設備一般	3

R4	R3	R2	R1(再)	R1	H30	H29	H28	H27	H26	H25	H24	H23
2		5	(4)	**2**	4	**1**	(1)	(1)	(3)			2
					5			1				
1	**3** **2**	1	(5)	(3) 4	3		**2**	**4**	(2)	(1)	2	(1)
3	1	2	2			2	**4**		(1)	(3)	(3) 2	3
4	**4**	**4**	1	2		3	**3**		(4)		1	
		3		(1)	5	**4**	**6**	(7)	(6)			
	7		(9)	**6**		(5)	**5**		7	(5)	(5)	(6) 10
(5),7	(6) (5)			**7**			**8**	(6)	(5)	(6)	(4)	(4),5
		(7)	(8)	(8)	(8)	(8)	(5)		**8**	(6)	6	(7)
(6)	**8**	(6)	**7**,(9)	**6**		(7)	(7)		(7),(8)	(7)		
13	11	**11**		**11**	9 10	(10)	11,12,**19**	10,**11**,12	12	11,12	11	10
11,(12)	13	**12**	12,13	21 20		**9**	20		10	10	11	11
8,9,10	9,**10**	**9**,10	10,11	(12),13	11,12	11,12	9,10	8,9	(9)	9	8,9	8,9 12
34,35				18			13		**13**	(13)		
15	12 **34**	**15**	**16** **14**	16		(14)	(14)		**14**		15	
14	**14**		(21)	**14**		**19**	(19)	**19**,(20)			**14**	12
		14	**15**		14	13			**13**		(13)	(13)
	17	**15**		**15**			**13** 15	13 15	(14)	**15**	35	
16,(17)	**16**	**16**	(17)	(15)		16	(17)	**16**	16		16	(14) 15
		17	**16**	**16**		(17)	(16)		(17)	(17)	14	16
18						**15**	(15)		15	**16**		19
32	32	(33)	**33**	**33**	33	33,34	33	34	33,(34)			32
	(33)	34	**34**	34	(34)	**18**	34	33		33,34	(32)	33
33		**25**		**25**								
21	**22**	(23)	23	(22)			**22**		(23)			
			19 **18**	(19),(23)		**23**		**22** (6)			(17) (21)	**21**
		19		17		17	(17) (18)		18		(18)	17
(20)	18	**18**		(18) 17		**18**	19		**19**			18
	21	22		(22) 22	22	**23**	22	**22**	22	23	22	22
	20		**21**				**21**	(20)	(21)	20	(21)	
19	**19**	20		20	(20)	21	(21)		21	**20**	19	20
23		(24)		(24)	(24)	(24)	**29**		(24)	(23)	**23**	
(22)	(24)		(24) (25)	(24)	23	(24)	(25)	(24)	(24)	24 33	**24**	**24**
(24),25	**23**	(26)	**26**	(27)	(26)	(26)	**27**		(26)	(25)	(25)	(25)
(26)	**31**	**27**	**27**	(26)	25		(27)	(26)	(26)	27		(26)
27	27	**28**	(26) (29)	27	**28**	(29)	28	28	(28)	30	(27) (28)	(27) **28**
28	28	29	**28**	28,29		28	(29)		(29)	(29)	26	
(29)		**29**			**32**		**31**	(30)	(28)	(32)	(30)	(29)
30	**29**	**31**		31,32	30,31	31	(30)	(32)	(31)	(32)	31	30
31	**30** **32**		(32)	(32)			**31**	(30)	(31)	(29)		31
	25	30	**30**	30	(32)		**35**	30		(31)	34	(35) 34
	35	**35**	(35)	(35)		(35)		**35**		(35)		
		35		(35)				**35**				

専門科目過去問題の分類と傾向分析

□ 過去問題の分類と出題比率

　電気電子部門における技術士一次試験の専門科目の範囲は，「発送配変電[注1]」，「電気応用」，「電子応用」，「情報通信」，「電気設備」と，二次試験を受験する際の選択科目と同様の分類になっています．ただし，二次試験と違って一次試験では選択科目を受験申込時に選ぶ必要はありません．また，選択科目ごとの最低正答基準や最低選択問題数は定められていないため，一次試験においては，前述の科目分類に大きな意味はありません．それをふまえ，本書では受験者にとってなじみのある「電磁気」，「電気回路」，「発送配電」，「電気機器」，「電子回路」，「情報通信」，「電気設備」の7つに分類しています．この分類による平成23年度から令和4年度までの過去13回（全455問）の一次試験における出題比率を下表に示します．さらに詳しい過去問題の分類や出題年度などは，前ページ（p.14・15）に記載しています．

平成23年度～令和4年度　一次試験における出題比率

	分類	総出題数	単年度平均	出題比率	
				35問中	25問中
1	電磁気	58問	4.5問	12.8 %	17.9 %
2	電気回路	104問	8.0問	22.9 %	32.0 %
3	発送配電	52問	4.0問	11.4 %	16.0 %
4	電気機器	17問	1.3問	3.7 %	5.2 %
5	電子回路	93問	7.1問	20.4 %	28.6 %
6	情報通信	118問	9.1問	25.9 %	36.3 %
7	電気設備	13問	1.0問	2.9 %	4.0 %
	合計	455問	35問	100.0 %	—

□ 問題選択の方法・考え方

　上表の「25問中」という出題比率は，受験者が選択する25問に各分類の問題をすべて選択した場合の比率です．見ての通り，1つの分類のすべての問題に正解しても合格ラインの50 %には届かないため，必ず自分の専門範囲外の問題にも正解する必要があります．

　一次試験の問題は難易度のばらつきが大きく，かなり専門的な知識を問われる問題や，式を何度も展開する必要がある問題が出題される一方，基礎を知っていれば瞬時に答えが導かれるような問題も数多く出題されています．合格のためには，そのような比較的簡単な問題を判別し，選択するスキルも必要になります．問題解説を参照し，自分にとって理解しやすい問題を探してみてください．

注1）二次試験の選択科目の1つである「電力・エネルギーシステム」は，「発送配変電」が令和元年度より名称変更された

　技術士一次試験の問題は，主に計算問題と文章問題の2つに区分されます．それぞれの問題形式に対して，本書では異なる解説方法を用いています．以下にそれぞれの問題形式ごとの解説方法と，おすすめの読み進め方を紹介します．

【計算問題】

　計算問題では，公式を適用するだけで答えが得られるような特殊なケースを除き，考え方や計算の展開を「詳しく解説＆解答」として順を追って説明しています．最初から最後まで読みきって内容を理解するよう心掛けてください．テンポ良く読むことで考え方をつかんでいただくことを目的としており，専門用語や公式の詳細な説明は省略していることがあります．これらの詳しい説明や計算テクニックについては，問題解説直後のページに設けてある「問題を解くために必要な基礎知識」で触れています．解説を読み終わったあとに，復習および理解の定着のためにこちらを確認してください．

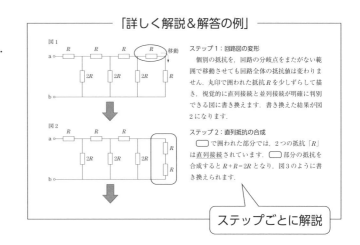

【文章問題】

　文章問題は，「解説＆解答」と「詳しく解説」の2段構成としています．文章問題の中には，適切，または不適切な選択肢を識別するタイプが多く見られます．このタイプの問題は，「解説＆解答」で答えとその理由を簡潔に示し，「詳しく解説」で正答とされた選択肢に加えて他の選択肢が，なぜ適切または不適切であるのかの詳細な説明を行っています．この部分をしっかりと読むことで設問の意図や背景を深く理解できます．

　穴埋め問題においても「解説＆解答」での説明スタイルは同様ですが，「詳しく解説」において設問全体の理解を助ける説明を加えています．文章問題も計算問題と同じく，専門用語やその他の詳細な説明は「問題を解くために必要な基礎知識」で取り扱っています．

1 電磁気現象

問題

類似問題
● 令和元年度（再）Ⅲ-4
● 平成 26 年度　　Ⅲ-3

平成 30 年度　Ⅲ-4

電磁波に関する次の記述のうち，最も不適切なものはどれか．

① 周波数が高くなると，電磁波の波長は短くなる．

② 真空中における電磁波の速度は光速に等しい．

③ 媒質の誘電率が小さくなると，電磁波の波長は長くなる．

④ 媒質の透磁率が大きくなると，電磁波の速さは大きくなる．

⑤ 媒質の誘電率が大きくなると，電磁波の速さは小さくなる．

解説＆解答

④が不適切．媒質の透磁率が大きくなると，電磁波の速さは小さくなります．

答え　④

詳しく解説

(1) 電磁波の速度

電磁波は真空中での速度が最大で，それより速くなることはありません．誘電率や透磁率が高いということは，当然そこに媒質となる物質がある＝真空ではない，ということになります．物質中を進む電磁波の速度が小さくなる理由は，それだけで 1 冊の本になりそうなので割愛しますが，

① 電磁波は真空での速さが一番大きく，それ以上に大きくなることはない．

② 誘電率や透磁率が高いということは，そこに物質があるということである．

この 2 点を理解しておけば，解答はおのずと導けます．

(2) 誘電率と透磁率

誘電率は「電荷の蓄えやすさを示す値」と理解しておいて問題ありません．

透磁率は，少しイメージしづらいかもしれませんが，磁束の通しやすさを示す値です．通しやすさがイメージしづらい人は，磁束の集めやすさと理解しても大丈夫です．

右にイラストを示しましたが，透磁率の高い物質の方が多くの磁束を通す（集める）ことができるため，磁化しやすい（磁石になりやすい）といえます．透磁率の高い代表的な物質は鉄です．

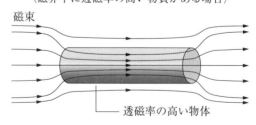

〈磁界中に透磁率の高い物質がある場合〉

磁束

透磁率の高い物体

類似問題
● 平成 30 年度 Ⅲ-1
● 平成 29 年度 Ⅲ-1
● 平成 28 年度 Ⅲ-1

令和元年度 Ⅲ-2

電磁気現象に関する次の記述のうち，最も不適切なものはどれか．

① 真空中における電磁波の速度は光速に等しい．
② 電磁波の周波数が高くなるとその波長は短くなる．
③ 直流電流が流れている平行導線間に働く力は，電流が同方向に流れている場合は斥力，反対方向に流れている場合は引力となる．
④ 電磁波は電界と磁界とが相伴って進行する進行波で横波である．
⑤ 磁界に直交する導体に電流が流れるとき，その導体に働く電磁力の方向はフレミングの左手の法則による．

解説&解答

③が不適切．電流が同方向に流れている場合は引力，逆方向に流れている場合は斥力となります．

答え ③

詳しく解説

この問題を理解するためには，「右ねじの法則」と「フレミングの左手の法則」を理解する必要があります．それぞれの法則を簡単に説明すると，以下のようになります．

右ねじの法則　　　　　：電流の方向に対して右回転の向きに磁界が発生する
フレミングの左手の法則：磁界の中にある導体に電流が流れたときに，導体に対して法則に従った方向の力が働く

これを理解したうえで，単純化するために，まずは下図の導体Bが受ける力についてのみ考えます．導体Bは，導体Aに流れる電流から発生した磁界と，自身に流れる電流によってフレミングの左手の法則に従った方向の力を受けます．図から導体Bが自身に流れる電流の向きによって，受ける力が反対になることが見てとれます．

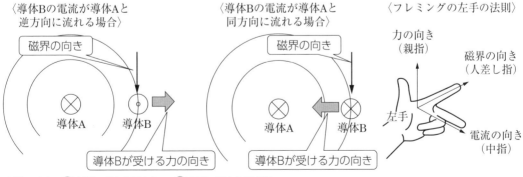

〈導体Bの電流が導体Aと逆方向に流れる場合〉
磁界の向き
導体A　導体B
導体Bが受ける力の向き

〈導体Bの電流が導体Aと同方向に流れる場合〉
磁界の向き
導体A　導体B
導体Bが受ける力の向き

〈フレミングの左手の法則〉
力の向き（親指）
磁界の向き（人差し指）
左手
電流の向き（中指）

電流の向き　⊗ 紙面の表から裏方向　⦿ 紙面の裏から表方向

導体Aも同じように，導体Bに流れる電流から発生した磁界と自身に流れる電流によってフレミングの左手の法則に従った方向の力を受けることになります．

電磁気では，基本的な問題しか出題されませんが，用語を理解できていないと思わぬミスにつながります．まずは，一般的な用語を理解しましょう．

(1) 横波と縦波

波の「進行方向」に対して，波が通り抜けていく媒質が直交方向に揺れるものが横波，進行方向に揺れるものが縦波と呼ばれます．横波はイメージしやすいと思いますが，縦波は少し難しいかもしれません．難しい人は，子供の頃に遊んだバネのオモチャを想像してみてください．

(2) 位相・波長・周波数

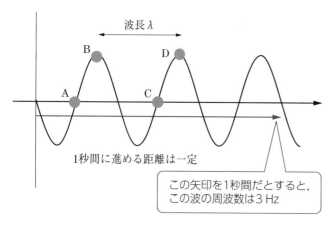

周期的な運動において，どのタイミングにいるかを示す値を位相と呼びます．その位相が等しい隣り合う2点間の距離を進行方向に沿って測った長さを波長と呼び，通常 λ（ラムダ）の記号で表されます．

周波数とは，1秒間に繰り返される波の数です．進行波である電磁波が1秒間に進める距離は一定なので，周波数が高くなれば，波長は短くなります．

周波数は通常 f の記号で表され，単位は Hz（ヘルツ）です．

上の図において，AとCおよびBとDは，それぞれ同じ位相になります．また，繰り返し運動なので，A–Cの長さとB–Dの長さは等しくなります．

よって電磁波の速度を c とすると，波長 λ と周波数 f には，以下の関係式が成り立ちます．

$$\lambda = \frac{c}{f}$$

(3) 誘電率と透磁率，比誘電率と比透磁率

通常，誘電率は ε（イプシロン），透磁率は μ（ミュー）で表されます．

また，誘電率や透磁率は，比誘電率や比透磁率を用いて表される場合も多いです．比誘電率，比透磁率とは，物質の特性を，それぞれ真空の誘電率・透磁率の何倍かで表す指標です．誘電率 ε を比誘電率と真空の誘電率の積で，透磁率 μ を比透磁率と真空の透磁率の積で表す式は，次

のようになります.

$$\text{誘電率} \quad \varepsilon = \varepsilon_r \cdot \varepsilon_0 \qquad \varepsilon_r : 比誘電率$$
$$\varepsilon_0 : 真空の誘電率$$
$$\text{透磁率} \quad \mu = \mu_r \cdot \mu_0 \qquad \mu_r : 比透磁率$$
$$\mu_0 : 真空の透磁率$$

なお,誘電率の単位は F(ファラド)/m,透磁率の単位は H(ヘンリー)/m です.

類似問題 　平成 30 年度 Ⅲ-1

磁気に関する次の記述のうち,最も不適切なものはどれか.

① フレミングの右手の法則とは,右手の人差し指を磁界の向きへ,親指を導体が移動する向きへ指を広げると,中指の方向が誘導起電力の向きとなることである.

② 鉄損は,周波数に比例して発生する渦電流損と,周波数の2乗に比例するヒステリシス損に分けることができる.

③ 磁気遮蔽とは,磁界中に中空の強磁性体を置くと,磁束が強磁性体の磁路を進み,中空の部分を通過しない現象を利用したものである.

④ 比透磁率が大きいとは,磁気抵抗が小さいことであり,磁束が通りやすいことである.

⑤ 電磁誘導によって生じる誘導起電力の向きは,その誘導電流が作る磁束が,もとの磁束の増減を妨げる向きに生じる.

解説&解答

②が不適切.鉄損は,周波数に比例して発生するヒステリシス損と,周波数の2乗に比例するうず電流損からなります.

答え　②

詳しく解説

①は,フレミングの右手の法則です.フレミングの左手の法則は,モーターなどで電気を力に変換する際に適用する法則で,右手の法則は,発電機などで力を電気に変換する際に適用する法則です.焦って左右を読み間違えないようにしましょう.

③は,強磁性体 = 透磁率の高い物体ということを知っていれば簡単に判別できます.強磁性体に磁束は集まるので中空部分には磁束は入りづらくなります.

④は,③とほぼ同じ内容です.磁気抵抗が小さいところに磁束は多く通ります.

⑤は,レンツの法則そのものが記載されています.なお,「誘導起電力の向き = 電流の向き」と理解していただいてもかまいません.

2 電位・電界

令和 3 年度 Ⅲ-3

類似問題
● 令和元年度（再）Ⅲ-5

下図のように真空中に 2 個の点電荷 q_1（-4×10^{-10} C），q_2（2×10^{-10} C）が 1 m 離れて置かれている。q_1, q_2 を結ぶ線上の中点 O から垂直方向 0.5 m の点を点 P とする。無限遠点を基準とした点 P の電位として，最も近い値はどれか。ただし，真空の誘電率 ε_0 は，8.854×10^{-12} F/m とする。

① -2.54 V
② -5.09 V
③ 2.54 V
④ 5.09 V
⑤ 7.63 V

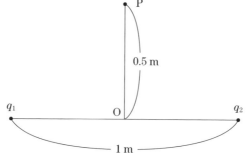

詳しく解説＆解答

電位は方向性をもたないスカラー量です．点 P における電位は，点電荷 q_1 と q_2 それぞれによる電位を合算したものです．点 P における電位を求めるために 1 つずつ順番に考えていきましょう．

点 O は q_1 と q_2 を結ぶ直線の中点であることから，点 P と q_1, q_2 それぞれの距離は右図で示すように，$\sqrt{2} \times 0.5$ m となります．

〈点 P から q_1, q_2 の距離〉

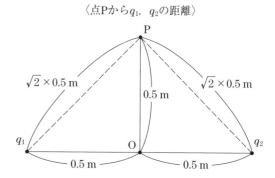

電位の単位は［V］（ボルト）で，ある地点において，距離 r 離れた位置にある点電荷 Q による電位は，以下の式で表されます．ここで ε は「電磁気現象」で出てきた誘電率で，その地点と点電荷 Q の間に存在する物質によって変わります．真空の誘電率は ε_0 で表されることが多く，その値は問題文に記載がある通り，8.854×10^{-12} F/m です．

電位 $V = \dfrac{Q}{4\pi\varepsilon\,r}$ ［V］

電位は点電荷からの距離に反比例し，遠くなるほど小さくなる

ステップ1：点電荷 q_1 による電位の算出

前述した電位を求める式に，点電荷 q_1，点 P と点電荷 q_1 の距離 $\sqrt{2} \times 0.5$ m，および真空の誘電率 ε_0 を代入すると，以下の値が求められます．

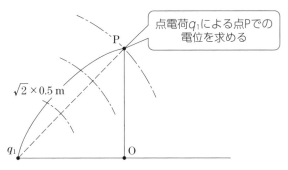

点電荷 q_1 による電位

$$V_1 = \frac{q_1}{4\pi\varepsilon_0 \times (\sqrt{2} \times 0.5)} \ [\text{V}]$$

※計算が煩雑になるので，数値の代入は最後に行おう

ステップ2：点電荷 q_2 による電位の算出

同様に，点電荷 q_2，点 P と点電荷 q_2 の距離 $\sqrt{2} \times 0.5$ m，および真空の誘電率 ε_0 を代入すると，以下の値が求められます．

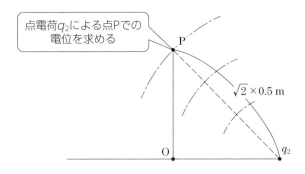

点電荷 q_2 による電位

$$V_2 = \frac{q_2}{4\pi\varepsilon_0 \times (\sqrt{2} \times 0.5)} \ [\text{V}]$$

※点 P からそれぞれの点電荷 q_1，q_2 への距離が等しいので，分母はまったく同じものになる

ステップ3：それぞれの電位の合算

電位は方向性をもたないスカラー量なので，ステップ1およびステップ2で求めた値を単純に合算すれば，点 P の電位は求められます．

点 P における電位

$V = V_1 + V_2$

$$= \frac{q_1}{4\pi\varepsilon_0 \times (\sqrt{2} \times 0.5)} + \frac{q_2}{4\pi\varepsilon_0 \times (\sqrt{2} \times 0.5)} = \frac{q_1 + q_2}{4\pi\varepsilon_0 \times (\sqrt{2} \times 0.5)}$$

上式に，問題文で与えられた q_1，q_2 の値を代入します．

$$= \frac{-4 \times 10^{-10} + 2 \times 10^{-10}}{4\pi\varepsilon_0 \times (\sqrt{2} \times 0.5)} = \frac{(-4+2) \times 10^{-10}}{2\sqrt{2}\pi\varepsilon_0} = \frac{-2 \times 10^{-10}}{2\sqrt{2}\pi\varepsilon_0} = -\frac{1 \times 10^{-10}}{\sqrt{2}\pi\varepsilon_0}$$

上式に ε_0 の値を代入します．

$$= -\frac{1 \times 10^{-10}}{\sqrt{2}\pi \times 8.854 \times 10^{-12}} = -\frac{1}{\sqrt{2}\pi \times 8.854} \times 10^2 \fallingdotseq -2.54 \ [\text{V}]$$

答え　①

問 題

類似問題
● 令和元年度 Ⅲ-3

令和 3 年度 Ⅲ-2

電磁気に関する次の記述の，□□□□に入る数式の組合せとして，適切なものはどれか。

真空中で，下図に示すような，AC の長さが a [m]，BC の長さが $2a$ [m]で，AB ⊥ AC の三角形の頂点 C に $+Q$ [C]（$Q>0$）の点電荷をおいた。さらに頂点 B にある電荷量 Q_B [C] の点電荷をおいたところ，点 A での電界 E_A は図中に示す矢印の向き（BC と並行の向き）となった。このとき，Q_B は ア [C]，E_A の大きさは イ [V/m] となった。ただし，真空中の誘電率は ε_0 [F/m] とする。

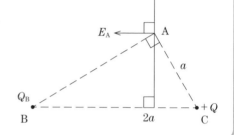

	ア	イ			ア	イ
①	$-3\sqrt{3}Q$	$\dfrac{\sqrt{3}Q}{6\pi\varepsilon_0 a^2}$		④	$-3\sqrt{3}Q$	$\dfrac{Q}{2\pi\varepsilon_0 a^2}$
②	$-\dfrac{\sqrt{3}}{3}Q$	$\dfrac{Q}{2\pi\varepsilon_0 a^2}$		⑤	$-\dfrac{\sqrt{3}}{3}Q$	$\dfrac{\sqrt{3}Q}{6\pi\varepsilon_0 a^2}$
③	$-3\sqrt{3}Q$	$\dfrac{(2\sqrt{3}+1)Q}{8\pi\varepsilon_0 a^2}$				

🔍 詳しく解説＆解答

電界の強さは方向性をもつベクトル量です。E_A は点 A において，点 B と点 C に置かれたそれぞれの点電荷がつくる電界の強さのベクトルを合成したものです。それぞれのベクトルを E_{AB} および E_{AC} と置いて，点 A における電界の強さを 1 つずつ順番に考えていきましょう。

なお，問題文の三角形 ACB は，距離 AC ＝ a，BC ＝ $2a$ の直角三角形なので，各辺の長さは右図のように 1 : 2 : $\sqrt{3}$ の関係が成り立っています。

〈直角三角形 ABC の各辺の長さの比〉

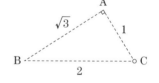

電界の強さの単位は [V/m] で，ある地点において，距離 r 離れた位置にある点電荷 Q がつくる電界の強さは以下の式で表されます。

電界の強さ $E = \dfrac{Q}{4\pi\varepsilon_0 r^2}$ [V/m]

電位の式と似ているが，電界の強さは点電荷からの距離の 2 乗に反比例することに注意する

ステップ 1：点 C に置かれた電荷がつくる電界の強さと向きの算出

点 C に置かれた電荷は $+Q$ [C]（クーロン）（$Q>0$）なので，点 A において点 C に置かれた電荷がつくる電界の強さは右図で示す（イ）の向きになります。また，点 A と点 C の距離は a なので，電界の強さは以下となります。

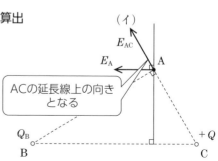

ACの延長線上の向きとなる

$E_{AC} = \dfrac{Q}{4\pi\varepsilon_0 a^2}$

ステップ2：点Bに置かれた電荷 Q_B がつくる電界の強さの算出

点電荷 Q_B がつくる電界の強さはABの延長線上の向きとなり，Q_B がプラスの電荷の場合は（ロ）の向き，マイナスの電荷の場合は（ハ）の向きとなります．また，Q_B による電界の大きさは前述の公式より，以下となります．

$$E_{AB} = \frac{Q_B}{4\pi\varepsilon_0(\sqrt{3}a)^2} = \frac{Q_B}{12\pi\varepsilon_0 a^2}$$

※（ロ）の向きを正とした場合

ステップ3：電界の強さ E_{AB} の向きの判別

合成された電界の強さの向きは，それぞれの点電荷がつくる電界の強さのベクトルのなす角の範囲に入ります．点電荷 Q_B がプラスだった場合，E_{AB} は（ロ）の向きとなり，E_{AC} と合成されたベクトル E_A が問題文の向きになることはありません．よって，Q_B がつくる電界の向きは（ハ）であり，点電荷 Q_B はマイナスであることが分かります．

ステップ4：電界の強さ E_A の分解

ステップ1とステップ3で求められた $+Q$ と Q_B からつくられるそれぞれの電界の強さの向きに対して，E_A のベクトルを分解します．

ステップ5：Q_B と E_A の大きさの算出

▲ と ◣ の三角形には相似の関係が成り立つため，$E_{AC} : E_A : E_{AB}$ にも $1 : 2 : \sqrt{3}$ の関係が成り立ちます．

$E_A = 2 \times E_{AC}$ なので，ステップ1で求めた E_{AC} の値を代入して，E_A の値が以下のように求められます．

$$E_A = 2 \times E_{AC} = \frac{2Q}{4\pi\varepsilon_0 a^2} = \frac{Q}{2\pi\varepsilon_0 a^2}$$

となります．

同様に，E_{AC} より E_{AB} を算出すると，以下のようになります．

$$E_{AB} = \sqrt{3} \times E_{AC} = \frac{\sqrt{3}Q}{4\pi\varepsilon_0 a^2}$$

この値はステップ2で求めた値と等しくなるため，以下の式が成り立ちます．

$$\frac{\sqrt{3}Q}{4\pi\varepsilon_0 a^2} = -\frac{Q_B}{12\pi\varepsilon_0 a^2}$$

※符号に注意

この式を変形させると，Q_B が求められます．

$$\frac{\sqrt{3}Q}{4} = -\frac{Q_B}{12} \implies Q_B = -3\sqrt{3}Q$$

答え ④

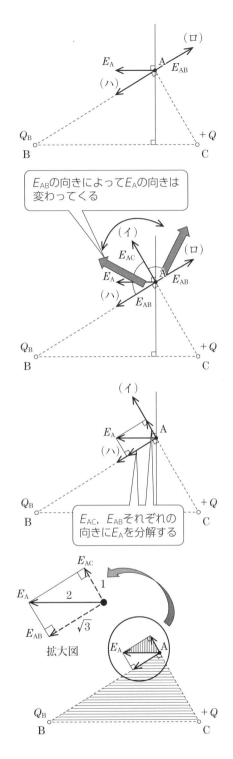

E_{AB} の向きによって E_A の向きは変わってくる

E_{AC}, E_{AB} それぞれの向きに E_A を分解する

拡大図

(1) 電位と電界の強さ

　問題解説は電位→電界の強さで行いましたが，それぞれの定義は電界の強さ→電位で説明した方が理解しやすいと思うので，その順で説明します．

(2) 電界の強さ

　電界の強さは電界強度とも呼ばれ，単位電荷と呼ばれる 1［C］（クーロン）の点電荷が，ある地点において受ける力の強さです．力なので方向性をもち，ベクトル量で表されます．単位は［V/m］が使われることが一般的ですが，電荷 1［C］当たりの受ける力［N］なので，［N/C］と表されることもあります．

〈ある点電荷がつくる領域において単位電荷が受ける力〉

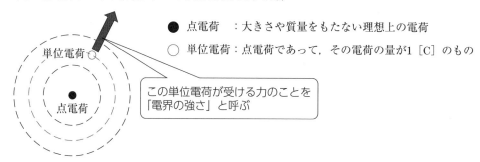

● 点電荷　：大きさや質量をもたない理想上の電荷

○ 単位電荷：点電荷であって，その電荷の量が1［C］のもの

この単位電荷が受ける力のことを「電界の強さ」と呼ぶ

　電界の強さ E［V/m］を求める式は問題解説でも説明しましたが，以下の式になります．電荷 Q からの距離 r の 2 乗に反比例し，小さくなっていくことを覚えておきましょう．

$$E = \frac{Q}{4\pi\varepsilon\, r^2}$$

電界の強さは距離の 2 乗に反比例

　単位電荷は（プラス）1［C］と定義されているので，電界をつくる電荷がプラスであれば斥力（反発する力），マイナスであれば引力が働くことになります．

プラスの電荷　　　単位電荷

斥力

マイナスの電荷　　単位電荷

引力

　電荷がつくる領域を電界，または電場と呼びます．通常，領域内に電荷は複数存在します．ある地点での電界の強さは，それぞれの電荷から受ける力のベクトル和となります．

〈点Pの単位電荷が4つの点電荷それぞれから受ける力〉　　〈点Pにおける合成された電界の強さ〉

点P

点P

合成されたベクトル和

(3) 電位

電位とは，単位電荷がある地点において所持するエネルギーです．エネルギーなので方向性をもたず，スカラー量で表されます．単位は〔V〕（ボルト）です．2点間の電位の「差」を電位差と呼び，電位差は電気工学では電圧と呼ばれます．

ある領域に1つだけ点電荷が存在した場合，その電荷のつくる電位を図で表すと，同心円状に広がっていく形になります．

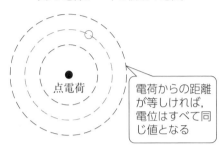

〈ある電荷がつくる領域の電位〉

点電荷

電荷からの距離が等しければ，電位はすべて同じ値となる

電位 V〔V〕を求める式は，問題解説でも説明しましたが，下の式になります．電界の強さとは違い，電荷 Q からの距離 r（の1乗）に反比例し，小さくなっていくことを覚えておきましょう．

$$V = \frac{Q}{4\pi\varepsilon r}$$

電位は距離に反比例

電位はある地点のエネルギーなので，その地点まで単位電荷を運ぶ仕事量といい換えることができます．点電荷から無限に遠い地点から，ある地点まで単位電荷を運ぶためには，その移動経路すべてにおいて，電界の強さ（力）に逆らう必要があります．これは点電荷がつくる電界の強さを距離 ∞ から距離 r まで積分することと同じ意味になります．これを式で表すと，

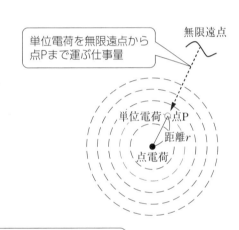

単位電荷を無限遠点から点Pまで運ぶ仕事量

無限遠点

単位電荷 点P
距離 r
点電荷

$$V = -\int_{\infty}^{r} E\,dr = -\int_{\infty}^{r} \frac{Q}{4\pi\varepsilon r^2}\,dr$$

となり，展開すると，

$$V = \left[\frac{Q}{4\pi\varepsilon r}\right]_{\infty}^{r} = \left(\frac{Q}{4\pi\varepsilon r}\right) - \left(\frac{Q}{4\pi\varepsilon \times \infty}\right) = \frac{Q}{4\pi\varepsilon r}$$

この項は分母が無限大になるので0

となります．ここを理解しておくと電界の強さと電位の分母を間違うことはなくなります．

電位は方向性をもたないエネルギーなので，ある地点の電位は，複数の電荷がつくる電位を単純に合算すると求められます．

〈点Pの電位〉

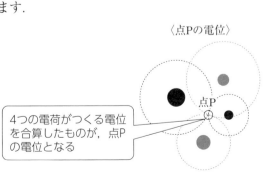

点P

4つの電荷がつくる電位を合算したものが，点Pの電位となる

(4) ベクトル

■ ベクトルの基本

ベクトル量は大きさに加えて方向性をもった値になります．矢印の長さで大きさを，矢印の向きで方向を表します．

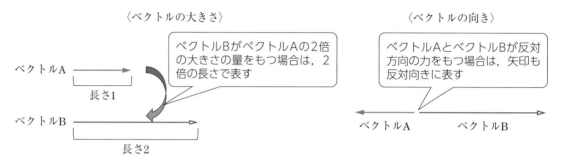

⟨ベクトルの大きさ⟩

ベクトルB がベクトルA の2倍の大きさの量をもつ場合は，2倍の長さで表す

ベクトルA　長さ1

ベクトルB　長さ2

⟨ベクトルの向き⟩

ベクトルA とベクトルB が反対方向の力をもつ場合は，矢印も反対向きに表す

ベクトルA　ベクトルB

■ ベクトルの合成

ベクトルの合成は，2つの矢印を方向性も含めて足し合わせて求めます．実際の手順としては，ベクトル A，B があるとすると，ベクトル B を平行移動させて，その始点（矢印の根本）をベクトル A の終点（矢印の先）に合わせます．ベクトル A の始点と平行移動させたベクトル B の終点を結んだものがベクトル A とベクトル B の合成ベクトルになります．

⟨同一直線状に並ぶ向きをもつベクトルの合成⟩

同方向のベクトル合成

ベクトルA　長さ1
　　　＋
ベクトルB　長さ2

合成ベクトル　長さ3

180°反対方向のベクトルの合成

ベクトルA　長さ1
　　　＋
ベクトルB　長さ2

合成ベクトル　長さ1

⟨90°ずれた方向をもつベクトルの合成⟩

ベクトルA　長さ1
　　　＋
ベクトルB　長さ2

合成ベクトル　長さ$\sqrt{3}$

■ ベクトルの分解

ベクトルは合成の反対の手順で分解もできます．

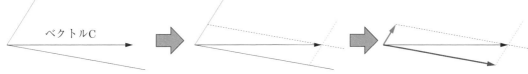

(5) クーロンの法則

電荷同士の引き合う力や反発する力を求めるような問題も出題されます．この電荷同士に発生する力 F ［N］を求める式がクーロンの法則で，以下の式で表されます．

$$F = \frac{q_1 q_2}{4\pi\varepsilon r^2} \ [\text{N}]$$

q_1, q_2：それぞれの電荷の量 ［C］

r：電荷同士の距離 ［m］

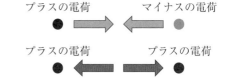

電荷がプラスとマイナスの場合は引き合う力が働きます．プラス同士，マイナス同士の場合は反発する力が働きます．

この公式を見て気づいた人も多いと思いますが，電界の強さを求める式によく似ています．それはある意味当然で，電界の強さは「ある領域において単位電荷が受ける力の強さ」を表したものです．単位電荷は 1 ［C］なので，上記のクーロンの法則の q_2 を 1 に置き換えた場合，電荷 q_1 がつくる電界の強さが示されることになります．

類似問題　**平成 27 年度　Ⅲ-2**

下図のように，A，B，C の位置に，それぞれ電荷量が q_A，q_B，q_C の 3 つの点電荷が置かれている。ただし，A，B，C は一直線上に等間隔である。それぞれの点電荷に働く力が平衡状態になるための q_A，q_B，q_C の関係として，最も適切なものはどれか。

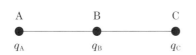

①　$q_B = q_A$, $q_C = q_A/4$　　④　$q_B = -q_A/3$, $q_C = q_A$

②　$q_B = -q_A$, $q_C = q_A/3$　　⑤　$q_B = -2q_A$, $q_C = q_A$

③　$q_B = -q_A/4$, $q_C = q_A$

詳しく解説＆解答

地点 B において，q_B が平衡状態であるということは，q_B は q_A，q_C それぞれから逆方向に同じ大きさの力を受けるということなので，A–B，B–C 間の距離を r とすると $\frac{q_A q_B}{4\pi\varepsilon r^2} = \frac{q_B q_C}{4\pi\varepsilon r^2}$ が成り立ち，$q_A = q_C$ が求められます．

また，地点 A において，q_A は q_B，q_C それぞれから逆方向の力を受けて平衡しているので，下式が成り立ちます．

$$\frac{q_A q_B}{4\pi\varepsilon r^2} + \frac{q_A q_C}{4\pi\varepsilon (2r)^2} = 0 \quad \Rightarrow \quad q_B + \frac{q_C}{4} = 0$$

$q_C = q_A$ なので，$q_B = -q_A/4$ が導かれます．

答え　③

3 基本理論

問 題

類似問題
● 平成 26 年度 Ⅲ-2
● 平成 25 年度 Ⅲ-1

平成 27 年度 Ⅲ-4

次の記述の，□□□ に入る語句の組合せとして最も適切なものはどれか。

真空中の任意の □ア□ S の中に存在する □イ□ Q の総和は，その □ア□ 上の電界 E の面積分に □ウ□ する。

	ア	イ	ウ
①	閉曲面	電荷	比例
②	閉曲面	電流	反比例
③	閉曲線	電荷	反比例
④	閉曲面	電流	比例
⑤	閉曲線	双極子モーメント	比例

解説＆解答

ガウスの法則を説明する問題です。任意の閉曲面 S の中に存在する電荷 Q の総和は，その閉曲面上の電界 E の面積分に比例します。

「面」積分と読みます。「面積」分と読まないように注意してください

答え ①

詳しく解説

ガウスの法則を理解するために必要となる「電気力線」の概念について説明します。

電気力線とは電荷から出る仮想的な線で，電界の方向を表します。正の電荷では電荷から向かって外側に，負の電荷では電荷に向かって内側に進みます。正の電荷から出た電気力線は負の電荷に吸収されない限り消えることはありません。

電気力線は，電界の強さが E[V/m]の地点において，$1\,\mathrm{m}^2$ 当たりに E[本]存在すると定義されています。少し不思議に感じるかもしれませんが，電気力線の単位は[本]です。

半径 r[m]の球状の閉曲面の中心に電荷量 Q[C]の点電荷が存在する場合，閉曲面上の電界の強さは $E = \dfrac{Q}{4\pi\varepsilon r^2}$ です。

$1\,\mathrm{m}^2$ 当たり E[本]の電気力線に，球全体の表面積 $4\pi r^2$ を掛ければ，電荷 Q から放出されるすべての電気力線の本数が算出されます。

〈正・負の電荷が単独で存在する場合〉

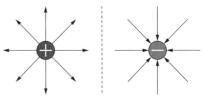

〈正と負の電荷が存在する場合〉

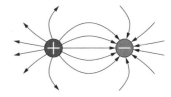

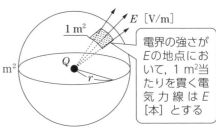

電界の強さが E の地点において，$1\,\mathrm{m}^2$ 当たりを貫く電気力線は E[本]とする

この場合の電気力線の本数は，$E \times 4\pi r^2 = \dfrac{Q}{4\pi \varepsilon r^2} \times 4\pi r^2 = \dfrac{Q}{\varepsilon}$［本］となります．球状の閉曲面とその中心にある点電荷という特殊な場合の式ですが，電界 E の面積分と電荷 Q は比例関係となっていることが分かります．

問 題

平成 24 年度 Ⅳ-2

類似問題
● 平成 23 年度 Ⅳ-1

次の電磁気に関する説明文の，□□□□□に入る語句として正しい組合せはどれか．

「媒質中の電磁界を決定する基本方程式は，電界を E，電束密度を D，磁界を H，磁束密度を B とすると，マクスウェルの方程式として以下のようにまとめられる．ただし，i, ρ はそれぞれ伝導電流密度と真電荷密度を表し，rot, div はそれぞれ回転と発散を表す演算子である．

$$\mathrm{rot}\,E = -\frac{\partial B}{\partial t} \quad (1) \qquad \mathrm{rot}\,H = i + \frac{\partial D}{\partial t} \quad (2) \qquad \mathrm{div}\,D = \rho \quad (3) \qquad \mathrm{div}\,B = 0 \quad (4)$$

このうち，(1)式は ア の法則を表し，(2)式は イ の法則に ウ を加えた法則を表す．また，(3)，(4)式は，それぞれ電界・磁界に関する エ の法則を表す．」

	ア	イ	ウ	エ
①	変位電流	アンペール	電磁誘導	ガウス
②	変位電流	ガウス	電磁誘導	マクスウェル
③	電磁誘導	マクスウェル	変位電流	アンペール
④	電磁誘導	アンペール	変位電流	ガウス
⑤	電磁誘導	ガウス	変位電流	アンペール

解説＆解答

(1)式は電磁誘導の法則，(2)式はアンペールの法則に $\dfrac{\partial D}{\partial t}$ という電束密度の時間変化（変位電流）を加えた式になります．(3)式は電界の，(4)式は磁界のガウスの法則を表します．**答え　④**

詳しく解説

「伝導電流密度」および「真電荷密度」は，それぞれ一般的な電流［A］および電荷［C］と読み替えても問題ありません．

問題の(2)式から変位電流 $\dfrac{\partial D}{\partial t}$ を除いた部分 $\mathrm{rot}\,H = i$ は，アンペールの法則と呼ばれます．これは電流の周りに回転磁界が発生することを表す法則です．このアンペールの法則から電流と磁界の発生方向の関係性だけを取り出したものが，右ねじの法則になります．

(1)式も(2)式とほぼ同じように，磁界から発生する回転電界を表す法則です．ただ，アンペールの法則での電流のように，磁束があるというだけで回転電界が発生することはありません．回転電界は磁束の量の変化，いい換えれば，磁束密度の変化によってのみ発生します．

(3)式は電荷が電界をつくることを表しています．(4)式は磁気の世界では，電気の世界でいう電荷に相当する磁荷のような磁気単極子は存在しない（厳密にいうと存在しないと考えられている）ことを表しています．

(1) ガウスの法則

誘電率 ε の領域においては，電荷 Q から出る電気力線は必ず $\dfrac{Q}{\varepsilon}$ [本] です．これは閉曲面の形状や電荷からの距離にはまったく関係がありません．以下のどのような場合においても，閉曲面を貫く電気力線の本数の合計は $\dfrac{Q}{\varepsilon}$ [本] となります．

〈球状の閉曲面の中心に　　〈球状の閉曲面の任意の点に　〈大きな球状の閉曲面の中心に　〈立方体の閉曲面の中心に
　点電荷Qが存在する場合〉　　点電荷Qが存在する場合〉　　点電荷Qが存在する場合〉　　点電荷Qが存在する場合〉

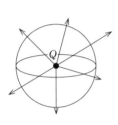  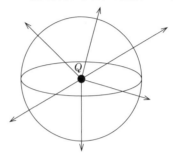 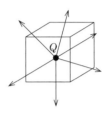

また，電荷が複数ある場合や，点電荷でない場合も電荷の量に比例した電気力線が放出されます．閉曲面を貫く電気力線の本数は，内部にある電荷の合計が Q' だとすると，$\dfrac{Q'}{\varepsilon}$ となります．下図の場合は，すべてにおいて閉曲面を貫く電気力線の本数は $\dfrac{3Q}{\varepsilon}$ 本になります．

〈閉曲面の内部に点電荷　　　〈$3Q$ [C] 以外の点電荷が閉曲面の　　〈閉曲面内部に点電荷でない形
　Q [C] が3つ存在する場合〉　　外部にQ [C] 存在する場合〉　　状の$3Q$ [C] の電荷がある場合〉

閉曲面の外の電荷はまったく影響を及ぼさない

電荷をもつ粒子の形状は関係ない

電気力線と同じように磁力線という概念も存在し，永久磁石を例にすると右図のように表せます．この永久磁石を閉曲面で囲うと，閉曲面を内から外に貫く磁力線と，外から内に貫く磁力線の量は必ず等しくなります．これを式で示したのが $\mathrm{div}\,B = 0$ の式になります．

右下の図のような閉曲面を設定した場合，$\mathrm{div}\,B = 0$ は成り立たなくなるような気がしますが，それはありえません．磁石のN極とS極は必ず対で存在し，N極のみや，S極のみで存在することはありません．これが，マクスウェルの方程式の $\mathrm{div}\,B = 0$ が磁気単極子（モノポール）が存在しないことを表しているといわれる理由です．磁石は必ずN極とS極の双極子の形で存在します．

〈磁石を閉曲面で囲った図〉

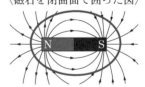

〈現実には設定できない閉曲面〉

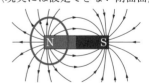

(2) 語句説明

■ 電磁誘導：磁束の時間的変化によって電位差が生じる現象

下図のように，ある閉回路に対して磁石を近づけると磁束の変化により電位差が発生します．

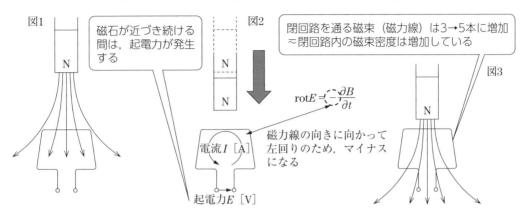

〈図1→図2→図3の順に磁石のN極を閉回路に近づける場合〉

図1

磁石が近づき続ける間は，起電力が発生する

図2

閉回路を通る磁束（磁力線）は3→5本に増加
～閉回路内の磁束密度は増加している

図3

$$\mathrm{rot}E = -\frac{\partial B}{\partial t}$$

磁力線の向きに向かって左回りのため，マイナスになる

電流 I [A]

起電力 E [V]

電磁誘導の法則というと，ファラデーの電磁誘導の法則 $E = -\dfrac{\Delta \phi}{\Delta t}$ が有名です．マクスウェルの方程式と違いファラデーの法則は，電磁誘導をスカラー量で記述しています．他に磁束密度 B が磁束 ϕ になっているなど，細部に違いはありますが，本質的には同じ現象を示しています．

電磁気の世界ではN極から出る磁力線の向きを正，かつ電気力線や磁力線の方向に向かって右回転の方向を正と定義しています．電磁誘導で発生する起電力は磁力線の方向に向かって左回転なので，マイナスの符号がつきます．

〈電気力線・磁力線の向きの定義〉

この向きを正と定義している

⊗ 紙面の表から裏方向
⊙ 紙面の裏から表方向

電流は，増加した磁束密度を打ち消すような方向で閉回路に流れます．この「誘導電流はその発生原因を打ち消す方向に流れる現象」はレンツの法則と呼ばれます．

■ 変位電流：電界の時間変化

図Aのような平行平板を含む回路に直流電流を流した場合，最終的に図Bのように，平行平板が飽和するまで電荷が蓄積されます．このときに起きている平行板内の電界の変化が変位電流です．したがって，変位電流は厳密にいうと電流ではありません．図Cのように平行板の充電過程での電界の変化を変位「電流」と仮定することで，一般的な（伝導）電流と合わせて1つの閉回路が構築されていると見なすことができ，計算等が簡便になるため，便宜上「電流」と呼ばれています．

図A

直流電流

図B

直流電流

伝導電流＝変位電流となり，1つの閉回路と見なせる

図C

伝導電流

変位電流

伝導電流

4 ビオ・サバールの法則

問題

類似問題
● 平成26年度 Ⅲ-1
● 平成24年度 Ⅳ-3

平成28年度 Ⅲ-4

下図のように，間隔 d で配置された無限に長い平行導線 l_1 と l_2 に沿って，電流 $3I$ と $2I$ がそれぞれ逆方向に流れている。導線 l_2 から鉛直方向に距離 a 離れた点 P における磁界の強さ H が零であるとき，a と d の関係を表す式として，最も適切なものはどれか。

ただし，平行導線 l_1，l_2 と点 P は，同一平面上にあるものとする。

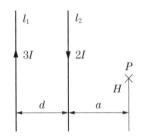

① $a = \dfrac{d}{3}$　② $a = \dfrac{d}{2}$　③ $a = d$　④ $a = 2d$　⑤ $a = \dfrac{2d}{3}$

解説&解答

磁界の強さ H が零ということは，下式が成り立っているということになります．

$$\frac{3I}{2\pi(a+d)} = \frac{2I}{2\pi a}$$

この式を変形すると，$a = 2d$ が導かれます．

答え ④

詳しく解説

まず，「電磁気現象」で解説した右ねじの法則をおさらいしましょう．右ねじの法則とは，下図に示すように電流の進行方向に向かって，右回転の向きに磁界が発生するという法則です．

磁界の向き

電流の向き
⊗ 紙面の表から裏方向
⊙ 紙面の裏から表方向

この法則を理解すると，導体 l_1 と l_2 に流れているそれぞれの電流 $3I$ と $2I$ は逆方向に流れているため，それぞれから発生する磁界は常に打ち消し合う向きに生じていることが分かります．

また，ある電流 I が流れる無限長の導線が存在する場合，その導体から垂直に距離 a だけ離れた点 P における磁界の強さ H は，

ビオ・サバールの法則から $H = \dfrac{I}{2\pi a}$ となります．

よって，l_1 の電線からは紙面の表から裏に向けて $\dfrac{3I}{2\pi(a+d)}$，l_2 の電線からは紙面の裏から表に向けて $\dfrac{2I}{2\pi a}$ の磁界の強さが与えられます．合成された磁界の強さが零であるということは，

$\dfrac{3I}{2\pi(a+d)} - \dfrac{2I}{2\pi a} = 0$ ということなので，解説&解答で示した式が導かれます．

類似問題
● 平成 25 年度　Ⅲ-3

令和 2 年度　Ⅲ-4

　図のように，透磁率が μ の真空中において x-y 平面に原点を中心とする半径 R の円形回路があり，図中に示す方向に電流 I（$I>0$）が流れている。円の中心Oにおける磁束密度の向きと磁束密度の大きさ B の組合せとして，最も適切なものはどれか。ただし，微小長さの電流 Ids が距離 r だけ離れた点に作る磁束密度の大きさ dB は，以下のビオ・サバールの法則で与えられる。

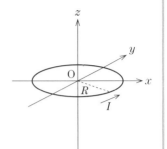

$$dB = \frac{\mu}{4\pi}\frac{Ids}{r^2}$$

磁束密度の向き　　磁束密度の大きさ B

① $-z$ 方向　　　　　　　$\dfrac{\mu I}{2R^2}$

② $+z$ 方向　　　　　　　$\dfrac{\mu I}{2R^2}$

③ $+z$ 方向　　　　　　　$\dfrac{\mu I}{4R^{\frac{3}{2}}}$

④ $+z$ 方向　　　　　　　$\dfrac{\mu I}{2R}$

⑤ $-z$ 方向　　　　　　　$\dfrac{\mu I}{2R}$

解説&解答

　半径 R の環状電線の中心Oにおいて，電線を流れる電流から与えられる磁界の強さ H は，ビオ・サバールの法則より，$H=\dfrac{I}{2R}$ で与えられます．

　磁束密度 $B=\mu H$ であるため，$B=\dfrac{\mu I}{2R}$ となり，磁束の向きは右ねじの法則により $+Z$ 方向となります．

答え　④

詳しく解説

　まず，問題文の電流 I から受ける磁束の向きは，前述した右ねじの法則から考えると，右図で示すように，円形回路の内側では常に $+Z$ の方向に発生していることが分かります．

　また，公式を忘れた場合でも問題文の定義式から解答を導くことが可能です．

　磁束密度 B は，微小長さの電流 Ids が距離 r

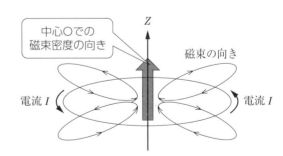

だけ離れた点につくる値 dB を円形回路すべての長さにおいて合計することにより導かれます．

　合計するために，定義式を円形電線の長さで積分します．円形電線の全長は $2\pi R$ なので，以下のような式になります．

$$\int_0^{2\pi R} dB = \int_0^{2\pi R}\frac{\mu}{4\pi}\frac{I}{r^2}\,ds = \frac{\mu}{4\pi}\frac{I}{r^2}\left[s\right]_0^{2\pi R} = \frac{\mu I}{2R}$$

ビオ・サバールの法則

ビオ・サバールの法則とは，電線に流れる電流によって生じる磁界の強さを求めるときに使われる法則で，以下の式で表されます．

$$dH = \frac{I\,ds\sin\theta}{4\pi r^2}\ [\text{A/m}]$$

もう少し細かく説明すると，ある地点（点Pとする）において，電流Iが流れている電線の微小部分dsがつくる磁界の強さdHを求める法則です．そのdHの総和が点Pの磁界の強さになります．

上式において，rは点Pから微小部分dsまでの距離を示し，θは点Pとdsを結んだ線とdsにおける電流の向き（電線の接線）との角度になります．

ビオ・サバールの法則の詳細な説明はここでは行いませんが，試験問題によく出てくる「無限長の直線から受ける磁界の強さ」と，「円形電線の中心において円形電線から受ける磁界の強さ」の公式については覚えておくとよいでしょう．

〈微小部分dsと点Pの関係〉

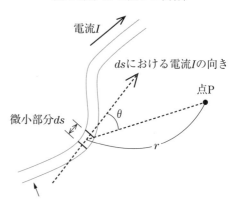

〈無限長電線から鉛直方向に距離r離れた点Pにおいて流れる電流Iから受ける磁界の強さ〉

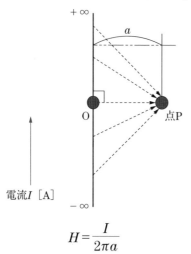

$$H = \frac{I}{2\pi a}$$

〈半径rの円形電線の中心点Oにおいて流れる電流Iから受ける磁界の強さ〉

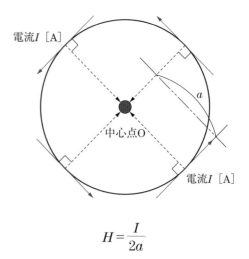

$$H = \frac{I}{2a}$$

たった2つしかない公式ですが，どちらが無限長電線の公式か円形電線の公式なのか，分からなくなる人がいます．そのような人のための覚え方があります．それは「円形電線の中心点の方が磁界の強さが大きい」です．

すべての ds 部分から等しく影響を受ける図2の円形電線の中心 O に比べて，図1の無限長電線から距離 a 離れた点 P では，最直近となる点 O 部分の微小長さ ds から受ける影響を最大として，あとは離れれば離れるほど r は大きくなり，$\sin\theta$ は小さくなるため，dH は指数関数的に小さくなっていきます．これを理解していれば $\dfrac{1}{2\pi a} < \dfrac{1}{2a}$ なので，分からなくなることはなくなるはずです．

図1〈無限長電線から受ける影響〉

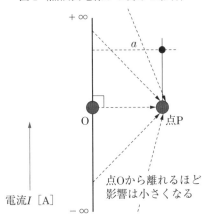

点Oから離れるほど
影響は小さくなる

電流I〔A〕

図2〈円形電線から受ける影響〉

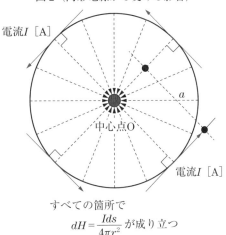

すべての箇所で
$dH = \dfrac{Ids}{4\pi r^2}$ が成り立つ

類似問題 平成30年度 Ⅲ-2

半径 a〔m〕，巻数 N の円形コイルに直流電流 I〔A〕が流れている。電線の太さは無視できる。このとき，円形の中心点における磁界 H〔A/m〕を表す式として，最も適切なものはどれか。

ただし，微小長さの電流 Idl が距離 r だけ離れた点に作る磁界 dH は，電流の方向とその点の方向とのなす角を θ とすると，次のビオ・サバールの法則で与えられる。

$$dH = \frac{1}{4\pi}\frac{Idl}{r^2}\sin\theta$$

① NI 　② $\dfrac{NI}{2a}$ 　③ $\dfrac{NI}{2\pi a}$ 　④ $\dfrac{aNI}{2}$ 　⑤ $\dfrac{I}{2\pi Na}$

詳しく解説＆解答

巻き数 N のコイルは円形電線が N 個重なったものです．よって中心が受ける磁界の大きさは，一重の円形電線から受けるものの N 倍になります．

答え ②

5 ガウスの法則

問題

令和3年度 Ⅲ-4

類似問題
● 平成28年度 Ⅲ-3

　下図のように，真空中に置かれた半径 a [m] の無限に長い円筒表面に，単位長さ当たり λ [C/m] で一様に電荷が分布している。次のうち円筒内外に生じる電界 E [V/m] を表す式の組合せとして，適切なものはどれか。ただし，真空の誘電率を ε_0 [F/m] とする。

円筒内　　　円筒外

① $E = \dfrac{\lambda}{2\pi\varepsilon_0 r}$　　$E = \dfrac{\lambda r}{2\pi\varepsilon_0 a^2}$　　④ $E = \dfrac{\lambda}{2\pi\varepsilon_0 a}$　　$E = \dfrac{\lambda}{2\pi\varepsilon_0 r}$

② $E = 0$　　$E = \dfrac{\lambda r}{2\pi\varepsilon_0 a^2}$　　⑤ $E = \dfrac{\lambda r}{2\pi\varepsilon_0 a^2}$　　$E = \dfrac{\lambda}{2\pi\varepsilon_0 r}$

③ $E = 0$　　$E = \dfrac{\lambda}{2\pi\varepsilon_0 r}$

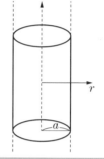

詳しく解説&解答

(1) 円筒の内部の電界

　ガウスの法則を使って考えます。円筒内部に任意の閉曲面を設定すると，電荷は円筒の表面のみに分布しているため，設定した閉曲面内部に電荷は存在せず，閉曲面を内側から貫く電気力線は存在しません。よって，円筒内部の電界の強さは0となります。

(2) 円筒の外部の電界

　無限長の円筒において，電気力線は，円筒の中心軸と同じ方向では対称性によって相殺され存在せず，円筒表面から鉛直方向に発生するもののみが存在します。そこで，無限長の円筒から長さ L で切り出した円筒を考え，半径 r （$r>a$）で同じく長さが L な円筒形の任意の閉曲面を設定します。長さ L の円筒の電荷 Q は，問題文の条件より $Q = \lambda \cdot L$ [C] なので，ガウスの法則により長さ L の円筒が放出する電気力線の本数 N は $N = \dfrac{Q}{\varepsilon_0} = \dfrac{\lambda L}{\varepsilon_0}$ になります。

　同じくガウスの法則により，電界の強さは任意の閉曲面 $1\,\mathrm{m}^2$ 当たりを垂直に貫く電気力線の本数とされています。よって前述の電気力線の本数 N を，設定した円筒形閉曲面の円周部面積 $2\pi r L$ で割れば，中心から距離 r 離れた地点の電界の強さが求められます。

〈円筒内部に設定した閉曲面〉

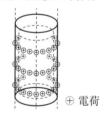

⊕ 電荷

〈任意の閉曲面を貫く電気力線〉

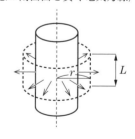

$$E = \frac{N}{2\pi rL} = \frac{\dfrac{\lambda L}{\varepsilon_0}}{2\pi rL} = \frac{\lambda}{2\pi \varepsilon_0 r}$$

答え　③

問題

類似問題
● 平成 25 年度　Ⅲ-4

平成 29 年度　Ⅲ-4

　無限に長い軸を持つ半径 a の円柱において，円柱内には一様に電荷が分布し，円柱の単位長あたりの電荷を Q としたときの電界を考える。次の記述の，□□□に入る数式の組合せとして最も適切なものはどれか。ただし，円柱内外の誘電率は ε_0 であるとする。

　円柱の中心軸からの距離を r としたとき，$r < a$ における電界は　ア　で，$r > a$ における電界は　イ　である。

	ア	イ

① $\dfrac{rQ}{2\pi\varepsilon_0 a^2}$ 　 $\dfrac{1}{4\pi\varepsilon_0}\cdot\dfrac{Q}{r^2}$ 　③ 0 　 $\dfrac{1}{4\pi\varepsilon_0}\cdot\dfrac{Q}{r^2}$ 　⑤ $\dfrac{1}{4\pi\varepsilon_0}\cdot\dfrac{Qr}{a^3}$ 　 $\dfrac{1}{4\pi\varepsilon_0}\cdot\dfrac{Q}{r^2}$

② 0 　 $\dfrac{Q}{2\pi r\varepsilon_0}$ 　④ $\dfrac{rQ}{2\pi\varepsilon_0 a^2}$ 　 $\dfrac{Q}{2\pi r\varepsilon_0}$

詳しく解説&解答

　前問との大きな違いは，円筒の表面のみに一様に電荷が分布しているか，円柱内部にも一様に分布しているかです．$r < a$ における電界は円柱内部，$r > a$ における電界は，円柱外部の電界を表します．

　$r > a$ の円柱の外側にある領域における電界の強度の求め方は，前問と同じです．無限に長い円柱から，長さが L である円柱を切り出して考えます．長さ L の円柱のもつ電荷は，問題文の条件から $Q \cdot L$ [C] で，放出する電気力線の本数 N は $\dfrac{QL}{\varepsilon_0}$ となり，ガウスの法則を用いて次のように電界の強度を求めます．

〈求める電界の地点〉

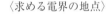

$$E = \frac{N}{2\pi rL} = \frac{\dfrac{QL}{\varepsilon_0}}{2\pi rL} = \frac{Q}{2\pi\varepsilon_0 r} = {}^{※}\frac{Q}{2\pi r\varepsilon_0} \qquad {}^{※}\text{選択肢に合わせて分母を並べ替え}$$

　次に，円柱内部の電界強度を求めていきます．前問とは異なり，円柱内部に設定した閉曲面の内部にも電荷が存在し，電気力線を放出します．

　円柱内部の任意の閉曲面として，半径 r（$r < a$）で長さ L の円柱を設定します．閉曲面内部の電荷の量を X [C] とすると，X は $QL \times \dfrac{r^2}{a^2}$ で求められます．この条件より，ガウスの法則を用いて電界の強さを求めると，以下のようになります．

〈閉曲面内部より放出される電気力線〉

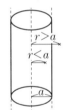

$$E = \frac{N}{2\pi rL} = \frac{\dfrac{X}{\varepsilon_0}}{2\pi rL} = \frac{X}{2\pi\varepsilon_0 rL} = \frac{QL \times \dfrac{r^2}{a^2}}{2\pi\varepsilon_0 rL} = \frac{rQ}{2\pi\varepsilon_0 a^2}$$

答え　④

(1) 単位長さ

　問題文にはよく「単位長さ当たり」という表現が出てきます．この単位長さ当たりとは，長さを1とした場合の比率を表す言葉です．令和3年度Ⅲ-4の問題を例にとれば「（前略）円筒表面に，単位長さ当たりλ〔C/m〕」とあるので，円筒の長さ1m当たりλ〔C〕の電荷が円筒表面に分布しているという意味になります．

(2) 対称性により相殺

　なぜ円筒（円柱）からは円周面に鉛直な電気力線しか放出されないのでしょうか．それを理解するためには，問題解説でもふれた，「対称性により相殺」という概念を理解する必要があります．

　例として，一様に電荷が分布された有限の導体があるとします．その導体の中間点から見た場合，すべての電荷はX軸に沿って対称に配置されています．よって，すべての電気力線のX軸成分は相殺されてなくなり，Y軸方向の電気力線のみが残ります．

　無限に長い導体では，どの地点もその導体の中間点となるため，導体方向であるX軸のすべての電気力線は相殺され，導体に鉛直方向の電気力線のみが残ることになります．

　ここまで，ほぼ一次元と見なせる無限長の直線導体で説明しましたが，これは二次元の平板でも同じです．無限平板においては，どの点をとっても必ずその平板の中心点となるため，平板に平行するX軸，Y軸方向の電気力線は相殺され，鉛直なZ軸の成分のみが残ります．問題文に「無限」という言葉があると難しく感じがちですが，実際は無限のものを想定することで理想状態に近づけ，問題を簡単にしています．

〈導体の中間点での電界強度〉

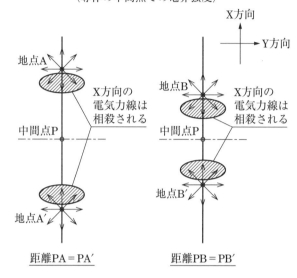

〈平板の中間点での電界強度〉

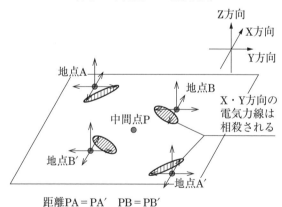

(3) 設定する閉曲面

　ガウスの法則では任意の閉曲面を設定し，電気力線の閉曲面への直交成分（垂直に貫く成分）を面積分することで内部に存在する電荷が求められます．ただし，電気力線は等電位面すなわち，電荷をもつ粒子の表面に対し，鉛直方向に放出されるので，任意の閉曲面を上手く設定すれば，複雑な面積分を行わずとも，電気力線の本数を設定した閉曲面の面積で割ることで電界の強さが

求められます.

以下に，電荷をもつ粒子のそれぞれの形状に対して，設定すると計算が容易になる任意の閉曲面の例を示します.

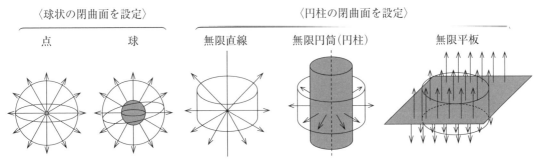

〈球状の閉曲面を設定〉　　　　　〈円柱の閉曲面を設定〉

点　　　球　　　無限直線　　無限円筒(円柱)　　無限平板

ただし，円柱の表面積すべてではなく，一部面積を使用する.
無限直線と無限円筒(円柱)：円周部面積のみ／無限平板：上底部，下底部の面積のみ

類似問題　**平成28年度 Ⅲ-3**

　半径 a の球において，電荷 Q がすべて球面のみに一様密度で分布したときの電界を考える.次の記述の，□□□□に入る数式の組合せとして，最も適切なものはどれか.ただし，球内外の誘電率は ε_0 であるとする.

　球の中心からの距離を r としたとき，$r<a$ における電界は　ア　で，$r>a$ における電界は　イ　である.

　　　ア　　　　　　イ

① $\dfrac{1}{4\pi\varepsilon_0}\cdot\dfrac{Qr}{a^3}$　　　0

② $\dfrac{1}{4\pi\varepsilon_0}\cdot\dfrac{Qr}{a^3}$　　　$\dfrac{1}{4\pi\varepsilon_0}\cdot\dfrac{Q}{r^2}$

③ 0　　　　　　　$\dfrac{1}{4\pi\varepsilon_0}\cdot\dfrac{Q}{r^2}$

④ $\dfrac{1}{4\pi\varepsilon_0}\cdot Q\log\dfrac{a^2}{r}$　　　$\dfrac{1}{4\pi\varepsilon_0}\cdot Q\log r$

⑤ 0　　　　　　　$\dfrac{1}{4\pi\varepsilon_0}\cdot Q\log r$

🔍 **詳しく解説＆解答**

　電荷は表面のみに分布しているため，球の内部の電界は 0 になります.球外部の電界は半径 r（$r>a$）の球状の閉曲面を設定し，ガウスの法則を用いて求めていきます.

　問題文の球がもつ電荷の合計は Q なので，球からは $\dfrac{Q}{\varepsilon_0}$ の電気力線が放出されます.

　球の中心から半径 r の地点の電界の強さ E は，放出された電気力線を球 r の表面積で割れば求められます.

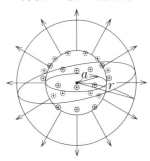

〈半径 r の球状の閉曲面〉

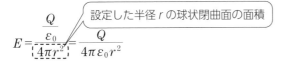

設定した半径 r の球状閉曲面の面積

$$E=\dfrac{\dfrac{Q}{\varepsilon_0}}{4\pi r^2}=\dfrac{Q}{4\pi\varepsilon_0 r^2}$$

答え　③

6 コンデンサ

問題

令和2年度 Ⅲ-3

　下図のように，比誘電率 ε_1 の誘電体をつめたコンデンサ1を電圧 V_1 に充電し，比誘電率 ε_2 の誘電体をつめた同形・同大のコンデンサ2を並列に接続したところ，電圧が V_2 になった。比誘電率の比 $\varepsilon_1/\varepsilon_2$ を表す式として，最も適切なものはどれか。ただし，コンデンサ2の初期電荷は0とする。

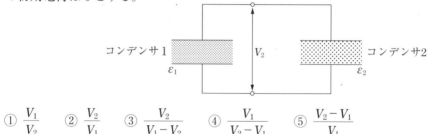

① $\dfrac{V_1}{V_2}$ 　② $\dfrac{V_2}{V_1}$ 　③ $\dfrac{V_2}{V_1-V_2}$ 　④ $\dfrac{V_1}{V_2-V_1}$ 　⑤ $\dfrac{V_2-V_1}{V_1}$

詳しく解説&解答

　問題文に「同形・同大のコンデンサ」とあることから，コンデンサ1・2の静電容量は，それぞれの比誘電率のみに比例することが分かります．よってコンデンサ1・2の真空における静電容量を C と置くと，コンデンサ1の静電容量は $\varepsilon_1 \cdot C$，コンデンサ2の静電容量は $\varepsilon_2 \cdot C$ となります．それを前提に問題の流れに沿って計算を行っていきます．

ステップ1：コンデンサ1に蓄えられた電荷の量を算出

　電圧 V_1 で充電されたコンデンサ1がもつ合計の電荷量 Q_1 [C] は，以下の式で表せます．

$$Q_1 = \varepsilon_1 C \times V_1 \ [\mathrm{C}] \quad \cdots(1)$$

〈コンデンサ1に蓄えられた電荷〉

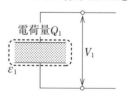

ステップ2：コンデンサ1と2に蓄えられた合計の電荷の量を算出

　コンデンサ1とコンデンサ2がもつ合計の電荷量 Q_{12} [C] は，並列接続後の電圧が V_2 であることから，以下の式で表せます．

$$Q_{12} = \varepsilon_1 C \times V_2 + \varepsilon_2 C \times V_2 \ [\mathrm{C}] \quad \cdots(2)$$

〈コンデンサ1と2に蓄えられた電荷〉

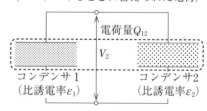

ステップ3：並列接続前後の電荷量を等号で結ぶ

　コンデンサ1の充電後にコンデンサ2を並列接続した場合，コンデンサ1に蓄えられていた電荷をコンデンサ1と2で分け合うことになり，回路全体としての電荷量は変化しません．よって

$Q_1 = Q_{12}$ となり，以下のように式を展開し，答えを求めていきます．

$Q_1 = Q_{12}$ より，

$$\varepsilon_1 C V_1 = \varepsilon_1 C V_2 + \varepsilon_2 C V_2$$

両辺を C で割る

$$\varepsilon_1 V_1 = \varepsilon_1 V_2 + \varepsilon_2 V_2$$

右辺の $\varepsilon_1 V_2$ を移項する

$$\varepsilon_1 V_1 - \varepsilon_1 V_2 = \varepsilon_2 V_2$$

左辺を ε_1 でくくる

$$\varepsilon_1 (V_1 - V_2) = \varepsilon_2 V_2$$

両辺を $\varepsilon_2 \cdot (V_1 - V_2)$ で割る

$$\frac{\varepsilon_1}{\varepsilon_2} = \frac{V_2}{V_1 - V_2}$$

答え ③

問 題

平成 29 年度 Ⅲ-6

> **類似問題**
> ●令和元年度　Ⅲ-1，●平成 27 年度　Ⅲ-7，●平成 26 年度　Ⅲ-6

静電容量 2 [F] の 1 つのコンデンサに電圧 1 [V] を充電した後，全く充電されていない静電容量 1/2 [F] のコンデンサを 2 つ並列接続し，十分時間が経ったとき，並列接続された 3 つのコンデンサに蓄えられる全静電エネルギー [J] の値はどれか．

① $\dfrac{3}{2}$ 　② $\dfrac{4}{3}$ 　③ $\dfrac{3}{4}$ 　④ $\dfrac{2}{3}$ 　⑤ $\dfrac{1}{2}$

詳しく解説＆解答

前問同様に，接続されているコンデンサが増えても，全体として蓄えられている電荷の量は変わりません．前問同様のステップで求めていきます．

ステップ 1：静電容量 2 F のコンデンサに電圧 1 V を充電した場合の電荷量を算出

静電容量 2 F の 1 つのコンデンサの電荷量 Q_A [C] は，以下の式で表されます．

$$Q_A = 2 \,[\text{F}] \times 1 \,[\text{V}] = 2 \,[\text{C}] \quad \cdots (1)$$

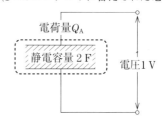
〈1 つのコンデンサに蓄えられた電荷〉

ステップ 2：並列接続された 3 つのコンデンサの電荷量を求める

2 台のコンデンサが並列接続されて十分に時間が経ったときにコンデンサに掛かる電圧を V_B とすると，コンデンサ 3 台のもつ合計の電荷量 Q_B [C] は，以下の式で表されます．

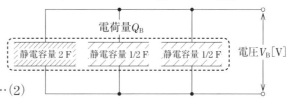
〈3 つのコンデンサに蓄えられた電荷〉

$$Q_B = 2 \times V_B + \frac{1}{2} \times V_B + \frac{1}{2} \times V_B = 3 V_B \,[\text{C}] \quad \cdots (2)$$

ステップ 3：並列接続された 3 つのコンデンサの電圧を求める

$Q_A = Q_B$ なので，(1)式の $Q_A = 2$ [C] を(2)式の Q_B に代入すると，$2 = 3 V_B$ となり，$V_B = \dfrac{2}{3}$ [V] が求められます．

ステップ 4：求められた電圧 V_B の値と電荷量 Q_A （$= Q_B$）から全静電エネルギーを算出

$$\text{全静電エネルギー} \quad \frac{1}{2} \times Q_A \times V_B = \frac{1}{2} \times 2 \times \frac{2}{3} = \frac{2}{3} \,[\text{J}]$$

答え ④

(1) コンデンサ

コンデンサとは，2つの電極の間に誘電体が挿入されたもので，電荷を蓄えたり放出したりすることができます．

右図のような平行平板コンデンサにおける静電容量は，以下の式で表されます．

$$静電容量\ C = \varepsilon \times \frac{S}{d}\ [\text{F}]\ \cdots (1)$$

ε：誘電体の誘電率
S：電極表面積
d：誘電体の厚さ

(1)式を見て分かる通り，同形・同大（厚さ d および表面積 S が同じ）であるコンデンサの静電容量は誘電率に比例します．

〈コンデンサの構造〉

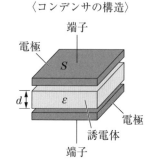

(2) 静電容量

コンデンサがどのくらい電荷を蓄えられるか表す量で，単位は [F]（ファラド）です．コンデンサに印加される電圧と，蓄えられる電荷量との間には以下の関係が成り立ちます．

$$電荷\ Q\ [\text{C}] = C\ [\text{F}] \times V\ [\text{V}]\ \cdots (2)$$

〈電圧，静電容量，電荷量〉

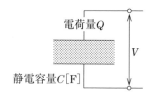

(3) 静電エネルギー

静電エネルギーは電界がもつエネルギーのことで，コンデンサでいえば，充電されたコンデンサがもつエネルギー（＝放出することができるエネルギー量）になります．蓄えられた電荷と充電電圧との関係は，以下の式で表されます．

$$W = \frac{1}{2}QV\ [\text{J}]\ \cdots (3) \qquad ※(2)式を(3)式に代入して，W = \frac{1}{2}CV^2\ または\ \frac{Q^2}{2C}\ とも表せる$$

(4) 直列接続された場合の電荷量

並列接続されたコンデンサが個別に蓄えられる電荷量は，単独接続の場合と同じですが，直列接続した場合の電荷量は，すべての個別コンデンサおよび回路全体において等しく同量となります．若干違和感があるかもしれませんが，同量になる理由は以下の流れで理解してください．

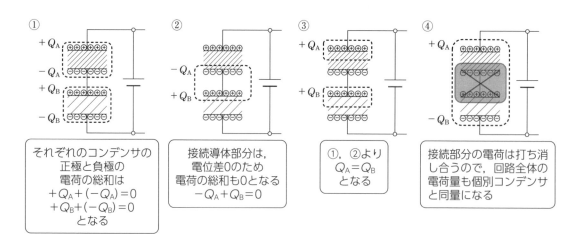

① それぞれのコンデンサの正極と負極の電荷の総和は $+Q_A + (-Q_A) = 0$ $+Q_B + (-Q_B) = 0$ となる

② 接続導体部分は，電位差0のため電荷の総和も0となる $-Q_A + Q_B = 0$

③ ①，②より $Q_A = Q_B$ となる

④ 接続部分の電荷は打ち消し合うので，回路全体の電荷量も個別コンデンサと同量になる

(5) 合成静電容量

複数のコンデンサの合成静電容量は，接続方式によって異なります．

■ 並列接続されたコンデンサの合成静電容量

並列接続されたコンデンサ1と2を，静電容量 C をもつ1つのコンデンサだと考えた場合，回路全体の電荷量 Q は前述の通り，$Q = CV$ で表されます．

ここで，$Q = Q_1 + Q_2$ かつ $Q_1 = C_1 \times V$，$Q_2 = C_2 \times V$ なので，

$$Q = Q_1 + Q_2 = C \times V$$
$$C_1 V + C_2 V = CV$$
$$(C_1 + C_2)V = CV$$

となり，右式の関係が導かれます．

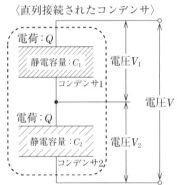

〈並列接続されたコンデンサ〉

電荷：Q_1　電荷：Q_2
静電容量：C_1　静電容量：C_2
コンデンサ1　コンデンサ2
電圧 V

合成の静電容量 $C = C_1 + C_2$

■ 直列接続されたコンデンサの合成静電容量

単体のコンデンサの電荷量を Q とすると，$Q = C_1 \times V_1$，$Q = C_2 \times V_2$ となり，以下の式が導かれます．

$$V_1 = \frac{Q}{C_1} \qquad V_2 = \frac{Q}{C_2}$$

回路全体の電荷量も同じく Q であり，回路全体の静電容量を C とすると，$V = \dfrac{Q}{C}$ となります．

また，$V_1 + V_2 = V$ なので，

$$V_1 + V_2 = \frac{Q}{C}$$

$$\frac{Q}{C_1} + \frac{Q}{C_2} = \left(\frac{1}{C_1} + \frac{1}{C_2} \right)Q = \frac{1}{C}Q$$

となり，右式の関係が導かれます．

〈直列接続されたコンデンサ〉

電荷：Q
静電容量：C_1
コンデンサ1
電圧 V_1

電荷：Q
静電容量：C_2
コンデンサ2
電圧 V_2

電圧 V

合成の静電容量 $\dfrac{1}{C} = \dfrac{1}{C_1} + \dfrac{1}{C_2}$

(6) 並列接続と直列接続の比較

複数のコンデンサを並列に接続する場合と，直列に接続する場合では，分圧される電圧や蓄えられる電荷の量が異なります．簡単にまとめると，以下のようになります．

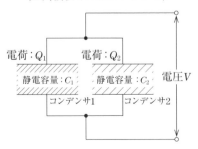

〈並列接続されたコンデンサ〉

電荷：Q_1　電荷：Q_2
静電容量：C_1　静電容量：C_2
コンデンサ1　コンデンサ2
電圧 V

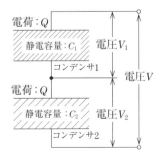

〈直列接続されたコンデンサ〉

電荷：Q
静電容量：C_1
コンデンサ1
電圧 V_1

電荷：Q
静電容量：C_2
コンデンサ2
電圧 V_2

電圧 V

〈直列接続，並列接続の比較表〉

	それぞれのコンデンサの電圧および電荷量	
	電圧	電荷量
並列接続	同電圧	静電容量に比例して分担
直列接続	静電容量の逆比で分担	同量

7 インダクタンス

問題

類似問題
● 平成29年度 Ⅲ-5

令和元年度（再）Ⅲ-3

環状の鉄心に巻数4000回のコイルAと巻数500回のコイルBがとりつけてある。コイルAの自己インダクタンスが400 mHのとき，AとB両コイルの相互インダクタンスとして，最も近い値はどれか。

ただし，コイルAとコイルB間の結合係数は0.96とする。

① 44 mH　　② 46 mH　　③ 48 mH　　④ 50 mH　　⑤ 52 mH

詳しく解説&解答

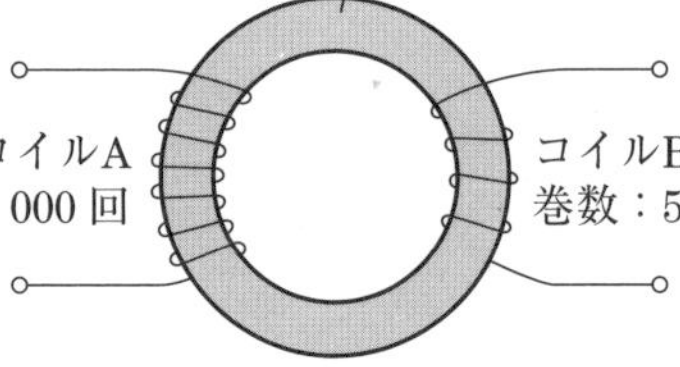

巻き数Nのコイルの自己インダクタンスLは，以下の式で求めることができます．

$$L = \frac{N^2}{R_m} \ [\mathrm{H}]$$

問題文で示されている環状鉄心は，右図のように表せます．

〈問題文が示す環状鉄心〉

環状鉄心
（磁気抵抗：R_m）

コイルA
巻数：4 000回

コイルB
巻数：500回

環状鉄心の磁気抵抗をR_mとすると，400 mHであるコイルAの自己インダクタンスL_Aは，巻数が4 000回の場合，以下の式で表されます．

$$L_A \ [\mathrm{H}] = 400 \times 10^{-3} = \frac{4\,000^2}{R_m}$$

この式を変形して磁気抵抗R_mを求めます．

$$R_m = \frac{4\,000^2}{400} \times 10^3 = 4\,000 \times 10 \times 10^3 = 4 \times 10^7 \ [\mathrm{A/Wb}]$$

求められた磁気抵抗R_mは環状鉄心全体の抵抗なので，コイルBにおいても同じ値になります．よってコイルBの自己インダクタンスL_Bは，下式のように求められます．

$$L_B \ [\mathrm{H}] = \frac{500^2}{R_m} = \frac{500^2}{4 \times 10^7} = \frac{125 \times 500}{10^7} = 62\,500 \times 10^{-7} = 6.25 \times 10^{-3} \ [\mathrm{H}] = 6.25 \ [\mathrm{mH}]$$

相互インダクタンスMは，結合係数をkと置くと，以下のように求められます．

$$M \ [\mathrm{mH}] = k\sqrt{L_A \times L_B}$$
$$= 0.96\sqrt{400 \times 6.25} = 0.96\sqrt{2\,500}$$
$$= 0.96 \times 50 = 48 \ [\mathrm{mH}]$$

答え　③

問 題

平成 27 年度 Ⅲ-3

　共通の鉄心で 2 つのコイルを接続するとき，両方のコイルが作る磁束が増加するようにすると合成インダクタンスは 16H となり，磁束が打ち消し合うようにすると 4H となった。両コイルの相互インダクタンスの値として最も適切なものはどれか。

① 3H　　② 4H　　③ 6H　　④ 12H　　⑤ 16H

詳しく解説＆解答

■ 磁束が増加する接続

　自己インダクタンス L_A [H] のコイル A と自己インダクタンス L_B [H] のコイル B が，共通の鉄心に磁束を増加させるように接続されている場合の回路図は，環状鉄心を例にとると右図のようになり，相互インダクタンスを M [H] とすると，合成インダクタンス L [H] は，以下の式で表されます．

$$L \,[\text{H}] = 16 = L_A + L_B \boxed{+ 2M} \quad \cdots (1)$$

〈磁束が増加するようにコイルA・Bを接続〉

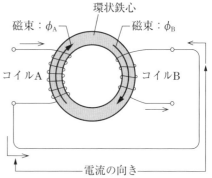

磁束が同一方向に合成されているので，合成インダクタンスは増加する

■ 磁束が減少する接続

　自己インダクタンス L_A [H] のコイル A と自己インダクタンス L_B [H] のコイル B が，共通の鉄心に磁束を減少させるように接続されている場合の回路図は，環状鉄心を例にとると右図のようになり，相互インダクタンスを M [H] とすると，合成インダクタンス L [H] は，以下の式で表されます．

$$L \,[\text{H}] = 4 = L_A + L_B \boxed{- 2M} \quad \cdots (2)$$

〈磁束が減少するようにコイルA・Bを接続〉

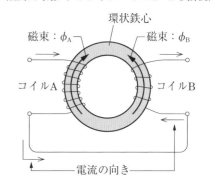

磁束が逆方向に打ち消し合って合成しているので，合成インダクタンスは減少する

（1）式から（2）式を引くと，以下の式となります．

$$16 - 4 = (L_A + L_B) - (L_A + L_B) + 2M - (- 2M)$$

上式を展開していくと，合成インダクタンス M が求められます．

$$12 = 4M$$

$$M = 3 \,[\text{H}]$$

答え　①

問題文を理解するために，基本的な用語を理解しましょう．

(1) インダクタンス

インダクタンスとは，電流の変化に対する抵抗のようなものです．コイルなどの電気回路において，コイルに流れる電流が変化すると，それを妨げようとする向きに誘導起電力がそのコイル自身に発生します．発生する誘導起電力と電流およびインダクタンスとの関係は，以下の式で表されます．

$$E = -L\frac{\Delta I}{\Delta t} \ [\text{V}] \quad \cdots (1)$$

E：誘導起電力〔V〕　　I：電流〔A〕
L：インダクタンス〔H〕　　t：時間〔s〕

(1)式の比例係数 L が，インダクタンスと呼ばれます．1秒間で電流が1A変化した場合に1〔V〕の誘導起電力が発生するインダクタンスが，1H と定義されています．

(2) 自己インダクタンス

自己インダクタンスとは，コイル自身に流れる電流に対して発生する誘導起電力の比例係数です．このコイル自身に流れる電流によって誘導起電力が発生する現象は，自己誘導と呼ばれます．

〈電流が変化した場合に発生する誘導起電力の方向〉

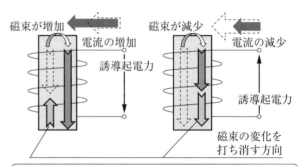

電流の変化によって発生した「磁束の変化」を打ち消す（元の磁束に戻そうとする）方向に誘導起電力が発生する

(3) 自己誘導の公式

ファラデーの電磁誘導の法則で示されるように，コイル自身に電流が流れなくても外部から磁束を変化させることで誘導起電力は発生します．その際の誘導起電力の大きさは，以下の式で表されます．

$$E = -N\frac{\Delta \phi}{\Delta t} \ [\text{V}] \quad \cdots (2)$$

E：誘導起電力〔V〕　　ϕ：磁束〔Wb〕
N：巻き数　　t：時間〔s〕

誘導起電力は磁束の時間的変化によって発生します．比例します．よって(1)式における「電流の変化率」は，(2)式における「磁束の変化率」と等しくなり，以下の式が成り立ちます．

また，磁束は自身の回路を流れる電流に
〈外部からの磁束の変化で発生する誘導起電力〉

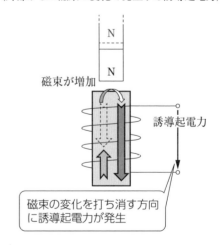

磁束が増加

磁束の変化を打ち消す方向に誘導起電力が発生

$$E = -L\frac{\Delta I}{\Delta t} = -N\frac{\Delta \phi}{\Delta t} \quad \cdots (3)$$

この式を変形させると，(4)式が導かれます．

$$L = N\frac{\Delta \phi}{\Delta I} \quad \cdots (4)$$

磁束 ϕ と電流 I は比例関係にあるため，$\frac{\Delta \phi}{\Delta I} = \frac{\phi}{I}$ となり，以下の自己誘導の公式が導かれます．

$$LI = N\phi \quad \cdots (5)$$

(4) 相互インダクタンス

複数のコイルがある場合に，他のコイルに流れる電流に対して自身のコイルで発生する誘導起電力の比例係数です．公式の導出は割愛しますが，2つのコイルの自己インダクタンスがそれぞれ L_A，L_B だった場合，相互インダクタンス M は，以下の式で表されます．

$$M = k\sqrt{L_A \times L_B} \ [\text{H}] \quad \cdots (6)$$

k：結合係数

(5) 結合係数

(6)式においての k を結合係数と呼びます．結合係数とは，2つのコイルなどの電気回路があった場合に，一方のコイルで発生した磁束が他方のコイルに影響を及ぼす比率です．コイル A

〈相互インダクタンス〉

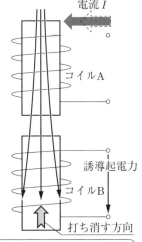

電流 I

コイルA

コイルB

誘導起電力

打ち消す方向

コイルAの電流変化によって発生した「磁束の変化」を打ち消す方向の誘導起電力がコイルBに発生する

〈漏れ磁束〉

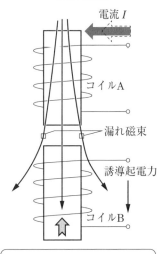

電流 I

コイルA

漏れ磁束

誘導起電力

コイルB

コイルAの電流変化によって発生した磁束のすべてがコイルBに影響を与えない場合（漏れ磁束が発生する場合），結合係数は1未満となる

で発生した磁束すべてがコイル B に影響を及ぼせば結合係数は 1 になりますが，通常は漏れ磁束が発生するため，結合係数は 1 未満になります．

(6) 磁気回路

電気回路におけるオームの法則「V（電圧）$= R$（抵抗）$\times I$（電流）」は非常に有名ですが，磁気回路においても電気回路と同じようにオームの法則が存在します．問題文で示された環状鉄心を例にとると，磁気回路は下式で表されます．

$$NI = R_m \times \phi \quad \cdots (7)$$

〈磁気回路〉

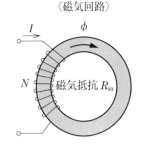

I

ϕ

N

磁気抵抗 R_m

NI：起磁力 [A]
R_m：磁気抵抗 [A/Wb] または $[\text{H}^{-1}]$
ϕ：磁束 [wb]

電気回路の電圧に当たるものが起磁力 NI [A] で，電流に当たるものが磁束 ϕ [Wb] になります．

(7) 磁気抵抗と巻き線数から自己インダクタンスを求める公式

(5)式を $\phi = \dfrac{LI}{N}$ の形に変形し，(7)式の ϕ に代入すると，以下の式が導かれます．その式を変形していくと，問題解説で用いた磁気抵抗と巻数から自己インダクタンスを求める公式が導かれます．

$$NI = R_m \times \frac{LI}{N}$$

両辺を I で割って $L =$ の形に変形すると，問題解説で用いた式が導かれます．

$$L = \frac{N^2}{R_m} \ [\text{H}]$$

電気回路

1 回路理論（1）

問題

類似問題
● 令和元年度　Ⅲ-9
● 平成25年度　Ⅲ-5

平成27年度 Ⅲ-5

　下図のような回路において，R_L が消費する電力が最大になるようにその抵抗の値を選んだとき，その値に最も近いものはどれか．

① 0 Ω　　　④ 3 Ω

② 1 Ω　　　⑤ 4 Ω

③ 2 Ω

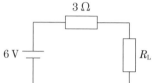

詳しく解説＆解答

　オームの法則は，電気回路の2点間の電位差 V [V] が，その2点間に流れる電流 I [A] に比例するという法則で，$V = I \times R$ と表されます．ここで，R は電気抵抗と呼ばれ，電気の通りにくさを表していて，単位は Ω（オーム）です．問題の抵抗 R_L の両端の電圧を V_L とすると，右図のようになり，オームの法則により，次のように表されます．

〈電圧・電流・抵抗〉

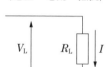

$$V_L = I \times R_L \text{ [V]} \quad \cdots(1)$$

問題の回路は抵抗の直列接続回路なので，合成抵抗は R は，$R = 3 + R_L$ [Ω] です．

右上図の電流 I は，問題の回路全体に流れる電流と同じなので，電源の電圧を V とすると，

$$I = \frac{V}{R} = \frac{6}{(3 + R_L)} \text{ [A]} \quad \cdots(2) \text{となります．}$$

R_L の消費電力を P [W] とすると，$P = V_L \times I$ [W] $\cdots(3)$ となります．

(1)，(2)式を(3)式に代入すると，

$$P = V_L \times I = I \times R_L \times I = R_L \times I^2 = R_L \times \left\{ \frac{6}{(3 + R_L)} \right\}^2 = \frac{36 R_L}{9 + 6R_L + R_L^2} = \frac{36}{(9/R_L + R_L) + 6} \quad \cdots(4)$$

(4)式は分母の $(9/R_L + R_L)$ が最小になれば，P は最大となります．$y = \dfrac{9}{R_L} + R_L$ と置いて，これを R_L で微分すると，$\dfrac{dy}{dR_L} = -\dfrac{9}{R_L^2} + 1$ となります．y が最小となる点を求めればよいので，$\dfrac{dy}{dR_L}$ を 0 と置いて，$0 = -\dfrac{9}{R_L^2} + 1$　$R_L^2 = 9$　$\therefore R_L = \pm 3$　しかし題意より，マイナスは不適なので $R_L = 3$ [Ω] となります．

答え　④

ちなみに，$R_L = 3$ [Ω] のとき，$y = \dfrac{9}{R_L} + R_L = 3 + 3 = 6$ となり，最大電力は $P = \dfrac{36}{12} = 3$ [W] となります．

類似問題
● 平成 24 年度 Ⅳ-5
● 平成 23 年度 Ⅳ-6

平成 30 年度 Ⅲ-6

電気回路に関する次の記述の，[   ]に入る語句の組合せとして，最も適切なものはどれか。

キルヒホッフの法則によると，複数の[ア]と抵抗からなる回路網を流れる[イ]は，それぞれの[ア]が単独で存在するときに回路を流れる[イ]の和で表すことができる。これを[ウ]と呼ぶ。回路網の任意の分岐点において流れ込む[イ]と流れ出る[イ]の和は等しくなる。回路網の任意の閉回路を一方向にたどるとき，回路中の[ア]の総和と抵抗による電圧降下の総和が等しくなる。

	ア	イ	ウ
①	電源	電流	重ね合わせの理
②	電圧	電流	重ね合わせの理
③	電源	電流	鳳—テブナンの定理
④	電圧	電界	鳳—テブナンの定理
⑤	電源	電界	重ね合わせの理

解説＆解答

問題文は 2 つの電気回路の法則を述べており，前半部分の「複数の[ア]と抵抗からなる回路網を流れる[イ]は，それぞれの[ア]が単独で存在するときに回路を流れる[イ]の和で表すことができる。これを[ウ]と呼ぶ。」は，重ね合わせの理の説明であり，後半部分の「回路網の任意の分岐点において流れ込む[イ]と流れ出る[イ]の和は等しくなる。回路網の任意の閉回路を一方向にたどるとき，回路中の[ア]の総和と抵抗による電圧降下の総和が等しくなる。」は，キルヒホッフの法則の説明です．アは「電源」，イは「電流」，ウは「重ね合わせの理」であり，よって①が正解です．

答え　①

詳しく解説

重ね合わせの理は，複数の電源と抵抗からなる回路網において，任意の点の電流や電圧は，それぞれの電源が単独で存在するときの値の和で表すことができます．

これらは後の問題で詳しく解説します．

キルヒホッフの法則は，

① 電流則：回路網の任意の分岐点において，流れ込む電流と流れ出る電流の和は等しい，

② 電圧則：回路網の任意の閉回路を一方向にたどるとき，回路網中の電源の総和と抵抗による電圧降下の総和は等しい，

上記 2 つの法則があり，これらを用いて回路網の電流などを求めます．

　問題にある法則や定理は，電気工学の中でも最も基本的で重要なものであり，電気回路網の電流や合成抵抗を知るための道具として使われます．

(1) オームの法則

　右図のように，豆電球など（抵抗）に乾電池を銅線などでつなぐと，電球が光ります．

　これを電気的に説明すると，乾電池の電圧 V（電気の圧力：単位 [V]（ボルト））によって，電流 A（電気の流れ：単位 [A]（アンペア））が流れ，抵抗 R（豆電球）（電気を流れにくくする物質：単位 [Ω]（オーム））が光って仕事をしている，となります．

　これを式で表すと，

$$V = R \times I \text{ や } I = \frac{V}{R}$$

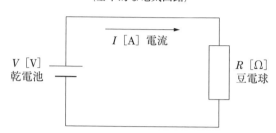

〈基本的な電気回路〉

となり，これをオームの法則と呼びます．

　このとき，回路では抵抗の部分で光や熱を発して電力が消費されます．この電力を P とすると，次のように表されます．

$$P = V \times I = (R \times I) \times I = R \times I^2 \text{ [W]}$$

　（ボルト）×（アンペア）=（ワット）となります．

　また，単位としての（ワット）に時間の（秒）を掛けると，エネルギーの（ジュール）になります．電気が仕事をしたことを表しています．

　（ワット）×（秒）=（ジュール）

　この場合，乾電池は直流電圧なので，電流も直流になります．家庭のコンセントは100 V の交流電圧です．ここでは交流については触れないので，「RLC 回路」の解説を参照願います．

　実際には，乾電池は自身の中に内部抵抗をもっており，右図のように問題の平成27年度Ⅲ-5 の問題文に似た回路構成となります．

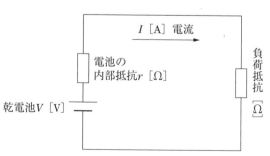

〈内部抵抗を表した電気回路〉

(2) キルヒホッフの法則

■ 電流則：回路網中の任意の分岐点に流入する電流の和は 0 である.

　右図のような分岐点の場合,「分岐点に流入する電流の和は0である」とは, 次のような式になります.

〈電流則〉

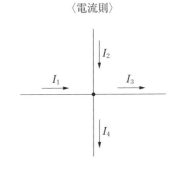

$$I_1 + I_2 - I_3 - I_4 = 0 \quad （流れ出る電流を－（マイナス）とします）$$

　また, 問題の解説にあったように,「流れ込む電流と流れ出る電流の和は等しい」とは次のような式になり, この2つの式は同じことを表しています.

$$I_1 + I_2 = I_3 + I_4$$

■ 電圧則：回路網中の任意の閉回路において, その経路に含まれる起電力（電源）の総和と電圧降下の総和は等しい.

　各抵抗に流れる電流を I_1, I_2, I_3 とし, 図に示す方向に流れると仮定します. また, 任意の閉回路を右図の 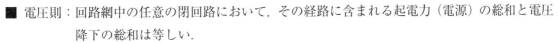 のように $V_1 \Rightarrow R_1 \Rightarrow R_2 \Rightarrow V_1$ の方向にとると, その閉回路にある電源は V_1, 電圧降下は $R_1 I_1 + R_2 I_2$ なので, $R_1 I_1 + R_2 I_2 = V_1$ となります.

〈電圧則〉

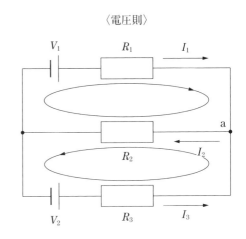

　同様に $V_2 \Rightarrow R_3 \Rightarrow R_2 \Rightarrow V_2$ の閉回路では, $R_3 I_3 + R_2 I_2 = V_2$ となります.

　例えば, この回路の電流を求めるには, a 点の電流は電流則により $I_1 + I_3 - I_2 = 0$ なので, 前述の2つの式と合わせて, 以下の連立方程式を立てて解いていきます.

$$I_1 + I_3 - I_2 = 0 \quad \cdots(1)$$
$$R_1 I_1 + R_2 I_2 = V_1 \quad \cdots(2)$$
$$R_3 I_3 + R_2 I_2 = V_2 \quad \cdots(3)$$

　電圧 V_1, V_2 および抵抗 R_1, R_2, R_3 が与えられた場合, 未知数が3つの3連立方程式になるので, I_1, I_2, I_3 を求めることが可能になります.

2 回路理論（2）

類似問題
- 令和4年度　Ⅲ-5
- 令和3年度　Ⅲ-6
- 平成27年度　Ⅲ-6
- 平成26年度　Ⅲ-5
- 平成24年度　Ⅳ-4
- 平成23年度　Ⅳ-4

問題

平成30年度 Ⅲ-7

　下図の抵抗と直流電圧源からなる回路において，直流電流 I を示す式として，最も適切なものはどれか。ただし，E_1，E_2 は直流電圧源を表す。

① $\dfrac{E_1 r_2 + E_2 r_1}{r_1 + R r_2 + r_1 r_2}$

② $\dfrac{E_1 r_2 + E_2 r_1}{R r_1 + r_2 + r_1 r_2}$

③ $\dfrac{E_1 r_2 + E_2 r_1}{r_1 + r_2 + R r_1 r_2}$

④ $\dfrac{E_1 r_1 + E_2 r_2}{R(r_1 + r_2) + r_1 r_2}$

⑤ $\dfrac{E_1 r_2 + E_2 r_1}{R(r_1 + r_2) + r_1 r_2}$

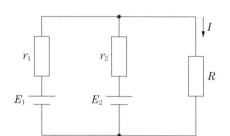

詳しく解説＆解答

　重ね合わせの理を用いて解いていきます．問題の回路を，〈E_1 電源のみの回路〉と〈E_2 電源のみの回路〉が重ね合わされたものと考えます．

　E_1 単独のときの電流を求めるために E_2 を 0 とし，回路を短絡すると図 1 のようになります．同様に E_2 単独のときの電流を求めるために E_1 を 0 とし，回路を短絡すると図 2 のようになります．

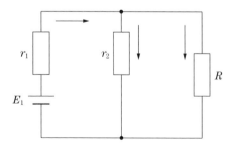

図1 〈E_1 のみの回路〉

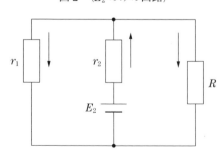

図2 〈E_2 のみの回路〉

図3のように，E_1のみの回路の全電流をI_{01}，Rに流れる電流をI_1と置きます．このときのE_1から見た回路全体の合成抵抗R_{01}は，以下のようになります．

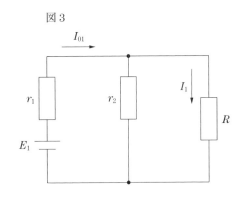

図3

$$R_{01} = r_1 + \frac{r_2 R}{r_2 + R} = \frac{r_1(r_2 + R) + r_2 R}{r_2 + R}$$

$$= \frac{r_1 r_2 + r_1 R + r_2 R}{r_2 + R}$$

この場合の全電流I_{01}は，以下となります．

$$I_{01} = \frac{E_1}{R_{01}} = \frac{E_1(r_2 + R)}{r_1 r_2 + r_1 R + r_2 R}$$

並列回路を分岐する電流は並列回路全体の抵抗の合算値に反比例し，その分岐回路を除く他の抵抗の合成抵抗値に比例するため，Rに流れる電流I_1は以下になります．

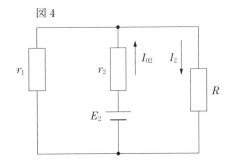

図4

$$I_1 = I_{01} \times \frac{r_2}{r_2 + R} = \frac{E_1 r_2}{r_1 r_2 + r_1 R + r_2 R}$$

同じく図4のように，E_2のみの回路の全電流をI_{02}と置き，Rに流れる電流をI_2と置きます．同様にE_2から見た合成抵抗R_{02}（図5のように変形すると分かりやすくなる）は，以下のようになります．

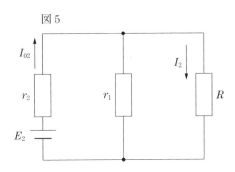

図5

$$R_{02} = r_2 + \frac{r_1 R}{r_1 + R} = \frac{r_2(r_1 + R) + r_1 R}{r_1 + R}$$

$$= \frac{r_1 r_2 + r_1 R + r_2 R}{r_1 + R}$$

この場合の全電流I_{02}は，以下となります．

$$I_{02} = \frac{E_2}{R_{02}} = \frac{E_2(r_1 + R)}{r_1 r_2 + r_1 R + r_2 R}$$

Rに流れる電流I_2は，以下のようになります．

$$I_2 = I_{02} \times \frac{r_1}{r_1 + R} = \frac{E_2 r_1}{r_1 r_2 + r_1 R + r_2 R}$$

求める電流Iは，重ね合わせの理からI_1とI_2を足し合わせた値になります．

$$I = I_1 + I_2 = \frac{E_1 r_2}{r_1 r_2 + r_1 R + r_2 R} + \frac{E_2 r_1}{r_1 r_2 + r_1 R + r_2 R} = \frac{E_1 r_2 + E_2 r_1}{r_1 r_2 + r_1 R + r_2 R} = \frac{E_1 r_2 + E_2 r_1}{R(r_1 + r_2) + r_1 r_2}$$

答え　⑤

重ね合わせの理は，複数の電源が存在する電気回路の電流を求める場合，とても便利な定理です．

問題を解くために必要な基礎知識

(1) 重ね合わせの理

重ね合わせの理とは，「複数の電源がある回路の任意の点の電圧や電流は，それぞれの電源が単独で存在した場合の和に等しい」と説明される理論です．

図3の回路の R_3 に流れる電流 I は，以下のようなイメージで計算できます．

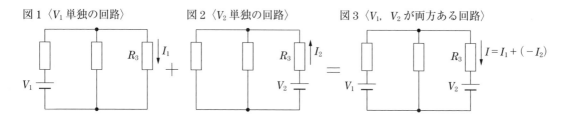

図1〈V_1 単独の回路〉　　図2〈V_2 単独の回路〉　　図3〈V_1，V_2 が両方ある回路〉

① 電源 V_2 を 0 とすると，その電源 V_2 は短絡され，V_1 のみで I_1 を計算します（図1）．

② 次に V_1 を 0 として，電源 V_1 を短絡して，V_2 のみで I_2 を計算します（図2）．

③ 電流 I を，$I = I_1 + I_2$ で求めます（方向を考慮すると，$I = I_1 + (-I_2)$ となります）（図3）．

(2) 電源の種類と取り扱い方法

電気回路網の問題では，電源は2種類出てくる場合があります．電圧源と電流源です．重ね合わせの理や，次に説明する鳳-テブナンの定理などで，電源を0として計算するときは，電圧源は短絡し，電流源は開放して計算します．

■ 電圧源

負荷に電圧を供給する電源で，理想電圧源（一定の電圧を出力する電源）と内部抵抗を直列接続した回路で表されます．

電圧源に，無限大の電流が流れてもその端子電圧が変化せず一定の電圧が供給されるとすれば，内部抵抗 r_0 は限りなく0となるはずであり，計算上，電圧源の電圧を0とする場合，等価回路は短絡となります．

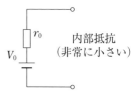

〈理想電圧源と内部抵抗〉

内部抵抗（非常に小さい）

■ 電流源

負荷に電流を供給する電源で，理想電流源（一定の電流を出力する電源）と内部抵抗を並列接続した回路で表されます．電流源に，無限大のインピーダンス（開放状態）を接続しても電流が流れるとすると，端子電圧は無限大になるはずであり，電流源の内部抵抗 r_1 も無限大でなければならないはずであり，計算上，電流源の電流を0とすると，等価回路は開放となります．

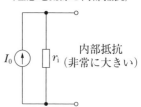

〈理想電流源と内部抵抗〉

内部抵抗（非常に大きい）

その他
● 令和 3 年度　Ⅲ-5　　　● 平成 25 年度　Ⅲ-6
● 令和元年度　Ⅲ-7　　　● 平成 24 年度　Ⅳ-5
● 平成 29 年度　Ⅲ-8

類似問題（電圧源と電流源がある問題）　　平成 28 年度　Ⅲ-8

下記の回路において，直流電流 i を示す式として，最も適切なものはどれか。ただし，直流電圧源の電圧値 E，直流電流源の電流値 I とする。

① $\dfrac{E + R_1 I}{R_1 + R_2}$

② $\dfrac{E + R_2 I}{R_1 + R_2}$

③ $\dfrac{E + R_3 I}{R_1 + R_2}$

④ $\dfrac{E + R_2 I}{R_2 + R_3}$

⑤ $\dfrac{E + R_3 I}{R_2 + R_3}$

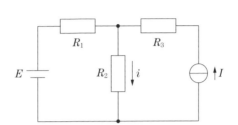

詳しく解説＆解答

片側が電流源である以外は，平成 30 年度Ⅲ-7 とほぼ同様の問題であり，重ね合わせの理で解けば比較的簡単に解けます。

第一に，片方の電源をないものとします。まず，電圧源を短絡します。このときの R_2 に流れる電流を i_1 とします（図 4）。

$$i_1 = I \times \frac{R_1}{R_1 + R_2} = \frac{R_1 I}{R_1 + R_2}$$

第二に，元の図から電流源をないものとします。この場合，電流源なので開放します（図 5）。このときの R_2 に流れる電流を i_2 とします。

$$i_2 = \frac{E}{R_1 + R_2}$$

最後に，i_1 と i_2 を合計すると，それが求める電流 i となります（図 6）。

$$i = i_1 + i_2 = \frac{E + R_1 I}{R_1 + R_2}$$

図 4

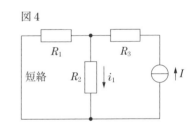

図 5

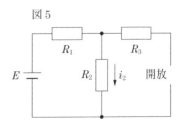

図 6

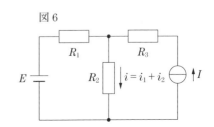

答え　①

類似問題
- 令和2年度　　　Ⅲ-7
- 令和元年度（再）Ⅲ-8
- 平成30年度　　Ⅲ-8
- 平成28年度 Ⅲ-5
- 平成23年度 Ⅳ-7

問題

平成26年度 Ⅲ-8

電圧源と抵抗器からなる下図の回路がある。端子1と2の間を開放状態に保ったときの，端子2に対する端子1の電位（開放電圧）を E_0 と表し，端子1と2の間を短絡状態に保ったときの，端子1から端子2へ流れる電流（短絡電流）を J_0 とするとき，E_0 と J_0 の組合せとして最も適切なものはどれか。

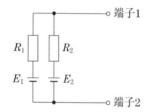

① $E_0 = \dfrac{R_2 E_1 + R_1 E_2}{R_1 + R_2}$, $J_0 = \dfrac{R_2 E_1 + R_1 E_2}{R_1 R_2}$

② $E_0 = \dfrac{R_2 E_1 + R_1 E_2}{R_1 + R_2}$, $J_0 = \dfrac{R_1 E_1 + R_2 E_2}{R_1 R_2}$

③ $E_0 = \dfrac{R_1 E_1 + R_2 E_2}{R_1 + R_2}$, $J_0 = \dfrac{R_2 E_1 + R_1 E_2}{R_1 R_2}$

④ $E_0 = \dfrac{R_1 E_1 + R_2 E_2}{R_1 + R_2}$, $J_0 = \dfrac{R_1 E_1 + R_2 E_2}{R_1 R_2}$

⑤ $E_0 = \dfrac{R_1 E_1 - R_2 E_2}{R_1 + R_2}$, $J_0 = \dfrac{R_1 E_1 - R_2 E_2}{R_1 R_2}$

詳しく解説&解答

鳳–テブナンの定理を使います．

ステップ1：等価内部抵抗を求める

最初に端子1と端子2から内部を見た等価内部抵抗を求めます．まず図1のように，2つの電圧源を $E_1 = 0$，$E_2 = 0$ として短絡します．これは R_1，R_2 の並列回路になるので，その合成抵抗 R_0 は，

$$R_0 = \frac{R_1 \times R_2}{R_1 + R_2} \quad \cdots(1) \text{ となります．}$$

図1

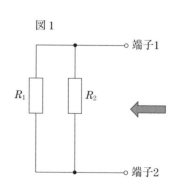

ステップ2：端子1と端子2の間の電圧 E_0 を求める

図2のように，端子1と端子2を開放したままのときの循環
電流 I を考えると，電流は抵抗 R_1, R_2 を通って，なおかつ E_1
と E_2 は逆方向なので，キルヒホッフの電圧則から，

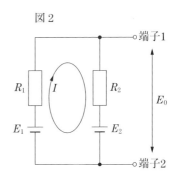

図2

$E_1 - R_1 I - R_2 I - E_2 = 0$ となり，

$\quad E_1 - E_2 = (R_1 + R_2)I$

よって電流 I は，$I = \dfrac{E_1 - E_2}{R_1 + R_2}$　…(2) となります．

図から分かるように，端子1と端子2の間の開放電圧 E_0 は，
電圧 E_1 から，抵抗と電流の電圧降下 $R_1 \times I$ を引いた値に等しく
なり，$E_0 = E_1 - R_1 I$ となります．

ここに，(2)式の $I = \dfrac{E_1 - E_2}{R_1 + R_2}$ を代入すると，E_0 は下記のように計算できます．

$$E_0 = E_1 - R_1 I = E_1 - R_1 \times \frac{E_1 - E_2}{R_1 + R_2} = \frac{E_1(R_1 + R_2) - R_1(E_1 - E_2)}{R_1 + R_2} = \frac{R_2 E_1 + R_1 E_2}{R_1 + R_2} \quad \cdots(3)$$

ステップ3：内部抵抗のある電圧源

鳳–テブナンの定理では，このような等価内部抵抗 R_0 と端子
間の開放電圧 E_0 が存在する回路網では，図3のような内部抵抗
R_0 のある電圧源の等価回路で表すことができます．

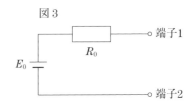

図3

端子1から端子2が短絡状態のときに流れる電流は，図4の
ような等価回路になり，短絡電流 J_0 は，

$$J_0 = \frac{E_0}{R_0} \quad \cdots(4)$$

となります．

したがって，J_0 は(4)式に(1)式と(3)式を代入して，

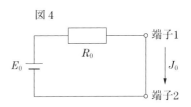

図4

$$J_0 = \frac{E_0}{R_0} = \frac{\dfrac{R_2 E_1 + R_1 E_2}{R_1 + R_2}}{\dfrac{R_1 \times R_2}{R_1 + R_2}} = \frac{R_2 E_1 + R_1 E_2}{R_1 R_2}$$ となります．

<u>答え　①</u>

(1) 鳳–テブナンの定理

鳳–テブナンの定理は，複数の電源と抵抗から構成される回路網において，図1に示すように回路網中の任意の2点を外部から見たとき，その回路網は電源 E_0 と内部抵抗 r_0 が直列に接続された回路に等価して扱うことができます．この等価回路は，オームの法則などの物理法則にも従います．

図1のような複数の電源と抵抗が存在する複雑な回路網で，ある点の電流等を求めたいとき，その点を切り離し，その部分の電圧 E_0 と，そこから内部を見たときの合成抵抗 r_0 を求めます．その回路網は，電圧 E_0 と内部抵抗 r_0 の電圧源として扱うことができます．

図1〈鳳–テブナンの定理説明図〉

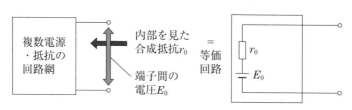

求められた等価回路に対し，図2のようにその端子間に抵抗 R を設置すると，そこに流れる電流 I は，下記の式になります．

$$I = \frac{E_0}{r_0 + R}$$

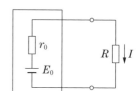

図2

このような複数の電源と抵抗から構成される回路網において，合成抵抗 r_0 を求める場合は，電圧源は短絡し，電流源は開放して，合成抵抗を求めます．

(2) 鳳–テブナンの定理を用いる場合の手順

① 電流を求めたい部分（例えば，抵抗 R）を開放します．

② 等価内部抵抗 r_0 を求めます．回路内部の電源をすべてゼロとします．電圧源はすべて短絡，電流源はすべて開放します．①で開放した箇所から回路網を見たときの合成抵抗を求めます．それが r_0 です．

③ 等価電源 E_0 を求めます．開放部分の電圧です．回路網の電源や循環電流の電圧降下などに注目します．

④ 等価回路（電圧源と内部抵抗）に変換します．

⑤ 求めたい電流は，$I = \dfrac{E_0}{r_0 + R}$ ［A］となります．

(3) 電圧源と電流源の等価交換

ここまで回路問題の解法を説明してきましたが，場合によっては，電圧源と電流源を等価交換した方が計算が楽になる場合もあるので，鳳–テブナンの定理を用いて説明します．電圧源と電流源を比較すると，右図のようになります．

〈電流源の回路図〉

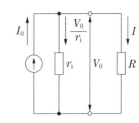

電流源では，内部抵抗 r_i は並列に接続されていることになり，抵抗 R を付けた回路において電流源の電流を I_0，抵抗 R の端子間の電圧を V_0 とすると，内部抵抗 r_i の電流は $\dfrac{V_0}{r_i}$ なので，抵抗 R に流れる電流を I とすると，下記のような関係式が成り立ちます．

$$I = I_0 - \frac{V_0}{r_i} \quad \cdots (1)$$

〈電圧源の回路図〉

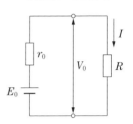

また電圧源では，内部抵抗 r_0 は直列に接続されていることになるので，流れる電流を I とすると，電圧の関係式は下記のようになります．

$$V_0 = E_0 - r_0 I \qquad \therefore \ E_0 = V_0 + r_0 I \quad \cdots (2)$$

両回路において，抵抗 R の端子間電圧 V_0 と流れる電流 I が等しいとすると，(1)式を(2)式に代入して，

$$E_0 = V_0 + r_0 I = V_0 + r_0 \left(I_0 - \frac{V_0}{r_i} \right) = V_0 + r_0 I_0 - \frac{r_0}{r_i} V_0$$

$r_0 = r_i$ のとき，$E_0 = r_0 I_0$

以上により，

① 電圧源と電流源の内部抵抗が等しいこと　　$r_0 = r_i$

② 電圧源の電圧と電流源の電流による電圧降下とが等しいこと　　$E_0 = r_0 I_0$

を条件として，電圧源と電流源の回路の抵抗 R に流れる電流 I と，R の端子間電圧 V_0 が等しくなり，電圧源と電流源は等価と見なされ，相互交換が可能となります．

参考に，電流源と電圧源を等価交換した回路図を下記に示します．

〈電流源・電圧源の等価交換〉

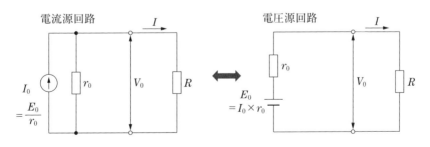

4 合成抵抗（1）

類似問題
● 令和2年度　　　Ⅲ-6
● 令和元年度（再）Ⅲ-9
● 平成28年度　　Ⅲ-7

問題

令和元年度　Ⅲ-6

下図の回路において，端子 a，b からみた合成抵抗として，最も適切なものはどれか．

① $R／2$
② R
③ $2R$
④ $3R$
⑤ $6R$

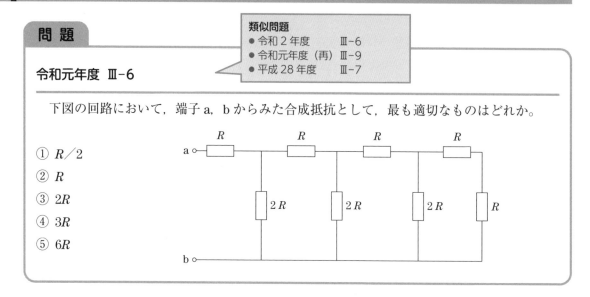

詳しく解説＆解答

合成抵抗の計算（算出）において重要なことは，抵抗同士が<u>直列接続</u>されているのか，<u>並列接続</u>されているのかについて，しっかり判別することです．以下に示す図1から図2への回路図の変形は，一見すると無駄な作業に見えますが，このような書き換え（図面の整理）をしっかり行うことが確実な理解につながります．

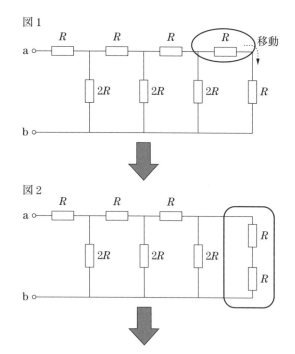

図1

図2

ステップ1：回路図の変形

個別の抵抗を，回路の分岐点をまたがない範囲で移動させても回路全体の抵抗値は変わりません．丸印で囲われた抵抗 R を少しずらして描き，視覚的に直列接続と並列接続が明確に判別できる図に書き換えます．書き換えた結果が図2になります．

ステップ2：直列抵抗の合成

⬭で囲われた部分では，2つの抵抗「R」は<u>直列接続</u>されています．⬭部分の抵抗を合成すると $R+R=2R$ となり，図3のように書き換えられます．

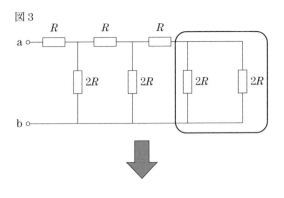

図3

ステップ3：並列抵抗の合成

⬭ で囲われた部分では，2つの抵抗「$2R$」は並列接続されています．⬭ 部分の抵抗を合成していきます．

合成した抵抗値をR_0と置くと，$\dfrac{1}{R_0} = \dfrac{1}{2R} + \dfrac{1}{2R}$

となります．この式を解くと$R_0 = R$となるため，図4のように書き換えられます．

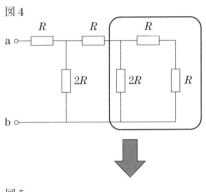

図4

ステップ4：繰り返し

ステップ1～3を ⬭ 部分で再度行うと図5のように書き換えられます．

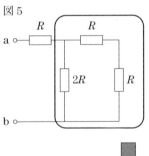

図5

ステップ5：再度繰り返し

ステップ4と同様の作業を ⬭ 部分で行うと，図6のように書き換えられます．

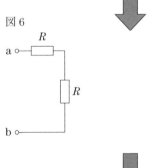

図6

ステップ6：直列抵抗の合成

抵抗は直列接続になっているので，抵抗を合成すると$R + R = 2R$となり，図7のようになります．

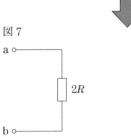

図7

答え　③

(1) 電気抵抗

電気回路における「抵抗」とは，その名の通り，電流の流れを妨げる要素です．

右図で示す R は抵抗と呼ばれます．正式には電気抵抗と呼ばれ，「resistance」の頭文字をとって「R」と示される場合が多いです．

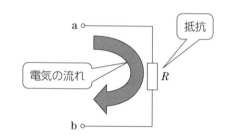

(2) 抵抗の接続

2個以上の抵抗の合成方法として，直列接続と並列接続があります．

抵抗は直列に接続すると増加し，並列に接続すると減少します．電気回路に慣れない人にとって，「並列に接続すると減少する」という説明はピンとこないかもしれません．

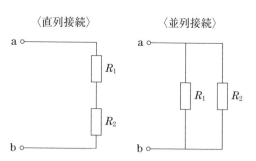

抵抗といっても，電気が通る「路（みち）」であることに変わりはありません．抵抗を並列に接続するということは「路を増やす」という行為なので，必然的に合成された全体の抵抗は減少します．

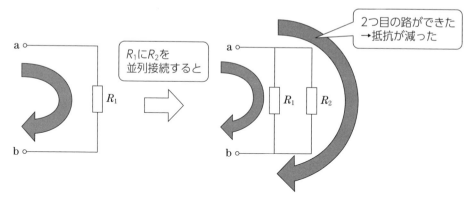

よくある問題で，$1\,\Omega$ の抵抗に $100\,\Omega$ の抵抗を並列接続した場合の合成抵抗はどうなるか．以下より選びなさい．

 A．$1\,\Omega$ より減少する

 B．$1\,\Omega$ より増加する

 C．変わらず $1\,\Omega$ のまま

といったものがあります．答えは当然，Aの「$1\,\Omega$ より減少する」になります．

(3) 合成抵抗の計算方法

2つの抵抗 R_1 と R_2 を接続した場合の合成抵抗 R_0 は，接続方法に応じて次のように求められます．

〈直列接続の場合の合成抵抗〉 　　　〈並列接続の場合の合成抵抗〉

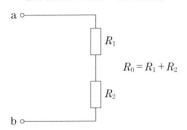

$$R_0 = R_1 + R_2$$

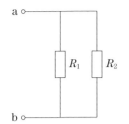

$$\frac{1}{R_0} = \frac{1}{R_1} + \frac{1}{R_2}$$

変形し，下式のようにも表せる

$$R_0 = \frac{1}{\frac{1}{R_1} + \frac{1}{R_2}} \quad \text{または，} \frac{R_1 R_2}{R_1 + R_2}$$

　合成抵抗は，直列接続の場合は単純に各抵抗の和で求められますが，並列接続の場合は，各抵抗の「逆数の和の逆数」が合成抵抗になります．文章にすると難しいですが，式を見るとそこまで難しくないことが分かると思います．

類似問題 　**令和元年度（再）Ⅲ-7**

　直流電源及び抵抗よりなる下図の回路において，抵抗 R に流れる電流 I [A] の値として，もっとも近い値はどれか。

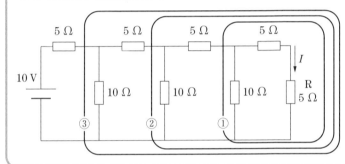

① 2 A
② 1 A
③ 0.5 A
④ 0.25 A
⑤ 0.125 A

注）◯ を外した図が試験問題

🔍 **詳しく解説＆解答**

　問題図の①→②→③の順で問題解説のステップ 1～3 を繰り返すと①，②，③すべてにおいて，合成抵抗は 5 Ω となります．

　よって，残った 5 Ω と上記で求められた 5 Ω を直列接続で合算した回路全体の合成抵抗は 10 Ω となり，回路全体に流れる電流は 10 V/10 Ω で 1 A となります．

　また，下図の ▭ 部分の合成抵抗はいずれも 10 Ω であり，▭ 部分と並列に接続されている I_1，I_1'，I_1'' が流れる抵抗と同じ値です．よって，全体電流である 1 A は，分岐点で常に $\frac{1}{2}$ に分流されます．

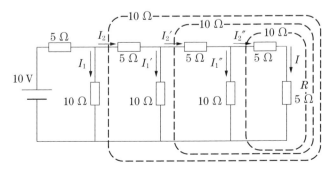

すなわち

$$I_2 = 1\,\text{A} \times \frac{1}{2} = 0.5\ [\text{A}]$$

$$I_2' = 0.5\,\text{A} \times \frac{1}{2} = 0.25\ [\text{A}]$$

$$I_2'' = 0.25\,\text{A} \times \frac{1}{2} = 0.125\ [\text{A}]\ \text{となります．}$$

答え ⑤

5 合成抵抗（2）

問題

類似問題
- 令和 3 年度　　　Ⅲ-8
- 令和 2 年度　　　Ⅲ-8
- 令和元年度（再）Ⅲ-6
- 平成 29 年度　Ⅲ-7
- 平成 25 年度　Ⅲ-7，Ⅲ-8
- 平成 24 年度　Ⅳ-7

令和元年度　Ⅲ-8

　下図のような直流回路において，抵抗 5 Ω の端子間の電圧が 2.1 V であった。このとき，電源電圧 E [V] として，最も近い値はどれか。

① 2.5 V

② 3.0 V

③ 3.5 V

④ 4.0 V

⑤ 4.5 V

詳しく解説＆解答

　この問題は電圧を問われていますが，基本的には，「ブリッジ回路」の考え方を元に合成抵抗を算出する作業が解法の肝になるので，「**合成抵抗**」で解説することにします．

ステップ 1：ブリッジ回路部分の抽出

　問題の回路図の中からブリッジ回路になっている部分を探します．ここでは，下図の ┈┈ の部分がブリッジ回路になっています．

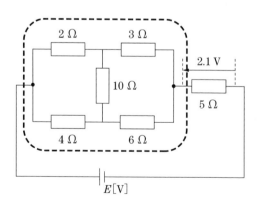

ステップ2：ブリッジ回路の平衡状態の確認と回路の変形

ブリッジ回路部分のみを抜き出した図を以下に示します．

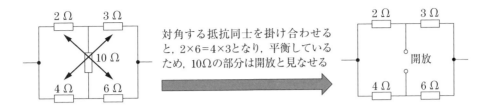

対角する抵抗同士を掛け合わせると，$2 \times 6 = 4 \times 3$ となり，平衡しているため，$10\,\Omega$ の部分は開放と見なせる

ステップ3：変形したブリッジ回路の合成抵抗 R_0 の算出

算出方法は，前項で説明した直列接続・並列接続の合成抵抗の求め方の通りです．

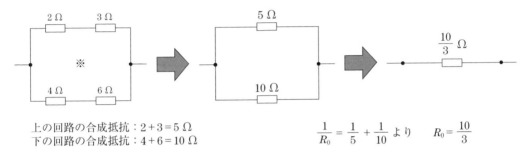

上の回路の合成抵抗：$2 + 3 = 5\,\Omega$
下の回路の合成抵抗：$4 + 6 = 10\,\Omega$

$\dfrac{1}{R_0} = \dfrac{1}{5} + \dfrac{1}{10}$ より　　$R_0 = \dfrac{10}{3}$

※開放された回路は，存在しない回路部分と見なせるので，回路図に記載する必要はない

ステップ4：合成抵抗 R_0 の元の回路への組み込み

回路全体に流れる電流 I_0 は，ブリッジ回路の範囲外の $5\,\Omega$ 部分に掛かる電圧が $2.1\,\mathrm{V}$ であることから，$I_0 = 2.1\,\mathrm{V}/5\,\Omega$ で求められます．

R_0 部分の電圧降下を V_0 と置くと，V_0 は $I_0 \times R_0$ で求められるため，

$V_0 = I_0 \times R_0 = \dfrac{2.1}{5} \times \dfrac{10}{3} = \dfrac{21}{15} = 1.4\ [\mathrm{V}]$ となります．

電源電圧 E は $V_0 + V_1$ なので，$1.4 + 2.1 = 3.5\ [\mathrm{V}]$ となります．

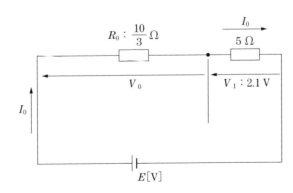

答え　③

(1) ブリッジ回路

　ブリッジ回路とは，2本の枝路からなる並列回路それぞれの中間点同士を電気的に接続した回路」といい表せます．言葉にすると分かりにくいですが，回路図は比較的簡単です．下に一般的なブリッジ回路を示します．回路図内の R_5 の部分が2つの並列回路にブリッジ（橋）をかけて見えることから，ブリッジ回路と呼ばれます．また，R_5 の部分をブリッジと呼ぶこともあります．

　通常は下図の右側のように，ひし形状で示されることが多いです．

〈基本的なブリッジ回路〉

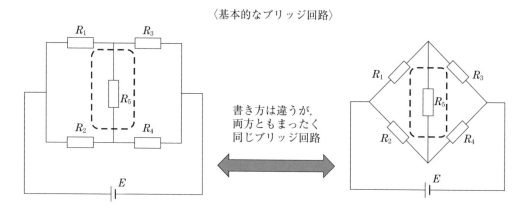

書き方は違うが，
両方ともまったく
同じブリッジ回路

(2) ブリッジ回路の平衡条件

　上のブリッジ回路では，R_1〜R_4 の抵抗値が $R_1 \times R_4 = R_2 \times R_3$ の条件を満たすとき，R_5 のブリッジ部分に電流が流れなくなります．この状態を平衡と呼びます．逆にいえば，ブリッジ回路が平衡状態にあるときは，$R_1 \times R_4 = R_2 \times R_3$ であるということになります．

　右のブリッジ回路の平衡条件は，$R_1 \times R_4 = R_2 \times R_3$ です．

　この平衡を確認する作業は，ひし形状で記載されたブリッジ回路で，向かい合う抵抗同士を掛け合わせる形状から，たすき掛けなどと呼ばれることもあります．

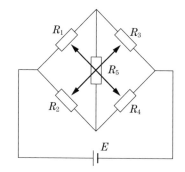

(3) ブリッジ回路の変形

　ブリッジ回路が平衡しているとき，ブリッジ部分は開放または短絡のどちらとも見なすことができます．この「どちらとも見なすことができる」というのが面白いところで，様々な問題の解法に応用できます．

　問題解説で説明した，平衡したブリッジ部分のブリッジ部分を短絡と見なして合成抵抗を算出してみましょう．あたりまえですが，まったく同じ結果になります．

短絡と考えた場合は
このような回路変形もできる

ブリッジ部分を開放と
考えたときと同じ値になった

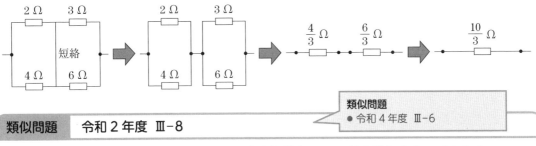

類似問題
● 令和4年度 Ⅲ-6

類似問題　　**令和2年度 Ⅲ-8**

下図の回路において，端子 ab からみた合成抵抗として，最も適切なものはどれか。

① $\dfrac{2R}{3}$

② R

③ $\dfrac{4R}{3}$

④ $\dfrac{5R}{3}$

⑤ $2R$

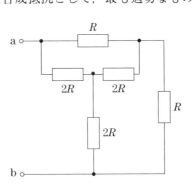

詳しく解説＆解答

一見複雑な問題に見えますが，この回路はよく見ると平衡しているブリッジ回路です。

順を追って，回路変形をしてみましょう。変形が追いやすいように抵抗と分岐点に記号を割り振っています。

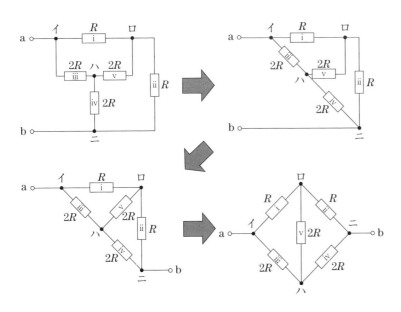

変形した最後の回路は見て分かる通り，平衡したブリッジ回路になっています。そのため，抵抗 v の部分の回路は開放されていると見なせます。よって合成抵抗 R_0 は，

$$\frac{1}{R_0} = \frac{1}{R+R} + \frac{1}{2R+2R}$$

$$= \frac{1}{2R} + \frac{1}{4R} = \frac{3}{4R}$$

となり，$R_0 = \dfrac{4R}{3}$

となります。

答え　③

6 RLC回路

問題

平成27年度 Ⅲ-11

下図において，周波数が50 Hz，電圧がVの交流電源から流れる電流Iは，図A，図Bのいずれも同じ大きさ，かつ電圧との位相差が同一である。このとき，図Bにおける抵抗R'に最も近い値はどれか。

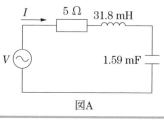

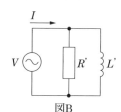

図A　　　図B

① 17.8 Ω　　③ 6.28 Ω　　⑤ 0.56 Ω

② 8.33 Ω　　④ 5.6 Ω

詳しく解説&解答

同じ電圧源である場合，電流の大きさや，電圧と電流の位相差が同じになるためには図Aと図Bの合成インピーダンスの実数部と虚数部がそれぞれ等しくなる必要があります．図Aの回路の素子をR，L，Cと置き，Vの角周波数をωと置くと，図Aのインピーダンス$\dot{Z}$およびアドミタンス$\dot{Y}$は(1)式になります．図Bの回路はLとRの並列回路でインピーダンス$\dot{Z}$およびアドミタンス$\dot{Y}$は(2)式で表されます．並列回路の場合，インピーダンスの逆数であるアドミタンスYで計算すると，実数部と虚数部を分けたままにできるため，計算が容易になります．

$$\dot{Z}=R+\mathrm{j}\left(\omega L-\frac{1}{\omega C}\right)=\frac{1}{\dot{Y}} \quad \cdots(1) \qquad \dot{Z}=\frac{1}{\dfrac{1}{R'}+\dfrac{1}{\mathrm{j}\omega L'}}=\frac{1}{\dot{Y}} \quad \cdots(2)$$

(1)式を変形し，実数部と虚数部に分けます．

$$\dot{Y}=\frac{1}{R+\mathrm{j}\left(\omega L-\dfrac{1}{\omega C}\right)}=\frac{R-\mathrm{j}\left(\omega L-\dfrac{1}{\omega C}\right)}{R^2+\left(\omega L-\dfrac{1}{\omega C}\right)^2}=\underbrace{\frac{R}{R^2+\left(\omega L-\dfrac{1}{\omega C}\right)^2}}_{\text{実数部}}-\mathrm{j}\underbrace{\frac{\left(\omega L-\dfrac{1}{\omega C}\right)}{R^2+\left(\omega L-\dfrac{1}{\omega C}\right)^2}}_{\text{虚数部}}$$

(2)式から$\dot{Y}=\dfrac{1}{R'}+\dfrac{1}{\mathrm{j}\omega L'}$であり，図A，Bの実数部同士の大きさは等しいので，以下の式が成り立ちます．

$$\frac{R}{R^2+\left(\omega L-\dfrac{1}{\omega C}\right)^2}=\frac{1}{R'} \quad \text{これを変形し，}\omega=2\pi f\text{で置き換えると，}$$

$$R'=\frac{R^2+\left(\omega L-\dfrac{1}{\omega C}\right)^2}{R}=R+\frac{\left(2\pi fL-\dfrac{1}{2\pi fC}\right)^2}{R} \quad \text{これに図Aの値を代入することにより，}$$

$$5+\frac{\left(100\pi\times31.8\times10^{-3}-\dfrac{1}{100\pi\times1.59\times10^{-3}}\right)^2}{5}\fallingdotseq17.8\ [\Omega]$$

答え ①

問 題

平成 28 年度　Ⅲ-19

　下図は，オシロスコープなどに用いられる分圧回路である。電圧比 $\dfrac{V_2}{V_1}$ が周波数に無関係になる条件式及び分圧比を示す式の組合せとして，最も適切なものはどれか。

　ただし，R_1，R_2 は抵抗であり，C_1，C_2 は，キャパシタンスを表す。

① $C_1 R_1 = C_2 R_2, \quad \dfrac{V_2}{V_1} = \dfrac{R_2}{R_1 + R_2}$　　④ $\dfrac{R_1}{R_2} = \dfrac{C_1}{C_2}, \quad \dfrac{V_2}{V_1} = \dfrac{C_2}{C_1 + C_2}$

② $C_1 R_1 = C_2 R_2, \quad \dfrac{V_2}{V_1} = \dfrac{C_2}{C_1 + C_2}$　　⑤ $C_1 = C_2, \quad \dfrac{V_2}{V_1} = \dfrac{C_2 R_2}{C_1 R_1 + C_2 R_2}$

③ $\dfrac{R_1}{R_2} = \dfrac{C_1}{C_2}, \quad \dfrac{V_2}{V_1} = \dfrac{R_2}{R_1 + R_2}$

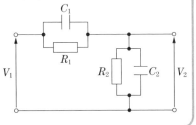

🔍 **詳しく解説＆解答**

　CR 並列回路のインピーダンス $\dot{Z}$ およびアドミタンス $\dot{Y}$ は，$\dot{Z} = \dfrac{1}{\dfrac{1}{R} + j\omega C} = \dfrac{1}{\dot{Y}}$ で表されます．前問

と同じようにアドミタンスを使うと計算が容易になります．分圧比が周波数に無関係になるためには，それぞれの実数部と虚数部の「比率」が等しいことが条件となります．V_1 部分のインピーダンス，アドミタンスを $\dot{Z}_1, \dot{Y}_1$，V_2 部分のインピーダンス，アドミタンスを $\dot{Z}_2, \dot{Y}_2$ と置くと，分圧比は，

$\dfrac{\dot{V}_2}{\dot{V}_1} = \dfrac{\dot{Z}_2}{\dot{Z}_1 + \dot{Z}_2} = \dfrac{\dot{Y}_1}{\dot{Y}_1 + \dot{Y}_2}$　…(1) と表され，

　これに設問の回路を当てはめると以下のようになります．

$$\frac{\dot{V}_2}{\dot{V}_1} = \frac{\dfrac{1}{R_1} + j\omega C_1}{\left(\dfrac{1}{R_1} + j\omega C_1\right) + \left(\dfrac{1}{R_2} + j\omega C_2\right)} = \frac{\dfrac{1}{R_1} + j\omega C_1}{\dfrac{R_1 + R_2}{R_1 R_2} + j\omega(C_1 + C_2)} = \boxed{\frac{R_2}{R_1 + R_2}} + \boxed{\frac{j\omega R_1 R_2 C_1}{j\omega R_1 R_2 (C_1 + C_2)}} \quad \cdots (2)$$

(2)式の左側の実数部の比率と右側の虚数部の比率は，以下のように変形できます．

実数部 $\dfrac{R_2}{R_1 + R_2} = \dfrac{1}{\dfrac{R_1}{R_2} + 1}$　　　虚数部 $\dfrac{j\omega R_1 R_2 C_1}{j\omega R_1 R_2 (C_1 + C_2)} = \dfrac{C_1}{C_1 + C_2} = \dfrac{1}{1 + \dfrac{C_2}{C_1}}$

　これが等しくなるためには $\dfrac{R_1}{R_2} = \dfrac{C_2}{C_1}$ である必要があります．これは，変形すると $C_1 R_1 = C_2 R_2$ となります．

　実数部と虚数部の比は等しいので，分圧比は $\dfrac{\dot{V}_2}{\dot{V}_1} = \dfrac{R_2}{R_1 + R_2}$ または，$\dfrac{C_1}{C_1 + C_2}$ と表されます．

　分圧回路で周波数の影響をなくすことは，虚数部のリアクタンス X と実数部のレジスタンス R の比率を揃えることで，右図では，$\dfrac{R_b}{R_a + R_b} = \dfrac{X_b}{X_a + X_b}$ となります．これにより，それぞれのインピーダンスのベクトル（向き）が揃い，分圧比に対して周波数の影響が打ち消されます．　　　**答え　①**

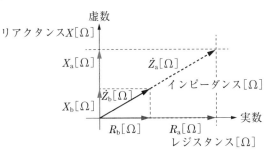

令和元年度 Ⅲ-11

　下図 A に示す回路で，交流電源の電圧 $v_\circ$ と抵抗 R の電圧 v_R をオシロスコープで測定したところ，下図 B のようになった。この場合，接続されているインピーダンス Z について，次の記述の，□□□□の中に入る語句と数値の組合せとして，最も適切なものはどれか。ただし，$R = 25\ \mathrm{k\Omega}$ であったとする。

　図 B 中に破線で示した正弦波交流電源電圧 $v_\circ$ を，オシロスコープ上で，時刻 t が 0 秒のとき $v_\circ = 0\ \mathrm{V}$ となるようにした。この状態で，点 a の電圧（$v_\circ$ の振幅）は 70.7 V であり，周期は 10 ms であった。一方，実線で示した v_R の波形で，最初に最大になる点 b の時刻と点 a の時刻の差は 0.83 ms であった。図 A の回路に接続されている Z がひとつの受動素子からなるとすると，Z は ア であり，その イ は ウ である。

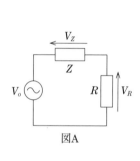

図A

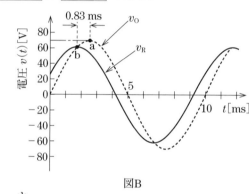

図B

	ア	イ	ウ
①	コイル	インダクタンス	23 mH
②	コイル	インダクタンス	68.9 mH
③	コンデンサ	静電容量	0.11 μF
④	コンデンサ	静電容量	0.37 μF
⑤	抵抗	抵抗値	25 Ω

詳しく解説＆解答

　本問は位相差を発生させるコンデンサ，コイルについての問いで，図 B のグラフの交流電源の電圧位相 v_0 に対して，抵抗両端の電圧 v_R のピークは 0.83 ms 進んでいるため，Z はコンデンサで，静電容量となり，単位は F（ファラド）です。

　それぞれの交流電圧の最大値を a，b，角周波数を ω，位相角を ϕ とすると，$v_\circ$，v_R は以下のように表せます。

$$v_\circ = a \sin \omega t \qquad v_R = b \sin(\omega + \phi)$$

　位相角 ϕ は，周期 $T = 10\ \mathrm{ms}$ の正弦波に対して 0.83 ms の進みであることから，以下のように求められます。

$$\phi = 2\pi \times \frac{0.83\ [\mathrm{ms}]}{10\ [\mathrm{ms}]} = 0.166\pi\ [\mathrm{rad}] \fallingdotseq 30\ [\mathrm{deg}] \quad (\because \pi\ [\mathrm{rad}] = 180\ [\mathrm{deg}])$$

また，角周波数 ω は周期が 10 ms であることから，以下の値になります．

$$\omega = \frac{2\pi}{T} = \frac{2\pi}{10 \times 10^{-3}} = 200\pi \ [\text{rad/s}]$$

$\tan\phi$ は C，R のインピーダンスの比で，コンデンサのインピーダンスは $Z = \dfrac{1}{\omega C}$ なので，

$$\tan\phi = \frac{Z}{R} = \frac{\frac{1}{\omega C}}{R} = \frac{1}{\omega CR} \ \text{となります．これを変形し，}$$

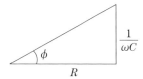

〈抵抗とインピーダンスの比〉

$$C = \frac{1}{\omega R \tan\phi} = \frac{1}{200\pi \times 25 \times 10^3 \times \tan\phi} = \frac{1}{1.57 \times 10^7 \times \tan\phi}$$

$$\tan\phi \fallingdotseq \tan(30°) = \frac{1}{\sqrt{3}} \fallingdotseq 0.58 \ \text{なので，}$$

$$C \fallingdotseq \frac{1}{1.57 \times 10^7 \times 0.58} = 1.1 \times 10^{-7} \ [\text{F}] = 0.11 \ [\mu\text{F}]$$

答え　③

問 題

令和 2 年度　Ⅲ-11

　下図に示すような，抵抗 R，コイル L，コンデンサ C，からなる直列回路がある．交流正弦波電源の共振周波数 f が 1 [MHz] であった場合の，コンデンサの静電容量 C と Q 値（共振の鋭さ：Quality Factar）として最も適切なものはどれか．

ただし，$R = 1$ [kΩ]，$L = 25$ [mH] とする．

① $C = 40$ [pF]，$Q = 157$ 　④ $C = 1$ [pF]，$Q = 79$

② $C = 40$ [pF]，$Q = 25$ 　⑤ $C = 1$ [pF]，$Q = 25$

③ $C = 1$ 　[pF]，$Q = 157$

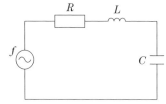

詳しく解説＆解答

　本問は直列共振回路についての問題で，共振周波数では LC 部分の直列インピーダンスが 0 となり，L および C を短絡したのと等価な回路になります．

　本回路での共振周波数は，$2\pi fL - \dfrac{1}{2\pi fC} = 0$ を満たす値となります．題意より，共振周波数は 1 MHz であるため，これから C の値を求めると，

$$C = \frac{1}{(2\pi f)^2 L} = \frac{1}{(2\pi \times 10^6)^2 \times 25 \times 10^{-3}} = \frac{1}{4\pi^2 \times 10^{12} \times 25 \times 10^{-3}} = \frac{1}{10^{11} \times \pi^2} \fallingdotseq 1 \times 10^{-12} = 1 \ [\text{pF}]$$

共振の鋭さ Q は，以下の 3 つの式のどの形でも求められます．f は共振周波数です．

$$Q = \frac{1}{R}\sqrt{\frac{L}{C}} = \frac{2\pi fL}{R} = \frac{1}{2\pi fCR}$$

最後の式に値を代入して求めます．

$$Q = \frac{1}{2\pi \times 10^6 \times 10^{-12} \times 10^3} = \frac{500}{\pi} \fallingdotseq 157$$

答え　③

(1) 交流回路のインピーダンス

■ 直流と交流の違いについて

　直流は時間にかかわらず，一定の大きさを保ちますが，交流は時間によって大きさが変わるため，交流回路では振幅と位相でその波形の性質を表します．位相成分をもつため，複素平面上のベクトルとして表します．

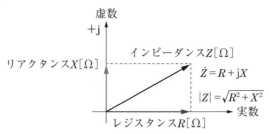

- ・レジスタンス：単位 Ω，記号 R，抵抗で周波数に関係なく一定
- ・リアクタンス：単位 Ω，記号 X，コイルやコンデンサなどで周波数により変化する

　　　コイルのリアクタンス　　：誘導性リアクタンス，単位 Ω，記号 X_L

　　　コンデンサのリアクタンス：容量性リアクタンス，単位 Ω，記号 X_C

- ・インピーダンス：単位 Ω，記号 Z，レジスタンスとリアクタンスを合成したもの

■ コイルのインピーダンス（リアクタンス）

　コイルのインピーダンスは $j\omega L$ で表され，周波数に比例してリアクタンスが大きくなります．直流（周波数が0）では0になります．

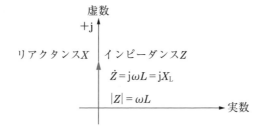

■ コンデンサのインピーダンス（リアクタンス）

　コンデンサのインピーダンスは $\dfrac{1}{j\omega C}$ で表され，周波数に反比例してリアクタンスが小さくなります．直流（周波数が0）では無限大になります．

(2) 角周波数

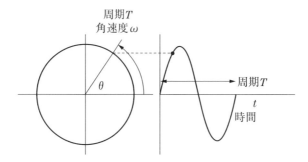

周期T
角速度ω

θ

周期T

t
時間

　角周波数 ω [rad/s] は，円周を回る点の角速度と等価と考えます．上図で円周を毎秒1回転する場合の角度 θ は 2π なので，1 Hz は 2π [rad/s] となります．1回転する周期を T とすると，周期は周波数の逆数なので，以下のようになります．

$$\omega\ [\text{rad/s}] = \frac{2\pi}{T\ [\text{s}]} = 2\pi \cdot f\ [\text{Hz}]$$

2π の部分は定数なので，ω を使用することで式を簡略化できます．

(3) 共振の鋭さ Q

　共振の鋭さ Q は，共振回路において下図のように共振角周波数 ω_0 を，その前後で回路を流れる電流が $\frac{1}{\sqrt{2}}$ 倍になる周波数の幅 $\Delta\omega$ で割ったものと定義されます．これは単位がない無次元量です．Q が大きいほどグラフは細く（鋭く）なります．

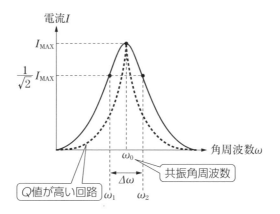

電流I

I_{MAX}

$\frac{1}{\sqrt{2}}I_{\text{MAX}}$

角周波数ω

ω_0

共振角周波数

$\Delta\omega$

Q値が高い回路

ω_1　ω_2

　LCR直列共振回路に当てはめると，次式になります．

$$Q = \frac{\omega_0}{\omega_2 - \omega_1} = \frac{1}{R}\sqrt{\frac{L}{C}} = \frac{\omega_0 L}{R} = \frac{1}{\omega_0 CR}$$

7 共振回路

問 題

平成 29 年度 Ⅲ-9

類似問題
● 令和 4 年度 Ⅲ-12

有限な値を有する理想的な回路素子 R, L, C で構成された下図の回路において，実効値 V の定電圧電源の角周波数 ω を変化させた場合の説明に関する次の記述の，□□□□□ に入る語句の組合せとして，最も適切なものはどれか．

回路を流れる電流は，ある角周波数で □ ア □ となり，その極値における電流の実効値は □ イ □ である．

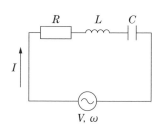

	ア	イ		ア	イ
①	極大	$\dfrac{V}{R}$	④	極小	$\dfrac{V}{R}$
②	極大	∞	⑤	極小	$\dfrac{V}{\sqrt{R_2 + \left(\omega L - \dfrac{1}{\omega C}\right)^2}}$
③	極小	0			

詳しく解説＆解答

本問は直列共振回路に関する問題で，角周波数 ω に応じた電流の実効値を求めます．

直列共振回路のインピーダンスは，$\dot{Z} = R + j\omega L + \dfrac{1}{j\omega C}$ で表され，図の回路の電源と電流の関係は下式で表せます．

$$\dot{V} = \left(R + j\omega L + \frac{1}{j\omega C}\right)\dot{I}$$

上式を $\dot{I}$ について解くと，以下のようになります．

$$\dot{I} = \frac{\dot{V}}{R + j\omega L + \dfrac{1}{j\omega C}} = \frac{\dot{V}}{R + j\omega L - j\dfrac{1}{\omega C}} = \frac{\dot{V}}{R + j\left(\omega L - \dfrac{1}{\omega C}\right)} \quad \cdots(1)$$

設問の回路は直列共振回路であるため，共振周波数では L と C による合成インピーダンスは 0 になり，電流が極大になります．共振時は $\omega L - \dfrac{1}{\omega C} = 0$ であるため，$\dot{I} = \dfrac{V}{R}$ となり，虚数項が 0 であるため，電流の実効値は $I = \dfrac{V}{R}$ となります．

答え ①

令和2年度 Ⅲ-12

交流並列共振回路に関する次の記述の，□□□に入る数値の組合せとして，最も適切なものはどれか。

下図のような並列共振回路で $L = 100\,\mu\mathrm{H}$ かつ R が十分小さいとき，535 kHz から 1605 kHz の周波数に同調させるには，キャパシタンス C の値は □ア□ F から □イ□ F の範囲で変化できるものであればよい。

	ア	イ
①	885×10^{-12}	98.3×10^{-12}
②	1.77×10^{-9}	197×10^{-12}
③	2.78×10^{-9}	309×10^{-12}
④	5.56×10^{-9}	618×10^{-12}
⑤	885×10^{-9}	98.3×10^{-9}

詳しく解説&解答

本問は，AM ラジオの同調回路（選局回路）についての問いです．並列共振回路の共振周波数を AM 放送がある範囲の 535～1605 kHz をカバーできる C の容量変化幅を求めます．

コンデンサのリアクタンス，X_C およびコイルのリアクタンス X_L は，以下の式で表せます．

$$X_C = \frac{1}{\omega C} = \frac{1}{2\pi f C}$$

$$X_L = \omega L = 2\pi f L$$

問題文に「R が十分小さい」とあるため，この回路は LC のみの並列回路と考えられます．回路のインピーダンスは，

$$\dot{Z} = \cfrac{1}{\cfrac{1}{\mathrm{j}X_L} - \cfrac{1}{\mathrm{j}X_C}} = \cfrac{1}{\cfrac{1}{\mathrm{j}}\left(\cfrac{1}{X_L} - \cfrac{1}{X_C}\right)} = \cfrac{1}{\cfrac{1}{\mathrm{j}}\left(\cfrac{1}{\omega L} - \omega C\right)}$$

で表され，共振周波数は $\dfrac{1}{\omega L} - \omega C = 0 \cdots (1)$ となる角周波数 ω です．

このときの C は (1)式を変形させ，$C = \dfrac{1}{\omega^2 L} = \dfrac{1}{(2\pi f)^2 L}$ で求められます．f が 535 kHz および 1605 kHz のときの C の容量は，f にこの値を代入して求められます．

$$C_{535\,\mathrm{kHz}} = \frac{1}{(2\pi \times 535 \times 10^3)^2 \times 100 \times 10^{-6}} \fallingdotseq 885 \times 10^{-12}\ [\mathrm{F}]$$

$$C_{1\,605\,\mathrm{kHz}} = \frac{1}{(2\pi \times 1\,605 \times 10^3)^2 \times 100 \times 10^{-6}} \fallingdotseq 98.3 \times 10^{-12}\ [\mathrm{F}]$$

答え ①

問題を解くために必要な基礎知識

(1) 直列共振回路

　図に示すようなLCR直列共振回路は共振周波数f_0で，LC部分のインピーダンスが0になり，回路全体のインピーダンスはRになります．

　このときの共振周波数は，以下のように求めます．

　コイルLのリアクタンスは，

$$X_{\mathrm{L}} = \omega L$$

　コンデンサCのリアクタンスは，

$$X_{\mathrm{C}} = \frac{1}{\omega C}$$

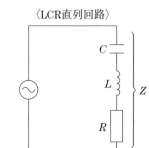

〈LCR直列回路〉

　LCR直列回路全体のインピーダンスは，

$$\dot{Z} = R + \mathrm{j}\left(\omega L - \frac{1}{\omega C}\right) \quad \text{となります．}$$

　この回路では，$\omega L - \dfrac{1}{\omega C}$ の部分が0になる周波数で共振状態となり，見かけ上，回路全体のインピーダンスは，抵抗Rのみとなります．共振状態の角周波数をω_0とすると，ω_0は以下のように求められます．

$$\omega_0 L = \frac{1}{\omega_0 C} \qquad \omega_0{}^2 = \frac{1}{LC} \qquad \therefore \quad \omega_0 = \frac{1}{\sqrt{LC}}$$

　$\omega_0 = 2\pi f_0$ より，共振周波数f_0は，$f_0 = \dfrac{1}{2\pi\sqrt{LC}}$ [Hz] となります．

　共振周波数ではLとCのリアクタンスが等しくなるため，LとCに掛かる電圧が打ち消し合い，LCは短絡されたような状態となり，Rのみの回路となります．

　回路全体のインピーダンス$\dot{Z} = R + \mathrm{j}\left(\omega L - \dfrac{1}{\omega C}\right)$の合成ベクトルの共振および，その前後の各周波数における状態は，以下のようになります．

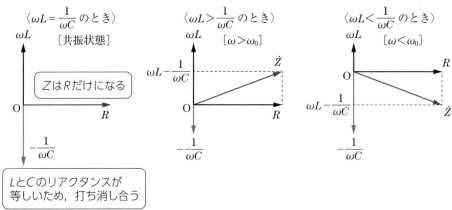

〈周波数によるインピーダンスの状態〉

(2) 並列共振回路

右下図に示すようなLCR並列共振回路は，共振周波数f_0でLC部分のインピーダンスが無限大となり，回路全体のインピーダンスはRになります．並列共振回路の場合，インピーダンスの逆数であるアドミタンスを使うと，分数の計算が簡略化できます．

抵抗のアドミタンスは，

〈LCR並列回路〉

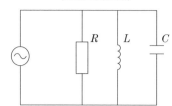

$$\dot{Y}_R = \frac{1}{R}$$

コイルのアドミタンスは，

$$\dot{Y}_L = \frac{1}{j\omega L} = -j\frac{1}{\omega L}$$

コンデンサのアドミタンスは，

$$\dot{Y}_C = j\omega C$$

LCR 並列回路全体のアドミタンスは，

$$\dot{Y} = \dot{Y}_R + \dot{Y}_L + \dot{Y}_C = \frac{1}{R} + j\left(\omega C - \frac{1}{\omega L}\right) \quad となります.$$

この回路では，$\omega C - \dfrac{1}{\omega L}$ 部分が 0 になる周波数で，見かけ上，回路全体のアドミタンスは抵抗分の $\dfrac{1}{R}$ のみとなります．共振状態の角周波数を ω_0 とすると，ω_0 は以下のように求められます．

$$\omega_0 C = \frac{1}{\omega_0 L}, \quad \omega_0{}^2 = \frac{1}{LC} \qquad \therefore \quad \omega_0 = \frac{1}{\sqrt{LC}}$$

$\omega_0 = 2\pi f_0$ より，共振周波数 f_0 は，$f_0 = \dfrac{1}{2\pi\sqrt{LC}}$ [Hz] となります．

共振周波数では，L と C のリアクタンスが等しくなるため，L と C を流れる電流が打ち消し合い，LC は開放されたような状態となり，R のみの回路となります．

回路全体のアドミタンス $\dot{Y} = \dfrac{1}{R} + j\left(\omega C - \dfrac{1}{\omega L}\right)$ の合成ベクトルの共振および，その前後の周波数における状態は，以下のようになります．

〈周波数によるアドミタンスの状態〉

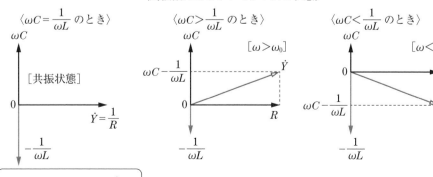

8 過渡現象

問題

類似問題
● 平成 26 年度　Ⅲ-9

令和 2 年度　Ⅲ-9

　下図の回路において，時刻 $t=0$ で，スイッチ S を閉じる。そのとき，初期条件 $v(0)=v_0$ を満たす電圧 $v(t)$ を表す式として，最も適切なものはどれか。ただし，E は理想直流電圧源，R は抵抗，C はコンデンサ（キャパシタ）を表す。

① $(v_0+E)e^{-\frac{t}{RC}}-E$

② $(v_0+E)e^{-\frac{t}{RC}}+E$

③ $(v_0-E)e^{-\frac{t}{RC}}+E$

④ $(v_0-E)e^{\frac{t}{RC}}+E$

⑤ $(v_0-E)e^{\frac{t}{RC}}-E$

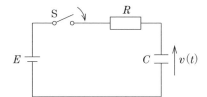

詳しく解説＆解答

本問は，抵抗 R を介してコンデンサに充電するときの端子電圧の変化を問うています。

時刻 $t=0$ 以降に R を流れる電流を $i(t)$ とすると，

$$R\cdot i(t)+v(t)=E \quad \cdots(1)$$

コンデンサの充電時の電流は，コンデンサ容量 $C\times$ 電圧 $v(t)$ の時間微分なので，

$$i(t)=\frac{d}{dt}\{C\cdot v(t)\}=C\cdot\frac{dv(t)}{dt} \quad \cdots(2)$$

(2)式を(1)式に代入することにより，

$$RC\frac{dv(t)}{dt}+v(t)=E$$

$$RC\frac{dv(t)}{dt}=E-v(t)$$

$$\frac{dv(t)}{v(t)-E}=-\frac{1}{RC}dt$$

$$\int\frac{dv(t)}{v(t)-E}=-\frac{1}{RC}\int dt$$

$$\ln\{v(t)-E\}=-\frac{t}{RC}+A \quad \text{※ } A \text{ は積分定数}$$

$$v(t)-E=e^{\left(-\frac{t}{RC}+A\right)}=e^{-\frac{t}{RC}}\cdot e^A$$

$e^A=K$ と置きます。

$$v(t)=E+K\cdot e^{-\frac{t}{RC}} \quad \cdots(3)$$

初期条件 $v(0)=v_0$ より，

$$v(0)=v_0=E+K\cdot e^0=E+K$$

よって $K=v_0-E \quad \cdots(4)$

(4)式を(3)式に代入して，

$$v(t)=(v_0-E)e^{-\frac{t}{RC}}+E$$

答え　③

【別解】

　$t=0$ を代入したときに $v(t)=v_0$

　$t=\infty$ を代入したときに $v(t)=E$

になる選択肢を探します。

類似問題
● 令和元年度　Ⅲ-12

令和3年度　Ⅲ-10

　下図において，スイッチSは時刻 $t=0$ より以前は開いており，それ以降は閉じているものとする。このとき，時刻 $t \geqq 0$ における電流 I_L を表す式として，適切なものはどれか。

① $I_L = \dfrac{E}{R_0 + R} e^{-\frac{t}{RL}}$

④ $I_L = \dfrac{E}{R} e^{-\frac{R}{L}t}$

② $I_L = \dfrac{E}{R_0 + R} e^{-\frac{R}{L}t}$

⑤ $I_L = \dfrac{E}{R} e^{-\frac{L}{R}t}$

③ $I_L = \dfrac{E}{R_0 + R} e^{-\frac{L}{R}t}$

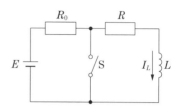

詳しく解説＆解答

　初期状態である $t=0$ 時点は，スイッチSが開いてから十分時間が経った定常状態であると考えられます．右上図に示すように，定常状態での L の抵抗値は $0\,\Omega$ となるため，

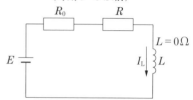

〈時刻 $t=0$ 以前〉

　$t=0$ 時点では，$I_L = \dfrac{E}{R_0 + R}$ （$t=0$ 以前）…(1)となります．

　時刻 $t=0$ にスイッチSを閉じることにより，右下図に示すような L と R の直列回路となり，I_L の時間による変化は E と R_0 は無関係となります．

　この回路の過渡状態における電圧と電流の関係は，

$RI_L + L\dfrac{\mathrm{d}I_L}{\mathrm{d}t} = 0$ で表され，I_L を求めるために，この微分方程式を解いていきます．

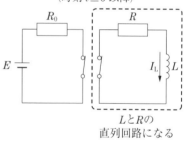

〈時刻 $t \geqq 0$ 以降〉

L と R の
直列回路になる

$$L\dfrac{\mathrm{d}I_L}{\mathrm{d}t} = -RI_L$$

変形し，変数をそろえます．

$$\dfrac{1}{I_L}\mathrm{d}I_L = -\dfrac{R}{L}\mathrm{d}t$$

両辺を積分します．

$$\int \dfrac{1}{I_L}\mathrm{d}I_L = -\dfrac{R}{L}\int \mathrm{d}t$$

$$\ln I_L + A = -\dfrac{R}{L}t + B$$

　　　※ A, B：積分定数

$$\ln I_L = -\dfrac{R}{L}t + B - A$$

$$I_L = e^{-\frac{R}{L}t} \cdot e^{(B-A)}$$

$e^{(B-A)} = K$ と置くと，

$$I_L = Ke^{-\frac{R}{L}t} \quad \cdots(2)$$

$t=0$ 時点の I_L は，

$$I_L = Ke^0 = K \quad \cdots(3) \text{ となります．}$$

(1)式，(3)式より，$K = \dfrac{E}{R_0 + R}$ となり，(2)式に代入して，

$$I_L = \dfrac{E}{R_0 + R} e^{-\frac{R}{L}t} \text{ が導かれます．}$$

答え　②

(1) RL 直列回路の過渡現象

インダクタンス（L）は，電流の変化に抵抗する性質をもっています．直流電圧が初めて印加された（$T=0$）時点では，その抵抗は無限大となり，電流はほとんど流れません．しかし，時間が経つと，その抵抗は徐々に低下し，十分な時間が経過した後の定常状態では抵抗は0となり，電流は自由に流れます．

また，インダクタンスは，エネルギーを電流の流れとして蓄積する性質をもっています．電圧がなくなった後でも，このエネルギーがすべて放出されるまで，電流を順方向に流し続けます．

〈実例を用いたRL回路における電流の挙動〉

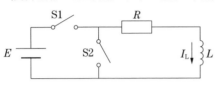

〈スイッチの動作条件〉

	S1	S2
初期状態	OFF（開放）	OFF（開放）
$T=0$	ON（投入）	OFF（開放）
十分な時間が経過（$T=0'$ とする）	OFF（投入）	ON（投入）

上図に示す回路において，まずS1が投入され，一定時間経過してからS1を開放し，同時にS2を投入します．このときの経過時間とともに，インダクタンスLに流れる電流の挙動は，以下のようになります．

(i) $T=0$でS1を投入した直後，インダクタンスLの抵抗は無限大で，電流はほとんど流れません．しかし，十分な時間が経過した後，インダクタンスLの抵抗は0となり，電気回路の抵抗成分はRだけになります．そのため，定常状態での電流値はE/Rになります．

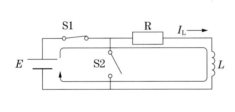

〈S1 ON直後からの電流変化〉

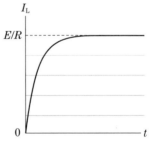

(ii) S1が投入されてから十分時間が経過した後，S1をOFFにし，同時にS2をONにすると，インダクタンスLは蓄積したエネルギーを放出し始めます．このとき，初期電流はE/Rですが，インダクタンスがエネルギーを放出するにつれて電流は徐々に減少し，最終的には0になります．

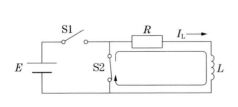

〈S1 OFF，S2 ON直後からの電流変化〉

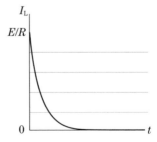

(2) RC 直列回路の過渡現象

　キャパシタンス（C）は電圧の変化に抵抗する性質をもっています．直流電圧が初めて印加された（$T=0$）時点では，その抵抗は0であり，電流は急速に流れます．しかし，時間が経つとその抵抗は徐々に増加し，十分な時間が経過した後の定常状態では抵抗は無限大となり，電流は流れません．

　また，キャパシタンスは電荷の形でエネルギーを蓄積します．電圧がなくなった後でも，この蓄積された電荷がすべて放出されるまで電流を逆方向に流し続けます．

〈実例を用いたRC回路における電流の挙動〉

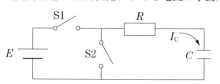

〈スイッチの動作条件〉

	S1	S2
初期状態	OFF（開放）	OFF（開放）
$T=0$	ON（投入）	OFF（開放）
十分な時間が経過（$T=0'$ とする）	OFF（投入）	ON（投入）

(i) 上図に示す回路において，$T=0$ でS1を投入した直後，キャパシタンスCの抵抗は0で，電流は急速に流れます．しかし，十分な時間が経過した後，キャパシタンスCの抵抗は無限大となります．また，分圧比の法則により回路の電圧はすべてCにかかります．そのため，定常状態では電流は流れません．

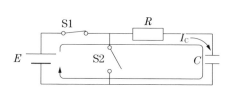

〈S1 ON直後からの電流変化〉

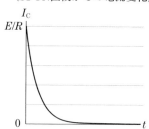

(ii) S1が投入されてから十分な時間が経過した後，S1をOFFにし，同時にS2をONにすると，キャパシタンスCは蓄積したエネルギーを逆方向に放出し始めます．このとき，初期電流は$-E/R$ですが，キャパシタンスがエネルギーを放出するにつれて電流は徐々に減少し，最終的には0になります．

〈S1 OFF S2 ON直後からの電流変化〉

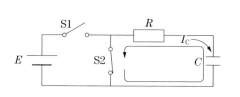

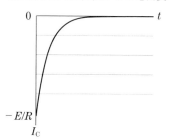

発送配電

1 送電

問題

平成 30 年度 Ⅲ-13

電力システムの電気特性を解析するために用いられるパーセントインピーダンスに関する次の記述の，□□□□に入る語句の組合せとして，最も適切なものはどれか．

電力系統を構成する設備のインピーダンスからパーセントインピーダンスの値を求める式は，□ ア □に比例し，□ イ □に反比例する形になる．パーセントインピーダンスは，変圧器の2次側につながる線路の短絡事故が起きたときの短絡電流を求める場合に用いられることがある．

	ア	イ
①	基準電圧	基準容量の2乗
②	基準容量	基準電圧の2乗
③	基準電圧	基準容量
④	基準容量	基準電圧
⑤	基準電圧の2乗	基準容量

詳しく解説＆解答

電力系統のパーセントインピーダンス（以下：％インピーダンス）とは，変圧器や回路などのインピーダンスによる電圧降下を定格電圧との比率（百分率）で表したものです．変圧器や回路などの定格相電圧を E_n [V]，定格電流を I_n [A]，インピーダンスを Z [Ω]，％インピーダンスを $\%Z$ [％] とし，式で表すと

$$\%Z = \frac{I_n Z}{E_n} \times 100 \ [\%] \quad \cdots (1)$$

となります．

また，％インピーダンスは，容量 [V·A] を使って求めることもあり，線間電圧を V_n（基準電圧とする），三相定格容量（基準容量とする）を $P_n = \sqrt{3} V_n I_n$ [V·A] とすると，相電圧 E_n は，

$E_n = \dfrac{V_n}{\sqrt{3}}$ なので，(1)式を変形すると

基準容量に比例

$$\%Z = \frac{I_n Z}{E_n} \times 100 = \frac{I_n Z}{\frac{V_n}{\sqrt{3}}} \times 100 = \frac{I_n Z}{\frac{V_n}{\sqrt{3}}} \times \frac{\sqrt{3} V_n}{\sqrt{3} V_n} \times 100 = \frac{\sqrt{3} V_n I_n Z}{V_n^2} \times 100 = \boxed{\frac{P_n Z}{V_n^2}} \times 100 \ [\%]$$

基準電圧の2乗に反比例

となり，％インピーダンスは基準容量に比例し，基準電圧の2乗に反比例します． **答え ②**

平成 26 年度　Ⅲ-13

類似問題
● 平成 25 年度　Ⅲ-13

　下図に示す受電点の短絡容量に最も近い値はどれか。ここで，短絡容量とはその点での三相短絡電流によって電力系統全体が消費する電力をいう。変電所のパーセントインピーダンス$\%Z_s$，配電線のパーセントインピーダンス$\%Z_t$の基準容量（単位容量）を 10 MVA とする。ただし，j は虚数単位である。

① 110 MVA　　③ 150 MVA　　⑤ 190 MVA

② 130 MVA　　④ 170 MVA

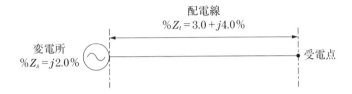

配電線
$\%Z_t = 3.0 + j4.0\%$

変電所
$\%Z_s = j2.0\%$

受電点

詳しく解説＆解答

　設問は，電力系統に対する短絡容量の計算問題です．

　変電所から受電点までの％インピーダンスが分かっていて，基準容量はどちらも 10 MVA なので，変電所と配電線の％インピーダンスをそのまま足し合わせることで，この系統の全％インピーダンス$\%Z$は，次のように計算できます．

　　$\%Z = \%Z_s + \%Z_t = j2.0 + (3.0 + j4.0) = 3.0 + j6.0 \ [\%]$

　％インピーダンスの大きさは，$\sqrt{3.0^2 + 6.0^2} \fallingdotseq 6.7\,\%$になります．

　また，短絡容量とは，基準容量を$\dfrac{\%Z}{100}$で割った$\left(\dfrac{100}{\%Z}$を掛けた$\right)$値です．基準容量は 10 MVA なので，

$$P_s = \frac{P_n}{\dfrac{\%Z}{100}} = P_n \times \frac{100}{\%Z} \ [\mathrm{MVA}] = 10 \times \frac{100}{6.7} = 149 \fallingdotseq 150 \ [\mathrm{MVA}]$$

となります．

答え　③

(1) パーセントインピーダンス

　パーセントインピーダンスとは，％インピーダンス，百分率インピーダンス，短絡インピーダンスとも呼ばれ，系統のインピーダンスを任意に設定した基準電圧や基準容量における電圧降下としてパーセントで表します．これにより，単純に足し算のみで系統の合成インピーダンスを計算でき，事故電流などを簡単に算出できます．このような方法をパーセントインピーダンス法と呼びます．一方，実際のインピーダンス〔Ω〕で計算する方法は，オーム法と呼びます．

　電力系統の一相分を取り出し，単純化して表した右のような回路の場合，インピーダンスは，$Z = R + jX$ で表されます．このインピーダンスの大きさは，$|Z| = \sqrt{R^2 + X^2}$ です．

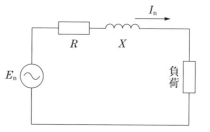

　jは虚数単位といい，2乗するとマイナスになる数のことでj6.0のように数値の前に付けて虚数であることを表し，実数とは区別します．

$$j = \sqrt{-1} \qquad j^2 = (\sqrt{-1})^2 = -1$$

　解説＆解答でも記載した通り，定格相電圧を E_n 〔V〕，定格電流を I_n 〔A〕，インピーダンスを Z 〔Ω〕，％インピーダンスを％Z 〔％〕とすると，$\%Z = \dfrac{I_n Z}{E_n} \times 100$ 〔％〕なので，

$$\therefore Z = \frac{\%Z \times E_n}{I_n \times 100} \quad \cdots (1)$$

になります．ここで，線間電圧（基準電圧）を V_n，三相定格容量（基準容量）を P_n とすると，

$$\% Z = \frac{I_n Z}{\dfrac{V_n}{\sqrt{3}}} \times 100 = \frac{I_n Z}{\dfrac{V_n}{\sqrt{3}}} \times \frac{\dfrac{V_n}{\sqrt{3}}}{\dfrac{V_n}{\sqrt{3}}} \times 100 = \frac{P_n Z}{V_n^2} \times 100 \ 〔％〕$$

とも表せます．

　この回路の短絡電流は，オーム法では $I_s = \dfrac{E_n}{Z}$ となります．しかし，回路に変圧器があると一次側と二次側で電圧，電流が異なるため合成するためにはどちらか一方のインピーダンスを換算する必要があり，計算が非常に面倒になります．このとき，基準容量で統一された％インピーダンスを用いれば，系統の合成％インピーダンスは簡単な加算だけで計算できます．

　前述の短絡電流の式に(1)式の Z を代入すると，短絡電流は以下のように求められます．

$$I_s = \frac{E_n}{\dfrac{\%Z \times E_n}{I_n \times 100}} = I_n \times \frac{100}{\%Z} \ 〔A〕$$

　上式から短絡電流 I_s は，定格電流 I_n の $\dfrac{100}{\%Z}$ 倍になり，％インピーダンスを用いれば簡単に三相短絡電流が求められることが分かります．三相短絡電流とは，遮断器が遮断できなければならない能力の1つの指標で，過酷事故における最大の電流です．

　基準電圧，基準容量による三相短絡容量の計算手順は，次のページで解説していきます．

(2) 電力系統の三相短絡電流，三相短絡容量の計算

基準容量を統一して短絡容量を計算する例

発電機：容量P_G 変圧器：容量P_T 短絡点

［電流の流れ］
発電機 ⇨ 変圧器 ⇨ 送電線 ⇨ 短絡点

$\%Z_\mathrm{G}$ $\%Z_\mathrm{T}：V_\mathrm{1n}/V_\mathrm{2n}$

この場合の三相短絡電流，三相短絡容量の計算手順は，下記のようになります.

① 基準電圧 V_B を設定します.

例えば，基準電圧を短絡点の線間電圧とすると，

$V_\mathrm{B} = V_\mathrm{2n}$ （通常，事故が発生した短絡点の線間電圧を基準電圧とする）

② 基準容量 P_B を設定します.

基準容量は任意に設定できます．基準容量を変圧器容量とすると，$P_\mathrm{B} = P_\mathrm{T}$ となります.

③ 各機器の％インピーダンスを基準容量に合わせて換算します．基準容量をそろえた％イン

ピーダンスを $\%Z'$ とすると，$\%Z' = \%Z \times \dfrac{\text{基準容量}}{\text{元の容量}}$ なので，

発電機の％インピーダンスは，$\%Z'_\mathrm{G} = \%Z_\mathrm{G} \times \dfrac{P_\mathrm{B}}{P_\mathrm{G}}$,

変圧器の％インピーダンスは，$\%Z'_\mathrm{T} = \%Z_\mathrm{T} \times \dfrac{P_\mathrm{B}}{P_\mathrm{T}} = \%Z_\mathrm{T}$ （②より，$P_\mathrm{B} = P_\mathrm{T}$）

となります.

④ 短絡点から電源側の合成％インピーダンスを計算します.

$\%Z = \%Z'_\mathrm{G} + \%Z'_\mathrm{T}$

問題のように抵抗分が $R_1[\%]$，$R_2[\%]$，リアクタンス分が $X_1[\%]$，$X_2[\%]$，$X_3[\%]$ など複数あれば，$\%Z = (R_1[\%] + R_2[\%]) + \mathrm{j}(X_1[\%] + X_2[\%] + X_3[\%])$ となり，大きさは $\%Z = \sqrt{(R_1[\%] + R_2[\%])^2 + (X_1[\%] + X_2[\%] + X_3[\%])^2}$ となります.

⑤ 基準容量と基準電圧から短絡点における基準電流（変圧器の二次定格電流）を計算します.

$P_\mathrm{B} = \sqrt{3}\,V_\mathrm{B}I_\mathrm{n} = \sqrt{3}\,V_\mathrm{2n}I_\mathrm{n}$ $\therefore\ I_\mathrm{n} = \dfrac{P_\mathrm{B}}{\sqrt{3}\,V_\mathrm{2n}}$

⑥ 三相短絡電流を計算します.

三相短絡電流は前ページ記載の通りです．$I_\mathrm{s} = I_\mathrm{n} \times \dfrac{100}{\%Z}$

⑦ 三相短絡容量を計算します.

三相短絡容量 P_s は，$P_\mathrm{s} = P_\mathrm{n} \times \dfrac{100}{\%Z}$ で計算できます.

なお，この式は⑥で説明した三相短絡電流の計算式の両辺に $\sqrt{3}\,V_\mathrm{2n}$ を掛けることで導けます.

$I_\mathrm{s} \times \sqrt{3}\,V_\mathrm{2n} = I_\mathrm{n} \times \sqrt{3}\,V_\mathrm{2n} \times \dfrac{100}{\%Z}$ $\Rightarrow$ $P_\mathrm{s} = P_\mathrm{n} \times \dfrac{100}{\%Z}$

以上のように，基準電圧，基準容量により％インピーダンスを算出しておけば，短絡電流，短絡容量は定格電流，定格容量の $\dfrac{100}{\%Z}$ 倍として計算できます.

2 周波数

問題

平成26年度 Ⅲ-14

下図に示す電力系統において，送電線事故により100 MWの発電機が解列した。このときの系統の周波数変化に関する次の記述のうち，最も適切なものはどれか。ただし，発電機の周波数特性は，いずれも1.0 % MW/0.1 Hz，負荷の周波数特性は0.2 % MW/0.1 Hzとし，解列前後において変化しないものとする。単位の%は定格容量に対する値である。

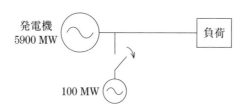

① 周波数は，0.17 Hz 低下する。

② 周波数は，0.14 Hz 低下する。

③ 周波数は，変化しない。

④ 周波数は，0.14 Hz 上昇する。

⑤ 周波数は，0.17 Hz 上昇する。

詳しく解説＆解答

周波数特性とは，電力系統の周波数が何らかの原因で変化した場合において，発電側と負荷側で電力が変化する変化量を示したものです。発電機の周波数特性が1.0 % [MW/0.1 Hz]とは，周波数が0.1 Hz変化した場合に発電機側の発電電力が，全体の発電電力 [MW] の1.0 %変化することを示しています。

右ページの図を見ながら，設問の状況を時系列にしたがって説明します。当初，系統は発電機出力6 000 [MW] と負荷消費電力6 000 [MW] でバランスして運営していました。図の交点Pです。

① 100 MWが解列されたことにより，系統の出力が減ります。残った発電機と解列した発電機の周波数特性はいずれも1.0 % [MW/0.1 Hz] となっているため，発電機の周波数特性線は下方に平行移動します。このときに解列された電力をΔGと置きます。

② 発電機出力＜負荷消費電力になったことにより，系統の周波数はΔf減少します（発電機の出力が減ると，相対的に負荷が重くなり，発電機の回転速度は減少します）。

③ 発電機出力は，減少した回転速度を補正する方向（増方向）に自動的に調整されます。これにより，発電機の周波数特性による出力変化量K_Gは次のようになります。

$$K_G = 5\,900 \times \frac{1.0}{100} = 59 \ [\text{MW/0.1 Hz}] \ (\text{増加})$$

　問題では，系統の周波数が何 Hz 変化したのかを聞いているので，0.1 Hz 当たりの変化量を 1 Hz 当たりの変化量に換算します．周波数が 1 Hz 変化（減少）すると，発電機の出力は，590 MW 変動（増加）します．変動率は 590 MW/Hz と表されます．周波数が Δf [Hz] 低下した時の出力変化量は，$K_G \cdot \Delta f$ で表せます．

④ 発電機側の動きと同時に，負荷側は周波数の低下で，負荷周波数特性により消費電力が減少します．負荷の周波数特性は 0.2 ％ [MW/0.1 Hz] なので，解列前からの周波数 0.1 Hz 当たりの負荷電力の変化量を K_L とすると，$K_L = 6\,000 \times \dfrac{0.2}{100} = 12$ [MW/0.1 Hz] 　1.0 Hz では，$K_L =$ 120 MW/Hz です．Δf [Hz] 低下時の負荷の電力量の変化は，$-K_L \cdot \Delta f$ になります．

　一連の変化により，系統の電力と周波数は，当初のバランス点 P から P′ に移動し，その電力と周波数でバランスします．問題とは関係ありませんが，周波数はこのあと，定格値に調整されます．

　発電電力全体の変化量は，$-\Delta G + K_G \cdot \Delta f$ であり，消費電力の変化量は，$-K_L \cdot \Delta f$ であり，両者が等しくなってバランスします．よって以下の等式が成り立ちます．

$$-\Delta G + K_G \cdot \Delta f = -K_L \cdot \Delta f$$

$$\Delta f(K_G + K_L) = \Delta G$$

$$\therefore \Delta f = \frac{\Delta G}{K_G + K_L} = \frac{100}{590 + 120} \cong 0.14 \ [\text{Hz}] \quad \text{周波数は 0.14 Hz 低下．}$$

答え　②

〈系統周波数特性による電力変化〉

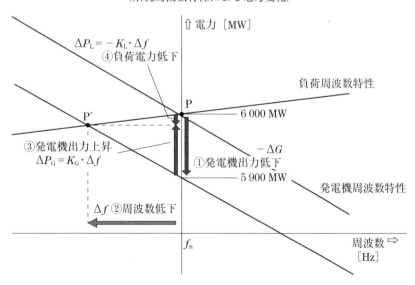

系統周波数特性

電力系統は，電気をつくって使うところまで届ける，下記のようなシステムのことです．

〈電力系統〉

電気は，その性質上大量の貯蔵が困難であり，生産と消費が同時同量でなければならないという特徴があります．さらに電力需要は，季節，時間帯，天候等様々な要因で，時々刻々変動します．発電側では，これらの変動を予測し，発電量を調整して系統のバランスを保っています．しかし，予測できない急な変動は常に起こる可能性があります．そのため，系統には瞬時に自動調整する機能が備わっています．このような変動が発生した際の系統の周波数に対する変化を示す指標が系統周波数特性です．

〈系統周波数特性による電力変化〉

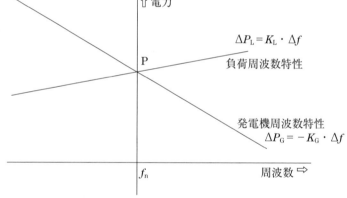

系統周波数特性は，発電機の周波数特性 K_G と負荷の周波数特性 K_L があり，それぞれ上図のような直線で表されます．図からも分かる通り，発電機の周波数特性は，$-K_G \cdot \Delta f$ となり，発電電力は周波数に対して負の比例関係となっています．それに対して，負荷の周波数特性は周波数に対して正の比例関係になります．

発電機の周波数特性は，周波数が変化（減少）した場合，周波数を元に戻すように発電機の出力を自動的に調整（増加）させることを示しています．火力発電機のガバナフリー運転などによる出力の自動調整機能です．ガバナとは，タービンの蒸気加減弁の開度を調整する装置のことです．ガバナフリーに対して，負荷の変化量に対応した運転をロードリミッター運転と呼びます．

負荷の周波数特性については，周波数が減少すると負荷消費電力も減少します．これは負荷の自己制御です．系統負荷の代表である電動機で考えると，電源周波数が下がると回転数も減少し，それにともなって，消費エネルギー（電力）も低下します．電動機の出力をトルク T [N・m] と

回転速度 n [min^{-1}] で表すと，$P=\dfrac{2\pi}{60}\times n\times T$ [W] となり，電動機の消費電力は回転数に比例します．

電力系統の火力発電所などの発電機は同期発電機であり，すべて同じ周波数を出すように回転して発電しています．東日本の周波数は 50 Hz で，西日本は 60 Hz となっており，周波数の変化は ±0.2 Hz 以内に保つように目標値が定められています．また，定格周波数との差が数%になると，同期発電機は並列運転はできず，系統から解列せざるを得ません．

同期発電機は，発電機の固定子に発生する回転磁界の回転速度と等しい速度である同期速度 N_0 で回転して発電している発電機のことで，回転速度は次のように計算できます．

$$N_0=\dfrac{120f}{p}\ [\text{min}^{-1}]\quad\cdots(1)\quad(p：発電機の極数，f：周波数)$$

電力系統は，このように電力の品質を保つように運転されていて，大きな負荷変動や再生可能エネルギーによる発電量の変動は，火力発電所や水力発電所の運転・停止などにより調整されますが，細かな変動は，発電機の周波数特性などにより調整しています．この調整値は発電機の速度調定率で求められます．

発電機の速度調定率は，発電機の出力の変化率に対する発電機回転数の変化率の割合を表しています．また，並列運転における有効電力分担を決める数値となります．負荷が変動する前後の発電機出力を P_1，P_2，回転数を N_1，N_2，また，それぞれの定格値を P_n，N_n とすると，速度調定率 R [%] は，$R=\dfrac{\dfrac{N_2-N_1}{N_n}}{\dfrac{P_1-P_2}{P_n}}\times100$ で表されます．(1)式のように回転速度と周波数は比例

関係にあるので，$R=\dfrac{\dfrac{f_2-f_1}{f_n}}{\dfrac{P_1-P_2}{P_n}}\times100\quad\cdots(2)$ と変形できます．式を見て分かる通り，速度調定率は正の値をとるように設定されています．

周波数の変化量が $\Delta f=f_2-f_1>0$ のときの電力の変化量を $\Delta P_G=P_2-P_1<0$ とし，(2)式に当てはめると以下になります．

$$R=\dfrac{\dfrac{\Delta f}{f_n}}{\dfrac{-\Delta P_G}{P_n}}\times100\quad 変形して\quad \Delta P_G=-\dfrac{100P_n}{Rf_n}\times\Delta f\quad ここで\quad \dfrac{100P_n}{Rf_n}=K_G と置くと，$$

$\Delta P_G=-K_G\times\Delta f$ となり，発電機の周波数特性が導かれます．

$-K_G$ は，周波数が増加すると（$\Delta f>0$），周波数を下げようとして出力を下げる（$\Delta P_G<0$）ようにガバナ（調速機）が動作する発電機独自の特性を表しています．

また，ある電力系統全体の発電機周波数特性 $\Delta P_G=-K_G\cdot\Delta f$ と負荷の周波数特性 $\Delta P_L=K_L\cdot\Delta f$ を周波数変化に対する系統電力の変動値の式 $\Delta P=\Delta P_G-\Delta P_L$ に代入すると，

$$\Delta P=-K_G\cdot\Delta f-K_L\cdot\Delta f=-\Delta f(K_G+K_L)$$

この式を変形すると，$\Delta P/\Delta f=-(K_G+K_L)=-K$ が得られます．K は，系統の周波数特性または単に系統特性と呼ばれています．このような定数は，系統間の連系で電力潮流などの制御に使われます．

3 総合力率

問 題

令和元年度 Ⅲ-16

　同期発電機とインバータの並列運転で電力を供給しており，同期発電機の出力は 500 kVA で力率が 0.6（遅れ），インバータの出力は有効電力が 300 kW で力率が 1.0 であるとする。このとき，得られる合計出力の力率に最も近い値はどれか。

① 0.80（遅れ）　　③ 0.86（遅れ）　　⑤ 0.92（遅れ）

② 0.83（遅れ）　　④ 0.89（遅れ）

詳しく解説＆解答

　電力送電では，電動機や照明などで，実際に仕事で使う電力（有効電力）[W] のみを送るのではなく，仕事はしないが，必要な電力（無効電力）[var] も送ります。右の各種電力の説明図では，大きさが S で有効電力から位相が θ だけ遅れた皮相電力 S [VA] を送っています。また，$\cos\theta$ を力率，$\sin\theta$ を無効率と呼びます。

　皮相電力 S は，複素数表示で，$S = P + jQ$ と表します。

　大きさは $|S| = \sqrt{P^2 + Q^2}$ となります。

　設問の同期発電機の皮相電力を S_G [kVA]，有効電力を P_G [kW]，無効電力を Q_G [kvar] とすると，$S_G = P_G + jQ_G$ となります。インバータの皮相電力を S_I [kVA]，有効電力を P_I [kW]，無効電力を Q_I [kvar] とすると，$S_I = P_I + jQ_I$ となります。その合成皮相電力 S [kVA] は，

$$S = S_G + S_I = (P_G + jQ_G) + (P_I + jQ_I) \quad \cdots(1)$$

　右に示す設問における電力ベクトル図において，同期発電機の有効電力 P_G（②）は，$P_G = S_G \times \cos\theta = 500 \times 0.6 = 300$ [kW]，無効電力 Q_G（③）は，$Q_G = S_G \times \sin\theta = 500 \times \sqrt{1 - \cos\theta^2} = 500 \times \sqrt{1 - 0.6^2} = 500 \times 0.8 = 400$ [kvar]

　インバータ出力の電力は力率が 1 なので，有効電力 P_I（④）$= 300$ kW，無効電力 $Q_I = 0$ kW です。これらを (1) 式に代入すると，合成皮相電力（⑤）は，

$S = S_G + S_I = (P_G + jQ_G) + (P_I + jQ_I) = (300 + j400) + (300 + j0) = 600 + j400$ [kVA] となり，合計出力の力率 $\cos\delta$ は，上図より（②＋④）÷⑤で求められます。

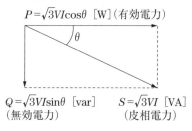

〈有効・無効・皮相電力〉

$P = \sqrt{3}VI\cos\theta$ [W]（有効電力）

θ

$Q = \sqrt{3}VI\sin\theta$ [var]（無効電力）　　$S = \sqrt{3}VI$ [VA]（皮相電力）

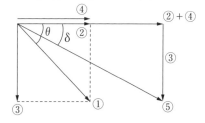

〈設問の電力ベクトル図〉

①：同期発電機の皮相電力 S_G [kVA]
②：同期発電機の有効電力 P_G [kW]
③：同期発電機の無効電力 Q_G [kvar]
④：インバータの有効電力 P_I [kW]
⑤：合成皮相電力 S [kVA]

よって，$\cos \delta = \dfrac{600}{\sqrt{600^2 + 400^2}} \cong 0.832 \cong 0.83$ 遅れとなります． 答え　②

問題

令和2年度　Ⅲ-15

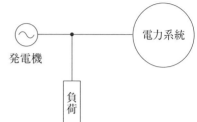

類似問題
● 平成28年度　Ⅲ-14

　下図のように発電機が，容量290 kVA，力率遅れ0.75の負荷に電力を供給しながら，電力系統に並列して運転している。発電機の出力が1.1 MVA，力率遅れ0.85のとき，発電機が電力系統に送電する電力の力率として，最も近い値はどれか。

① 遅れ 0.82　　③ 遅れ 0.88　　⑤ 遅れ 0.94

② 遅れ 0.85　　④ 遅れ 0.91

詳しく解説&解答

　発電機の出力を皮相電力 S_G [kVA]（①），有効電力を P_G [kW]（②），無効電力を Q_G [kvar]（③）とすると，$S_G = P_G + jQ_G$ [kVA] …(1) となります．

　また，負荷の消費電力を，皮相電力 S_L [kVA]（④），有効電力を P_L [kW]（⑤），無効電力を Q_L [kvar]（⑥）とすれば，$S_L = P_L + jQ_L$ [kVA] …(2)

　発電機が系統に供給できる電力 S_K [kVA] は，S_G [kVA] から S_L [kVA] を引いた値になります．

$$S_K = S_G - S_L = (P_G + jQ_G) - (P_L + jQ_L)$$
$$= (P_G - P_L) + j(Q_G - Q_L) \quad \cdots(3)$$

〈負荷消費電力と電力供給ベクトル図〉

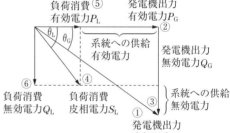

　発電機の有効電力は，$P_G = S_G \cos \theta_G$．題意より，$S_G = 1.1$ [MVA] $= 1\,100$ [kVA]，$\cos \theta_G = 0.85$ を代入して $P_G = P_G \cos \theta_G = 1\,100 \times 0.85 = 935$ [kW]

　無効電力は，$Q_G = S_G \sin \theta_G$，$S_G = 1\,100$ [kVA]，$\sin \theta_G = \sqrt{1 - (\cos \theta)^2} = \sqrt{1 - (0.85)^2} \cong 0.53$ であり，$Q_G = S_G \sin \theta_G = 1\,100 \times 0.53 = 583$ [kvar]

　同様に，負荷の有効電力は，$P_L = S_L \cos \theta_L$．題意より，$S_L = 290$ [kVA]，$\cos \theta_L = 0.75$ を代入して $P_L = S_L \cos \theta_L = 290 \times 0.75 = 217.5$ [kW]

　無効電力は，$Q_L = S_L \sin \theta_L$，$S_L = 290$ [kVA]，$\sin \theta_L = \sqrt{1 - (\cos \theta)^2} = \sqrt{1 - (0.75)^2} \cong 0.66$ であり，$Q_L = S_L \sin \theta_L = 290 \times 0.66 = 191.4$ [kvar]

　これらを(3)式に代入すると，系統に送電する皮相電力は，$S_K = (P_G - P_L) + j(Q_G - Q_L) = (935 - 217.5) + j(583 - 191.4) = 717.5 + j391.6$ となり，系統に送電する力率 $\cos \theta_K$ は，以下となります．

$$\cos \theta_K = \frac{有効電力}{\sqrt{(有効電力)^2 + (無効電力)^2}} = \frac{717.5}{\sqrt{(717.5)^2 + (391.6)^2}} \cong 0.877 \cong 0.88$$ 答え　③

(1) 力率

詳しく解説＆解答で解説した通り，皮相電力に対する有効電力の比で，

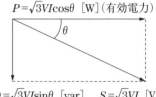

〈三相電力ベクトル図〉

$$\cos\theta = \frac{\text{有効電力}}{\text{皮相電力}} = \frac{\text{有効電力}}{\sqrt{(\text{有効電力})^2 + (\text{無効電力})^2}}$$

で定義され，いわば交流電力の効率というイメージです．

有効電力は，三相交流電力では $P = \sqrt{3}VI\cos\theta$ と表され，$\cos\theta$ が示す力率は，0〜1 の範囲をとります．無効電力は，$Q = \sqrt{3}VI\sin\theta$ と表されます．$\sin\theta$ は無効率を示し，同じく 0〜1 の範囲をとりますが，無効電力には遅れ（誘導性）・進み（容量性）といった方向性が存在します．

無効電力とは，電気機器の動作に直接寄与しない電力ですが，電圧調整などには必要であり，電源と負荷機器を往復するだけの消費されない電力です．主にコイル（インダクタンス）やコンデンサ（キャパシタンス）で，たまったり吐き出されたりしています．

インダクタンス（L [H]）に由来する負荷を誘導性負荷，キャパシタンス（C [F]）などに由来する負荷を容量性負荷といいます．

複素数を用いて計算すると，電圧に対する純抵抗の電流は，$\dot{I}_R = \frac{V}{R}$ となります．誘導性負荷の電流と容量性負荷の電流をそれぞれ計算すると，誘導性負荷のリアクタンスは $x_L = j\omega L$，電流は $\dot{I}_L = \frac{\dot{V}}{j\omega L} = -j\frac{\dot{V}}{\omega L}$，容量性負荷のリアクタンスは $x_C = \frac{1}{j\omega C}$，電流は $\dot{I}_C = \dot{V} \times j\omega C$ となります．$+j$ が進み，$-j$ が遅れなので，ベクトルでは右図上のように，電圧 $\dot{V}$ に対しては，$\dot{I}_R$ は電圧と同相，$\dot{I}_L$ は電圧に対して90°遅れ，$\dot{I}_C$ は電圧に対して90°進んでいます．

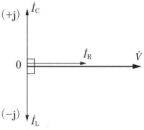

〈RLCの電流ベクトル図〉

このような電圧と電流の位相のずれによって無効電力が生じます．無効電力の定義は複雑で，算出の方法によって無効電力は正の値にも負の値にもなり得ますが，今回の説明では遅れの無効電力を負の値として取り扱っています．

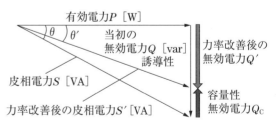

〈力率改善のベクトル図〉

また，一般的に負荷の多くは電動機などの誘導性負荷なので，需要家側が力率改善のために容量性負荷であるコンデンサを設置する場合が多いです．この力率改善により，電力会社は無効電力を送る量を軽減できるため，需要家は電力会社から基本電気料金の割引を受けることができます．右上図はコンデンサを用いた力率改善のベクトル図です．この図から分かる通り，コンデンサが容量性電力を消費することとは，誘導性電力を供給していることになり，その逆の誘導性負荷は誘導性電力を消費し，同時に容量性電力を供給していることと同じになります．

(2) インバータ

インバータは，直流電源を交流に変換する逆変換装置として知られています．太陽光などの再生可能エネルギーによる直流電源を電力系統に接続する際に使われています．近年では，電気機器の効率運転を図るために電源の周波数変換に用いられることも多くなってきています．インバータの電源の力率は1.0に近く，出力はほぼ有効電力100％となるため，太陽光発電所などが供給できない無効電力の供給は火力発電所がその役割を補完しています．

(3) 電力系統の無効電力

電力系統は，発電所から電力の消費者である需要家まで長い距離を高電圧，大電流の電気を送り届ける役割をもっています．送り届けるのは有効電力ですが，途中の線路には線路リアクトルや対地静電容量などがあるため，無効電力も送らないと有効電力を送り届けることはできません．無効電力は，機械を動かすエネルギーではなく，潤滑油のような存在です．ただし，誘導性無効電力が大きくなると系統の電圧が低下してしまいます．一方，夜間などの低負荷時には送電線の対地静電容量の影響で相対的に容量性無効電力が大きくなり，フェランチ効果により終端である需要家側の電圧が上昇することもあります．このため無効電力の大きな調整は発電所の同期発電機で調整しますが，細かな調整はより負荷に近い変電所などでも行っています．

(4) 変電所での無効電力調整

変電所は，発電所で発電された電気を家庭や工場，施設などに送るために電圧を変える施設です．しかし，それだけではなく，①電圧の調整，②調相（電圧に対する電流の遅れ，進みなどの位相の調整），③潮流調整（電気の流れの調整），④系統保護（地絡短絡などの系統事故に対する遮断など）など様々な役割を担っています．その中で，負荷が変動した場合において，電圧値を一定に保つために力率（位相角）を調整することができる装置を調相装置といい，無効電力の調整を担っています．

■ 調相装置

① 電力用コンデンサ：進み（進相）無効電力を消費する調相装置で，力率を進めるために用いられます．重負荷時は遅れ無効電力が増加するため，系統の電圧が低下する傾向があり，電力用コンデンサを投入して系統の電圧降下を補償します．

② 分路リアクトル：遅れ（遅相）無効電力を消費する調相機で，電力用コンデンサとは逆の機能をもっていて，力率を遅らせるために用いられます．長距離送電やケーブルなどの対地静電容量によって，軽負荷時はフェランチ効果で電圧が上昇する傾向があり，分路リアクトルを系統に投入して電圧上昇を抑制します．

③ 静止型無効電力補償装置（SVC：Static Var Compensator）：パワーエレクトロニクスを用いて無効電力を高速で制御して供給する調整装置です．無効電力を連続的に制御することができます．

④ 同期調相機：電力系統が重負荷のときは，同期調相機の界磁電流を強め，軽負荷のときは界磁電流を弱めて，遅相無効電力から進相無効電力まで，連続的に無効電力を調整できます．パワーエレクトロニクスの発達により，静止型無効電力補償装置に置き換わっており，最近はほとんど導入されていません．

4 高電圧

問 題

令和元年度　Ⅲ-14

> 類似問題
> ● 平成 29 年度　Ⅲ-14

　直流送電の利点や課題に関する次の記述のうち，最も不適切なものはどれか。

① 直流の絶縁は交流に比べて $\frac{1}{\sqrt{2}}$ に低くできるので，鉄塔が小型になり送電線路の建設費が安くなる。

② 交流系統の中で使用することはできるが，周波数の異なる交流系統間の連系はできない。

③ 直流は交流のように零点を通過しないため，大容量高電圧の直流遮断器の開発が困難で，変換装置の制御で通過電流を制御してその役割を兼ねる必要がある。

④ 直流による系統連系は短絡容量が増大しないので，交流系統の短絡容量低減対策の必要がなくなる。

⑤ 直流には交流のリアクタンスに相当する定数がないので，交流の安定度による制約がなく，電線の熱的許容電流の限度まで送電できる。

解説＆解答

　②が不適切．直流送電では，異なる周波数の交流系統同士でも一度直流に変換し，周波数を合わせて別の交流系統に接続することができます．ただし，交流系統の中で使用するには送受電端に交直変換器を設置する必要があります．　　　　　　　　　　　　　　　　　**答え　②**

詳しく解説

① 直流と交流の実効値が同じ場合は消費電力は同じですが，絶縁に関しては電圧の最大値を元に強度を計算する必要があります．直流は実効値と最大値が等しく，交流に比べて絶縁強度を $1/\sqrt{2}$ に低くできます．

③ 直流は交流のように電圧・電流とも零点がないので，遮断するために零点を強制的につくる様々な方式があります．大容量高電圧の直流遮断方式では，大別して，振動方式（自励振動方式，他励振動方式），半導体を用いた自己消弧方式があります．いずれも主回路と並列に設けた制御回路のコンデンサ，リアクトル，半導体などで，電流の零点をつくって遮断する方式です．

④系統の短絡容量（「**送電**」参照）とは，系統の基準容量を％インピーダンス $\left(\frac{\%Z}{100}\right)$ で割った値です．よって系統同士を連系して容量が増え（電源が増え）たり，並列負荷が増えたりして％インピーダンスが低下すると短絡容量は増大します．しかし，直流による系統連系は非同期連系なので，％インピーダンスの合成による減少がないため短絡容量は増大せず，各系統単独の値がそのまま適用できます．

⑤ 交流系統には系統リアクタンスが存在し，長距離送電になると，リアクタンスの影響による安定度の問題で送電できる電力が限られてきます．直流送電ではインピーダンスは抵抗だけなので安定度の問題がなく，ケーブルの熱的許容限度まで送電容量を増やすことができます．

問 題

類似問題
● 令和2年度　Ⅲ-21
● 平成29年度　Ⅲ-19
● 平成27年度　Ⅲ-19，Ⅲ-20

平成30年度　Ⅲ-19

高電圧の計測に関する次の記述のうち，最も不適切なものはどれか．

① 平等電界において，球ギャップ間で火花放電が発生する平均の電界は約30 kV/cmになる．

② 静電電圧計の電極間に電圧 V を印加すると，マクスウェルの応力により V^2 に比例した引力が電極間に働く．

③ 球ギャップの火花電圧は，球電極の直径，ギャップ長，相対空気密度を一定にすると，±3％の変動範囲でほぼ一定になる．

④ 球ギャップの火花電圧は，静電気力が原因で電極表面に空気中のちりや繊維が付着し，低下することがある．

⑤ 100 kVを超える直流電圧の測定には，静電電圧計よりも抵抗分圧器の方が適している．

解説＆解答

⑤が不適切．100 kVを超える直流電圧の測定に抵抗分圧器を用いると，電流によるジュール熱が発生するため，抵抗は高抵抗のものを選ぶ必要が発生し，温度の上昇にも注意が必要です．測定時に電流をほとんど消費しない静電電圧計の方が高電圧測定には適しています． **答え　⑤**

詳しく解説

① 球ギャップ間での火花放電については，日本産業規格 JISC1001:2010 に詳細に規定されています．空気の絶縁破壊電界強度は3.0 MV/mであり，単位を換算すると30 kV/cmになります．

② 静電電圧計は，互いに絶縁された電極間に電圧を加えるとその電圧に比例した電荷を生じさせ，その電荷間に発生する静電力を駆動トルクとして電圧を測定します．この静電力はマクスウェルの応力と呼ばれています．応力は以下の式で表され，V^2 に比例します．

$$f = \frac{V^2}{2}\frac{\partial C}{\partial x}$$

（f：応力 [N]，V：電圧 [V]，C：電極間の静電容量 [F]，x：応力による電極の移動距離 [m]）

③ 球ギャップの火花電圧の測定において，「精度」は誤差ではなく（誤差は真値との差のこと），真値が分かっていない状況で試験結果のみで判断するため，「不確かさ」で評価しています．この「不確かさ」は火花電圧の変動範囲を示すものとしてとらえられます．95％の信頼水準において，要求される不確かさを3％としています．

④ 球ギャップの火花電圧は，JISC1001:2010においても球電極の表面の状態によって測定結果に影響が出るとしており，ちりなどが付着すると，球の表面が不均等になり，その部分に電界が集中するため，低い電圧で火花電圧が発生しやすくなります．

(1) 直流送電

■ 直流送電の利点

① 直流には交流のリアクタンスに相当する成分がないので，交流の安定度による制約がなく，電線の熱的許容電流の限度まで送電でき，大容量の長距離送電ができます．

② 海底ケーブルや地中ケーブルに交流送電を使用すると，過大な充電容量や誘電体損失が発生します．直流送電ではこのような損失が少なく，交流よりも送電容量を増すことができます．

③ 直流は実効値と最大値が同一ですが，交流では最大値が実効値の$\sqrt{2}$倍で絶縁機能確保のため，鉄塔その他絶縁設備の増強が必要となり，高価になります．直流送電では同強度の送電ケーブルで，交流に比べ$\sqrt{2}$倍の電圧を送電できます．

④ 周波数変換が可能であり，異周波数地域同士の連系ができます．

⑤ 直流による系統連系では短絡容量が増大しないので，交流系統連系での短絡容量低減対策が必要ありません．

⑥ 送電線が2条でよいので，建設コストが下がります．大地帰路方式が可能であれば帰路導体も不要となります．

■ 直流送電の課題

① 交流系統の中で使用する場合は，送受電端に交直変換器が必要です．また，高調波，高周波対策が必要になります．

② 交流系統の電圧で転流動作を行う他励式変換器は，交直流変換を行う際に変換容量の60％程度の無効電力を消費するため，調相設備（電力用コンデンサや同期調相機）の設置が必要になります．自励式変換器は自己消弧素子（GTO や IGBT）を用いており，有効電力と無効電力を独立して制御でき，並列コンデンサなどが不要になります．

③ 直流は交流のように零点がないため，大容量高電圧の直流遮断器の開発が困難であり，変換装置の制御で通過電流を制御し，零点をつくって遮断する必要があります．

④ 大地帰路方式の直流送電は電食の発生の可能性があります．海水帰路方式の場合は，船舶のコンパスに影響を起こす場合もあります．

(2) 安定度

電力の安定度については，負荷変動や系統操作，短絡や地絡事故などの系統内の擾乱に対して安定して送電を継続できる度合いを安定度といい，電力の変化量で表し，以下の種類があります．

・過渡安定度：事故などの大きな擾乱が発生した際にも運転を継続できる度合い

・定態安定度：徐々に負荷を増加した場合など微小な擾乱でも安定運転ができる度合い

送電システムにおける電力Pは，送電電圧をVs [V]，受電電圧をVr [V]，送電線のリアクタンスをX [Ω]，VsとVrの負荷角をδとすると，$P = \dfrac{Vs Vr}{X} \sin\delta$ [kW] となります．小さな擾乱があったときの電力と負荷角δ [rad] の変化の度合い$\dfrac{\Delta P}{\Delta \delta}$を同期化力係数といい，$\dfrac{\Delta P}{\Delta \delta} > 0$のとき発電機は安定になります．定態安定度は，$\delta = \dfrac{\pi}{2}$のとき，安定限界になります．

(3) 交流の波形

右図に交流電圧の波形のイメージを記載しました。この波形を sin（サイン）カーブといいます。これは電圧の瞬時値の式 $v(t) = V_\mathrm{m} \sin \omega t = \sqrt{2} V_\mathrm{e} \sin \omega t$ からきています。ここで，V_m は最大値，V_e は実効値，V_a は平均値といいます。これらの値には，$V_\mathrm{m} = \sqrt{2} V_\mathrm{e} = \dfrac{\pi}{2} V_\mathrm{a}$ の関係があります。交流 50 Hz は，

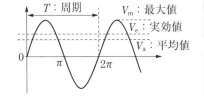

1 秒間に 50 回，この周期を繰り返します。

(4) 高電圧の計測の種類

高電圧の測定について，交流用と直流用に分けて記載します。

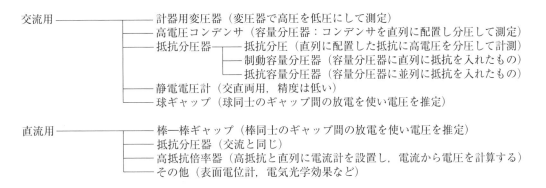

交流用 ── 計器用変圧器（変圧器で高圧を低圧にして測定）
　　　── 高電圧コンデンサ（容量分圧器：コンデンサを直列に配置し分圧して測定）
　　　── 抵抗分圧器 ── 抵抗分圧（直列に配置した抵抗に高電圧を分圧して計測）
　　　　　　　　　── 制動容量分圧器（容量分圧器に直列に抵抗を入れたもの）
　　　　　　　　　── 抵抗容量分圧器（容量分圧器に並列に抵抗を入れたもの）
　　　── 静電電圧計（交直両用，精度は低い）
　　　── 球ギャップ（球同士のギャップ間の放電を使い電圧を推定）

直流用 ── 棒─棒ギャップ（棒同士のギャップ間の放電を使い電圧を推定）
　　　── 抵抗分圧器（交流と同じ）
　　　── 高抵抗倍率器（高抵抗と直列に電流計を設置し，電流から電圧を計算する）
　　　── その他（表面電位計，電気光学効果など）

(5) 球ギャップ

日本産業規格 JIS C1001:2010 に詳細に規定されています。

正式名は「標準気中ギャップによる電圧測定方法」です。この規定は，国際電気標準会議 IEC60052 を基として，日本の測定環境を考慮して内容を変更したものです。

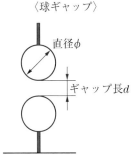

〈球ギャップ〉

直径 ϕ

ギャップ長 d

[電圧測定手順]

・球ギャップの火花電圧は，球電極直径 ϕ，ギャップ長 d，相対空気密度 δ を一定にすると，3 %の変動範囲で一定になる性質を利用して電圧を測定します。

① 球の直径とギャップ長，電圧値が掲載されたスパークオーバー電圧の波高値表から適当な直径の球およびギャップ長 d [cm] を選んで既定の準備を行います。

② 測定対象が変圧器であれば低圧側に電圧を掛けて徐々に電圧を上げて，放電した火花電圧を測定します。

③ この電圧に相対空気密度 δ や湿度補正係数 k で補正を掛けた数値が求める電圧値となります。

④ 変圧器の変圧比により低圧側に掛けた電圧から高電圧値が求まるので，以後は入力側電圧の値で高電圧出力を求めることができます。

この手順を数回繰り返し，ギャップを変更して，さらに繰り返して電圧を確定させます（回数は規定値によります）。

5 発電効率

問 題

平成 25 年度 Ⅲ-14

熱効率 50 % の火力発電所が定格出力 100 万 kW で連続的に運転しているときに,排水の温度上昇を 7 度以内とするのに必要な冷却水の最低流量に最も近い値はどれか。ただし,熱の仕事当量は 4.2 J/cal,水の密度は 1.0 g/cm³,比熱は 1.0 cal/(g℃) とする。

① 15 m³/s   ② 25 m³/s   ③ 35 m³/s   ④ 45 m³/s   ⑤ 55 m³/s

詳しく解説&解答

問題にある熱効率 50 % の火力発電所は,ボイラでの全発生熱量の 50 % の熱量だけで 100 万 kW を発電しているので,右図のように発電に利用された熱量と同等分の熱量を冷却水へ廃熱,排水しているということになります.

排水が受けている熱量が 100 万 kW ということは,電気とエネルギーの関係は,

W・s = J (ワット×秒 = ジュール)

なので,1 秒当たりの排水が受け取るエネルギーを E_1 とすると,

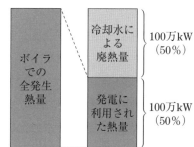

〈火力発電の熱効率〉

$$\text{熱効率} = \frac{\text{発電に利用された熱量}}{\text{全発生熱量}}$$

$$E_1 = 100 \,万\, [\text{kWs}] = 10^9 \,[\text{Ws}] = 10^9 \,[\text{J/s}] \quad \cdots(1) \quad (\because 100 \,万\, [\text{kW}] = 1\,000\,000 \times 1\,000\, [\text{W}])$$

となります.

次に,1 m³ の水を 1℃上昇させるのに必要なエネルギーを求めます.水 1 m³ の密度は,水の密度 1.0 g/cm³ から,1 000 kg/m³ です.比熱が 1.0 cal/(g℃) とは,1 g の水の温度を 1℃上昇させるのに必要な熱量は 1 cal であるということです.これをエネルギー(ジュール)に換算すると,熱の仕事当量は 4.2 J/cal なので,1 g 当たりの水の比熱は 1.0 cal/(g℃) = 4.2 J/(g℃) です.これを 1 000 kg(= 10^6 g)当たりに換算すると,4.2×10^6 J/m³℃となります.よって 1 m³(1 000 kg)の水を 7℃上昇させるには,7×4.2×10^6 = 29.4×10^6 J/m³ のエネルギーが必要になります.これを E_2 とします.

1 秒当たりに必要な冷却水の流量は,(1)式で求めた 1 秒当たりの排熱量 E_1 を E_2 で割れば求められます.

$$Q \,[\text{m}^3/\text{s}] = E_1/E_2 = 10^9 \,[\text{J/s}] \div 29.4 \times 10^6 \,[\text{J/m}^3] = 34.013 \approx 35 \,[\text{m}^3/\text{s}]$$

答え ③

令和 3 年度 Ⅲ-14

0.01 kg のウラン 235 が核分裂するときに 0.09 ％の質量欠損が生じてエネルギーが発生する。ある原子力発電所では，このエネルギーの 30 ％を電力として取り出せるものとする。この電力を用いて全揚程（有効揚程）が 300 m，揚水時のポンプ水車と電動機の総合効率が 84 ％の揚水発電所で揚水ができる水量 [m³] として，最も近い値はどれか。ただし，ウランの原子番号は 92，真空中の光の速度は 3.0×10^8 m/s，水の密度は 10^3 kg/m³，重力加速度は 9.8 m/s² とする。

① 6.9×10^4 m³　② 8.3×10^4 m³　③ 9.8×10^4 m³　④ 2.3×10^5 m³　⑤ 7.7×10^5 m³

詳しく解説＆解答

核分裂によるエネルギーで発電された電力によって，揚水発電のポンプ水車でどれだけの水を揚水できるか，という問題です．核分裂のエネルギーは，アインシュタインの質量（m）とエネルギー（E）の等価則で説明されます．

$E = mc^2$ [J] …(1)　E：エネルギー [J]，m：質量 [kg]，c：光速 [m/s]

質量の m は，ここでは質量欠損したウランの質量です．

$m = 0.01$ [kg] $\times 0.09/100 = 9 \times 10^{-6}$ [kg]，$c = 3.0 \times 10^8$ [m/s] を (1) 式に代入し，核分裂で発生するエネルギーの 30 ％が電力になることなどを考慮して，電力として取り出せる全エネルギーを E_0 とすると，

$E_0 = E \times 0.3 = 9 \times 10^{-6} \times (3.0 \times 10^8)^2 \times 0.3 = 2.43 \times 10^{11}$ [J]

1 J = 1 Ws であり，原子力発電で発生する電力量を W_u と置き，[kWs] に換算すると，

$W_u = 2.43 \times 10^{11} \times \dfrac{1}{1\,000} = 2.43 \times 10^8$ [kWs] となります．

ポンプ水車の消費電力は，$P = \dfrac{9.8QH}{\eta}$ [kW] …(2) となります．

ここで，Q：水の流量 [m³/s]

$\qquad H$：有効揚程（揚水では全揚程）[m]

$\qquad \eta$：総合効率（電動機，ポンプ水車などの合計効率）

ポンプを時間 t [s] だけ運転すると，その消費電力量 W_w は，$W_w = P \times t$ [kWs] であり，$H = 300$ [m]，$\eta = 0.84$，t [s] を (2) 式に代入し，水力発電の消費電力量 W_w を求めると，

$W_w = P \times t = \dfrac{9.8 \times Q \times 300}{0.84} \times t = Qt \times 3\,500$ [kWs] となります．これが W_u と等しいので，

$W_u = W_w \quad 2.43 \times 10^8 = Qt \times 3\,500 \quad \therefore Qt = \dfrac{2.43 \times 10^8}{3\,500} \cong 6.9 \times 10^4$ [m³]

求める水量は $Qt \cong 6.9 \times 10^4$ [m³] です．

答え　①

問題を解くために必要な基礎知識

(1) 火力発電所

　火力発電所では蒸気を使用し，燃料などのエネルギーから電気を発生させています．水から蒸気を発生させ，高温高圧の蒸気にして蒸気タービンを回して復水器で水に戻すまでの熱サイクルを表したものがランキンサイクルと呼ばれるものです．ランキンサイクルについては次の章で解説しますが，そのエネルギーのうち，ランキンサイクルに入らない右図で②-⑤-⑥-③で囲われた廃棄エネルギーとなっているところが主に復水器で，冷却水である海水によって海などに放出されるエネルギーです．

〈ランキンサイクル〉

主蒸気圧力

飽和線

廃棄エネルギー

T 温度

エントロピーs

①
②
③
④
⑤
⑥

　現在の火力発電所では，最新のコンバインドサイクル発電などを除くと，電気をつくるための有効な熱エネルギーは30〜40 %であり，60〜70 %は廃棄されます．

　平成25年度Ⅲ-14の問題は，廃棄される熱エネルギーが冷却水に熱交換されて排出されるのに，どれだけの流量の水が必要か，という問題であり，エネルギーの単位であるJ（ジュール）や電気の単位W（ワット），熱の単位（cal）などがどのような関係にあるかが分かれば計算できます．国際単位系（SI）では，Jを次のように定義しています．

　　　J＝Ws（ワット・秒）＝N・m（ニュートン・メートル）＝kg・m²/s²

　今回，熱効率が50 %ということは，発電機出力と同じ50 %の熱エネルギーは廃棄されるということなので，100万 kW 相当の熱エネルギーを計算します．ここではWs＝Jを使用します．あとは熱の仕事当量 4.2 J/cal，水の密度 1.0 g/cm³，水の比熱 1.0 cal/(g ℃) などが問題に示されており，計算できます．

　なお問題では，単位が cal，g，cm³ などがあり，J，kg，m³ などへの換算が必要です．すべて cal で計算する方法もあると思いますが，現在では cal はあまり使用されておらず，使用する場合は，必ず換算式 4.2 J/cal を記載しているようです．

(2) 原子力発電所（核分裂）

　ウラン235の核分裂反応は，一例として右図のようにウラン235に中性子 n が吸収されると原子核が不安定になり，エネルギーを放出して2つの原子核といくつかの高速中性子に分裂しま

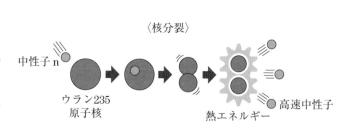

〈核分裂〉

中性子 n

ウラン235
原子核

熱エネルギー

高速中性子

す．このあと，一部の高速中性子は減速材でもある軽水により減速され熱中性子になり，次の反応に寄与します．そして，一部は他のウランなどに吸収されます．このような反応が継続して行われることを臨界といいます．

また，この分裂により，質量欠損が生じて熱を放出します．この熱を冷却材でもある軽水に吸収させ，水蒸気を発生させて電気エネルギーに変えるのが原子力発電です．この核分裂の反応は，物質の質量がエネルギーと等価であるという，アインシュタインの特殊相対性理論で有名な $E = mc^2$ [J] の式で説明されます．なお今回は，欠損した質量が明記されていたので使いませんが，原子番号から質量を求める場合もあります（例：ウラン $235 \times \bigcirc$ ％）．

(3) 水力発電（揚水発電）

夜間などの需要の少ない時間帯に，他の発電所の余剰電力で下部貯水池から上部貯水池（ダム）へ水を汲み上げておきます（水を位置エネルギーの高いところへ移動させます）．昼間・夕方などの需要が増加するときにその水を使って発電します．上部貯水池は，いわば，電気をためるための蓄電池のような役割をもっています．発電する際に使用する発電機・水車を，揚水時には電動機・ポンプ水車として逆回転させて使用するものがほとんどであり，発電する場合の発電電力と揚水する場合の消費電力は，損失などを無視すると同様の式になります．

・発電する場合の発電電力は，$P = 9.8QH\eta$ [kW]

9.8：重力加速度 [m/s²]，Q：水の流量 [m³/s]，

H：有効落差 [m]，η：効率

・揚水する場合の電動機・ポンプ水車の

消費電力は，$P = \dfrac{9.8QH}{\eta}$ [kW]

H：有効揚程（総揚程＋損失揚程）[m]，

η：効率

この場合の効率は，発電機（電動機）の効率とポンプ水車の効率を掛け合わせたものとなります．

理解のために発電電力の式を分解してみます．質量 m [kg] と重力加速度 g [m/s²] を掛けると力 [N] になります．

m [kg] $\times g$ [m/s²] $= mg$ [N]，$(9.8 \times Q)$

力 [N] に長さ [m] を掛けるとエネルギー [J] になります．

[N] = [kg·m/s²]，[J] = [N·m]，$(9.8 \times Q \times H)$

[W] = [J/s]

これにより，水を高いところに移動させればエネルギーとしてためられることが理解できると思います．

〈揚水発電〉

揚水時

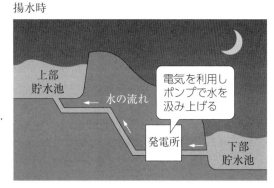

上部貯水池　水の流れ　電気を利用しポンプで水を汲み上げる　発電所　下部貯水池

発電時

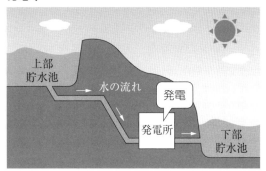

上部貯水池　水の流れ　発電　発電所　下部貯水池

6 ランキンサイクル

問題

類似問題
● 平成24年度 Ⅳ-13
● 平成23年度 Ⅳ-13

令和元年度（再）Ⅲ-15

　火力発電所における熱効率やその向上方策に関する次の記述のうち，最も不適切なものはどれか。

① ランキンサイクルの熱効率を向上させるのに効果的な方式の1つに再熱があり，このためにタービン高圧部から出てきた蒸気を再び過熱してタービン低圧部に送る装置を過熱器と呼んでいる。

② 理想的熱機関を表現するカルノーサイクルの熱効率は高熱源の絶対温度が高いほど高くなる。

③ ボイラ，蒸気タービン，復水器等によってランキンサイクルを構成している火力発電所の熱効率は，蒸気圧力が高いほど向上する。

④ 火力発電所では，煙突から排出されるガスの保有熱をできるだけ利用して，燃料の消費率を低くすることが望ましく，節炭器や空気予熱器を設ける場合がある。

⑤ 火力発電所の熱効率向上のため，蒸気タービンとガスタービンを組合せた複合サイクル発電が用いられる場合がある。

解説&解答

　火力発電所のランキンサイクルの熱効率を向上させる方法は色々ありますが，代表的な方法として再熱サイクルと再生サイクルがあります．再熱サイクルは，タービン高圧部から出てきた蒸気を再熱器で加熱して低圧タービンに送るもので，過熱器は誤りです． **答え　①**

詳しく解説

①以外は以下の通り，いずれも適切です．

② カルノーサイクルは，熱機関の理想的な熱サイクルといわれており，高熱源の絶対温度が高いほど熱効率は高くなります．

③ 火力発電所の熱効率はランキンサイクルで表され，蒸気圧力を高めるほど高くなりますが，タービンの材料などの関係で現在では上限に達しつつあります．

④ 火力発電所の節炭器（給水加熱）や空気予熱器（燃焼用空気加熱）は，熱効率を高めるためにボイラの排熱を利用する装置です．

⑤ 蒸気タービンとガスタービンを組み合わせた火力発電所はコンバインド（複合）サイクル発電所と呼ばれており，ガスタービンの高温排熱を利用して蒸気タービンで発電するもので，熱を2段階で利用するため60%を超える熱効率のものも開発されています．

令和2年度 Ⅲ-14

　汽力発電に関する次の記述の，□□□□に入る記号と数値の組合せとして，最も適切なものはどれか。

　下図は汽力発電のT―s線図と熱サイクルを示したものである。図AのT―s線図において断熱膨張を表す部分は ア である。また，図Bにおける各部の汽水の比エンタルピー〔kJ/kg〕が，下表の値であるとき，この熱サイクルの効率の値は，イ 〔%〕である。ただし，ボイラ，タービン，復水器以外での比エンタルピーの増減は無視するものとする。

表

比エンタルピー〔kJ/kg〕		
ボイラー出口蒸気	h_1	3349
タービン排気	h_2	1953
給水ポンプ入口給水	h_3	150

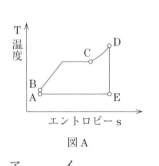

図A

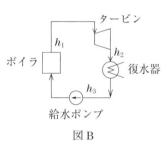

図B

	ア	イ
①	B → D	43.6
②	D → E	43.6
③	B → D	53.8
④	D → E	53.8
⑤	A → B	58.3

詳しく解説＆解答

　火力発電所のランキンサイクルに関する設問です．ランキンサイクルとは，熱効率などを求めるため，絶対温度Tとエントロピーsを用いて蒸気を利用した発電の熱サイクルを表したものです．

　問題の断熱膨張を表す部分は，外部からの熱を断って蒸気を膨張させる段階であり，エントロピーは一定で，蒸気温度は下がるので，D→Eが当てはまります．これはタービンの入り口から出口までの蒸気変化に相当します．また，熱サイクルの効率は，熱効率＝（発電に使用したエネルギー）／（投入されたエネルギー）で求められます．比エンタルピーの表から，

・タービンで発電に使用したエネルギーであるエンタルピー（h_1-h_2）

・ボイラで供給されたエネルギーであるエンタルピー（h_1-h_3）

　よってランキンサイクルの熱効率 η は，

$$\eta=\frac{h_1-h_2}{h_1-h_3}=\frac{3\,349-1\,953}{3\,349-150}\cong0.436\,4\cong0.436 \quad 効率は43.6\%となります．$$

答え　②

(1) エンタルピー・エントロピー

- エンタルピー [J]：物のもつエネルギーのことです．通常 kJ（キロジュール）で表されます．エンタルピーHには内部エネルギーである温度だけではなく，圧力や体積のエネルギーも含んでいます．内部エネルギー（温度エネルギー）をU [kJ]，圧力をP [Pa]，体積をV [m³] とすると，エンタルピーは$H = U + P \cdot V$となります．また，$P \cdot V$もエネルギーなので，これを外部への仕事と見なして$P \cdot V = W$ [kJ] とすると，$H = U + W$ [kJ] となります（熱力学第一法則より）．
- 比エンタルピー [kJ/kg]：単位質量当たりのエネルギーのことです．
- エントロピー [kJ/K]：物の「乱雑さ」を表す指標です．[kJ/K]（キロジュール/ケルビン（絶対温度））で表されます（温度が上がると水の分子が激しく乱れます）．
- 比エントロピー [kJ/kgK]：単位質量当たりのエントロピーです．

(2) ランキンサイクル

　右図は，火力発電設備において，ランキンサイクルに関連する主要な設備を示しています．数字は右ページの図（ランキンサイクルT–s曲線）の水，蒸気の状態変化と対応しています．

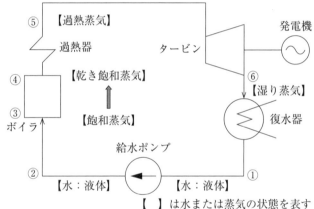

〈火力発電における装置の概要〉

【 】は水または蒸気の状態を表す

(3) 水・蒸気の状態

① 「水」の状態のまま給水ポンプで加圧されます．その過程で「水」の温度が少し上昇します．

② 加圧された状態の「水」でボイラに送られます．

③ ボイラで加熱され沸騰し，「飽和蒸気」（湿り飽和蒸気）になります．

④ ボイラでさらに加熱され，水分が完全に蒸発した「乾き飽和蒸気」になり，過熱器に送られます．

⑤ 過熱器でさらに過熱され，「過熱蒸気」になり，タービンに送られます．

⑥ タービンを回して仕事をした蒸気は，温度・圧力とも減少して「湿り蒸気」に戻り，復水器でさらに冷やされて「水」に戻ります．

(4) ボイル・シャルルの法則

　一定量の気体の体積vは圧力pに反比例し，絶対温度Tに比例します．

$$v = k \frac{T}{p} \quad k は定数$$

　気体の状態は体積・圧力・温度の3つの変数に依存します．これらのうち1つまたは複数を一定に保つことで，他の変数による状態変化を制御することが可能です．

　特に，等圧変化と断熱変化はランキンサイクルで重要な要素として使われています．

等圧変化とは，圧力を一定にしたまま温度と体積を変化させることです．

　　等圧受熱：圧力を一定とした状態で熱だけ受け入れる（体積が増加する）．

　　等圧放熱：圧力を一定とした状態で熱だけ放出する（体積が減少する）．

　断熱変化とは，外部と熱のやり取りをしないで体積と圧力を変化させることです．

　　断熱膨張：外部との熱のやり取りをしないで体積を増やす（圧力・温度が減少する）．

　　断熱圧縮：外部との熱のやり取りをしないで体積を減らす（圧力・温度が上昇する）．

(5) 気力発電所の熱サイクル

　ランキンサイクルの説明で数字で示した場所の状態を右図に示しています．以下に基本的な4つの状態変化を説明します．

①〜② 給水ポンプで【断熱圧縮】「水」の状態

②〜③ ボイラで【等圧受熱】「水」→「飽和蒸気」

③〜④ ボイラでさらに加熱され【等圧受熱】「飽和蒸気」→「乾き飽和蒸気」へ変化

④〜⑤ 過熱器で【等圧受熱】「過熱蒸気」

⑤〜⑥ タービンで【断熱膨張】「湿り蒸気」

⑥〜① 復水器で【等圧放熱】「湿り蒸気」→「水」

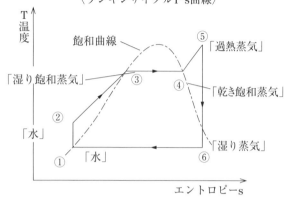

〈ランキンサイクルT–s曲線〉

(6) 再熱再生サイクル

　基本となるランキンサイクルを改良して，熱効率を高めたものです．

① 再熱サイクル

　高圧タービンで膨張した湿り蒸気をボイラーの再熱器で加熱し，再び低圧タービンに送って膨張させる熱サイクル．熱効率向上と，水滴によるタービンの損傷を防止します．

② 再生サイクル

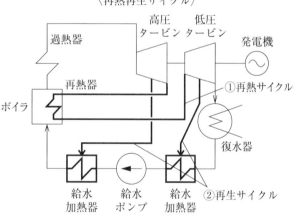

〈再熱再生サイクル〉

　タービン内の蒸気の一部を抽出して，ボイラ給水を加熱する熱サイクル．復水器で失う熱量が減少するため，熱効率を向上させることができます．

　この両方を合わせた熱サイクルを再熱再生サイクルと呼びます．上図は基本的なサイクルに加えて，再熱サイクルと再生サイクルによるエネルギー変換の追加経路を示しています．

　その他，熱効率を高めるための設備として節炭器や空気予熱器などがあります．

　節炭器は，煙道ガスの余熱を利用してボイラ給水を加熱し，プラント全体の熱効率を高めます．空気予熱器は，節炭器出口側の煙道に設けられ，煙道ガスの排熱で燃焼用空気を加熱して燃焼効率を向上させます．

7 原子力発電

問 題

平成 29 年度 Ⅲ-13

　原子力発電に関する次の記述の，□□□□□に入る語句の組合せとして，最も適切なものはどれか。

　軽水炉型原子力発電所では，軽水は，核　ア　を　イ　するための中性子の減速材としての役割を果たし，連鎖反応を維持することで運転している。沸騰水型や　ウ　水型と呼ばれるものは，軽水炉の一種である。

	ア	イ	ウ
①	融合	促進	加圧
②	融合	抑制	減圧
③	分裂	促進	加圧
④	分裂	促進	減圧
⑤	分裂	抑制	加圧

解説&解答

　軽水は核分裂を促進する中性子の減速材の役割を果たします。軽水炉の種類としては沸騰水型や加圧水型があります。よって③が正解です。

答え　③

詳しく解説

　原子力発電の軽水炉に関する記述です。軽水炉型原子力発電とは，燃料である濃縮ウランの核反応を制御するために，軽水（普通の水）を用いている原子炉のことです。この軽水は減速材としての役割を果たしています。重水（重水素と酸素を化合したもの）を減速材とする炉を重水炉（日本にはありません）と呼び，軽水炉も重水炉も冷却材（核反応の熱を取り出す役割）は軽水を用います。

　「ア」の項の候補は（核）融合，（核）分裂ですが，核融合発電はまだ研究段階であり，（核）分裂が正しいです。

　「イ」は，促進と抑制の2つが選択肢です。その後の文章に「（軽水は）中性子の減速材としての役割を果たし」とあります。高速中性子を減速させる理由は，核分裂の反応をしやすくするためであり，反応促進の役割があります。よって促進が正しいです。

　「ウ」は，軽水炉の種類を訊いています。日本では沸騰水型と加圧水型が主であり，加圧が正しいです。

令和元年度 Ⅲ-15

原子力エネルギーに関する次の記述のうち，最も不適切なものはどれか。

① 核反応には核分裂と核融合の2つのタイプがある。どちらもその反応の前後の結合エネルギーの差が外部に放出されるエネルギーとなる。

② 加圧水型軽水炉では，構造上，一次冷却材を沸騰させない。また，原子炉が反応速度を調整するために，ホウ酸を冷却材に溶かして利用する。

③ 加圧水型軽水炉では，熱ループを一次冷却水系と二次冷却水系に分けているので，タービンに放射能を帯びた蒸気が流れない。

④ 沸騰水型軽水炉では，原子炉内部で発生した蒸気と蒸気発生器で発生した蒸気を混合して，タービンに送る。

⑤ 沸騰水型軽水炉では，冷却材の蒸気がタービンに入るので，タービンの放射線防護が必要である。

解説＆解答

④が不適切。加圧水型軽水炉と沸騰水型軽水炉の大きな違いは，蒸気の発生方法が異なるところです。加圧水型では，蒸気発生器を介して二次系統の水を蒸気にしているのに対して，沸騰水型では，原子炉の冷却水をそのまま蒸気にしています。

沸騰水型軽水炉では，原子炉内部で発生した蒸気を汽水分離器などを通してそのままタービンに送るため，放射能を帯びた蒸気がそのまま流れ込みます。よって蒸気発生器は使用していません。

答え　④

 ### 詳しく解説

④以外は以下の通り，いずれも適切です。

① 核反応とは，原子核が他の中性子などの粒子と衝突して別の種類の原子核に変わることであり，核分裂や核融合なども核反応です。

② 加圧型軽水炉は，原子炉で熱せられた軽水を加圧器で圧力を掛けることによって沸騰しないようにして，熱交換器で別系統の水を蒸発させ，その蒸気でタービンを回して発電します。また，原子炉の反応速度を調整するためにホウ酸を冷却材に混入させます。

③ 加圧型軽水炉では，熱系統を熱交換器で一次系と二次系に分けているため，タービンには放射能を帯びた蒸気は流れません。

⑤ 沸騰水型軽水炉では，原子炉で発生した蒸気をタービンで使用するため，放射線防護が必要になります。

(1) 核分裂反応

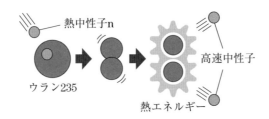

「**発電効率**」の（2）原子力発電所（核分裂）でも説明しましたが，ウラン 235 の核分裂反応は，上図のようにウラン 235 に熱中性子 n が吸収されると，原子核が不安定になり，エネルギーを放出して 2 つの原子核といくつかの高速中性子に分裂する現象です．そのとき，数個の高速中性子が放出され，一部の高速中性子は「減速材」である軽水により減速して熱中性子になり，ウラン 235 に吸収されやすくなり核分裂の連鎖が起こります．

日本では，燃料としてウラン 235 が 4 ％程度の低濃縮ウランを使用しています（96 ％は核分裂がしにくいウラン 238）．中性子の一部は軽水や制御棒，他のウラン 238 に吸収されるため，制御され安定した核分裂の連鎖が継続します．このように反応が継続して行われることを臨界といいます．ウラン 235 の核分裂により質量欠損が生じて熱を放出します．この熱を「冷却材」でもある軽水によって吸収し，水蒸気を発生させタービンを回し，電気エネルギーに変えるのが日本の原子力発電です．

よって軽水は，減速材でもあり冷却材でもあります．この核分裂の反応は，物質の質量がエネルギーと等価であるというアインシュタインの特殊相対性理論で有名な $E = mc^2$ ［J］（ジュール）の式で説明されます．

制御棒は，核分裂の速度を調整する役割があり，中性子をよく吸収する物質（ホウ素，カドミウムなど）でつくられており，制御棒を燃料棒の間に挿入することにより核分裂の速度を調節しています．

〈核分裂の連鎖反応〉

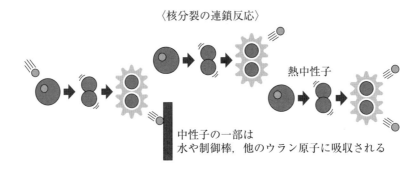

中性子の一部は
水や制御棒，他のウラン原子に吸収される

(2) 原子炉の種類

日本の原子炉は，高い純度の水が減速材と冷却材とを兼ねる軽水炉であり，蒸気を発生させる方法の違いで，沸騰水型原子炉（BWR：Boiling Water Reactor）と，加圧水型原子炉（PWR：Pressurized Water Reactor）に分かれます．

沸騰水型（BWR）と加圧水型（PWR）の大きな違いは原子炉にあります（右図参照）．

BWR は，軽水が原子炉冷却材と中性子減速材をかねており，この軽水を炉心で沸騰させて蒸気を発生させ，直接タービン発電機に送って電気を発生させる発電用原子炉です．

BWR では，原子炉冷却材の沸騰により生じた蒸気ボイドが負の反応度効果を有しており，この働きによって正の反応度が加えられても出力の上昇を安定に抑制できます．

原子炉の出力制御は原子炉冷却材の流量を変える再循環流量制御（ボイド効果を利用した制御）と制御棒操作によってなされます．

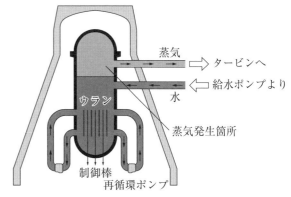

〈沸騰水型原子炉（BWR）〉

蒸気 → タービンへ
← 給水ポンプより
水
蒸気発生箇所
ウラン
制御棒
再循環ポンプ

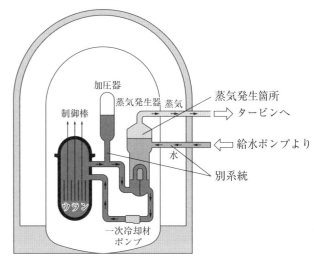

〈加圧水型原子炉（PWR）〉

加圧器
蒸気発生器　蒸気
蒸気発生箇所
制御棒 → タービンへ
← 給水ポンプより
水
別系統
ウラン
一次冷却材ポンプ

「再循環流量制御」とは，ボイド（蒸気の泡）が増加すると軽水の密度が減少し，減速材としての機能が低くなるため再循環ポンプにより原子炉内の軽水を循環させてボイドの量を調整し，核反応を制御することです．

PWR では，一次冷却材の軽水は加圧器によって高圧に保たれます．この高圧の軽水は 300℃ 以上になり，蒸気発生器で他の系統の水を蒸気にします．この蒸気はタービン発電機に送られ，発電が行われます．ボイドの存在が少ないため，中性子は効果的に減速されます．また，軽水は減圧すると 100℃ 以下で蒸発してしまい，発電には不向きな低温低圧の蒸気が発生してしまいます．

反応度（出力）制御には制御棒とケミカルシム制御とを併用しています．

「ケミカルシム制御」では，ホウ酸（中性子吸収材）を一次冷却材中に溶かして反応度制御に使用しています．

8 回転機

問 題

平成25年度 Ⅲ-15

同期発電機の制動巻線に関する次の記述の，□□□□に入る語句の組合せとして最も適切なものはどれか。

制動巻線には　ア　や故障電流の制限などの効果があり，　ア　には　イ　のものが必要であるが，故障電流を制限するには逆に　ウ　のものが効果的である。

	ア	イ	ウ
①	高調波電流抑制	低抵抗	高抵抗
②	安定度の向上	低抵抗	高抵抗
③	高調波電流抑制	高抵抗	低抵抗
④	安定度の向上	高抵抗	低抵抗
⑤	電食の防止	高抵抗	低抵抗

解説&解答

同期発電機は高効率で一定の周波数での発電が可能ですが，欠点として負荷変動や外部の急激な電圧変化により，回転子と回転磁場の同期が乱れやすい問題があります。この同期の乱れは，機械的損傷や電気的な不具合を引き起こす可能性があります。

制動巻線の主な役割は，負荷の急変や系統事故などで回転速度にずれが生じたとき，回転子表面に誘導される電流を利用してその動揺を抑制することです。低抵抗の制動巻き線は，逆起電力の迅速な発生を促進し，同期の乱れを迅速に修正します。一方，故障電流の抑制のためには高抵抗が必要となります。高抵抗の制動巻線は，大きな故障電流の発生を防ぎ，機器への損傷リスクを減少させます。よって②が正解です。

答え　②

🔍 詳しく解説

同期発電機における制動巻線は，右下図に示すように回転子の表面に軸方向に沿った複数の導体を設置し，その両端を短絡環で接続して構成されています。この短絡環は，導体の両端を電気的に接続し，制動巻線内での電流の流れを円滑にする役割があります。制動巻線は，同期乱れの際に発生する逆起電力を利用して，再び同期状態へと引き戻す役割を果たします。この制動効果により，同期発電機の運転の安定性が向上します。制動効果は，制動巻線に流れる電流によって生じます。制動巻線の抵抗が低いと，同じ逆起電力下でもより多くの電流が流れるため，強い制動力

〈同期発電機の制動巻線イメージ〉

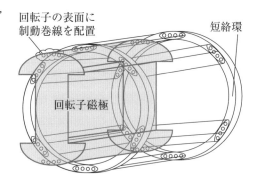

回転子の表面に制動巻線を配置

短絡環

回転子磁極

が生じます．この力は，同期の乱れを修正し，再び同期状態へと引き戻す効果をもちます．したがって，制動巻線の抵抗が低い方が同期乱れの迅速な修正に有効です．一方，故障時には制動巻線を通る電流が電気子反作用磁束を打ち消す効果をもちます．制動巻線の抵抗を高く設定することで，この電流を制限し，内部誘導起電力の低下を促進して故障電流を減少させることができます．

問 題

平成 27 年度　Ⅲ-13

発電所の電圧調整に関する次の記述の，□□□□□に入る語句の組合せとして最も適切なものはどれか．

1号機と2号機の同期発電機がそれぞれ変圧器により同一母線に接続されて系統に送電している．2機とも電圧・無効電力調整装置は自動から手動に切り替えており，端子電圧及び有効電力出力は同一である．この状態で1号機の界磁電流を増加させると，1号機から2号機には　ア　が流れて，1号機の力率は　イ　側に，2号機の力率は　ウ　側に変化する．

	ア	イ	ウ			ア	イ	ウ
①	進相無効電力	進相	進相		④	遅相無効電力	遅相	進相
②	進相無効電力	進相	遅相		⑤	遅相無効電力	進相	遅相
③	遅相無効電力	遅相	遅相					

解説&解答

同期発電機の並列運転において，端子電圧，有効電力出力が同一であるという条件で，1号機の界磁電流を増加させると，回転子磁極（左ページの下図参照）の磁束が増加し，電気子巻線（固定子巻線）に発生する誘導起電力が大きくなります．そのため，2つの発電機の発生電圧に差が生じ，発電機間に循環電流が流れます．この電流は1号機については遅相電流を出力するため，1号機の力率は遅相側に変化し，2号機では逆に遅相電流の流入（進相電流の出力）になり，進相側に変化します．

よって④が正解です．　　　　　　　　　　　　　　　　　　　　　　　　　　答え　④

詳しく解説

同期発電機の並列運転ではいくつかの条件があり，電圧や周波数の一致，原動機の速度特性曲線の特性が一致している必要があります．2台で並列して運転している場合，片方の発電機の界磁電流が増加すると，起電力に差が生じて発電機の間に循環電流が流れます．この循環電流は，界磁電流が増加された側の発電機には電圧に対して90°位相が遅れた電流が流れ，減磁作用によって起電力を低下させます．もう一方の発電機には90°遅れの流入電流，すなわち90°進みの流出電流（進相無効電力）が流れ，磁化作用によって誘導起電力を増加させ，起電力を増加させます．この循環電流は電圧に対して90°位相がずれているので，力率はゼロであり，1号機から2号機には遅相無効電力が流れています．これにより，2台の発電機の無効電力の分担を変化させます．

(1) 同期発電機の基本

同期発電機は，回転子に界磁巻線を，固定子に電機子巻線を設ける発電機のことです．回転子が生成する磁束が電機子巻線を横切ることで，電力が発生します．同期発電機は回転子が1回転する時間が，発生する電力の1周期の時間と一致する特性をもっています．この一致する現象を「同期」と呼び，具体的な同期回転速度は下記の式 n で示されます．

発生する交流電力の周波数を f [Hz]，発電機の極数を p とすると，

その回転速度は，$n = \dfrac{120f}{p}$ [min^{-1}] となります．

f：発生する交流電力周波数 [Hz]

p：発電機の極数

[特徴]

① 系統投入時の突入電流が小さい．

② 力率の調整が可能．

③ 周波数が一定であれば定速度運転が可能（①～③は誘導発電機との比較）．

④ 回転界磁型である（よって固定子側の電気子巻線に電力を発生する）．

界磁巻線（回転子巻線）に電流を流すことで磁束を発生させる．その回転子を回転させ，固定子巻線を磁束が横切ることによって起電力が発生する．

⑤ 負荷の変動による動揺を抑えるために，回転子表面に制動巻線を設置する場合が多い．揚水発電所などで，同期発電電動機の始動時に制動巻線を利用して誘導電動機のように動作させる方法もある．

[種類]

発電機の軸の向きによって，水力発電などで使う縦軸型と火力発電所などで使う横軸型などがあります．それぞれの型の特徴は，次のようなものです．

縦軸型：多極型で回転速度が低速，突極型，直径が大きくなる傾向にある．

横軸型：2～4極で回転速度が高速，円筒形，軸方向に長い．

[特性]

① 電機子反作用：電機子巻線に電流が流れると，電機子電圧と電機子電流の位相差によって界磁による磁束に影響を与える作用のことです．

・交差磁化作用（横軸反作用）：力率が1のとき（位相差が0°）磁束をやや弱める作用

・増磁作用（直軸反作用）　　：力率が進みのとき（位相差が+（プラス）のとき）磁束を強める作用

・減磁作用（直軸反作用）　　：力率が遅れのとき（位相差が-（マイナス）のとき）磁束を弱める作用

② 同期インピーダンス：電機子電流によって生じる電機子反作用は，電機子電圧の位相と大きさに影響を及ぼします．電機子電圧と電機子電流の比，特にその位相差を考慮した値を同期インピーダンスと呼びます．同期インピーダンスを Z_s，電機子電流を I とすると，無負荷誘導起電力 E_0 と電機子端子電圧 V の間には簡略的に次の関係が成り立ちます．

$$V = E_0 - Z_s I$$

同期インピーダンスは，電機子巻線の抵抗 r_a と同期リアクタンス x_s に分解されます．

$$\dot{Z}_s = r_a + jx_s \quad （r_a は x_s より十分小さく，抵抗分を無視する場合が多い）$$

③ 短絡比：定格電圧による短絡電流 I_s が定格電機子電流 I_n の何倍かを表す比を，短絡比 K_s といいます．短絡比 $K_s = I_s/I_n$

短絡比の大きな発電機は，電圧変動が小さいなど使いやすく，鉄機械と呼ばれ，比較的高価です．短絡比の小さな発電機は，電圧変動が大きく，銅機械と呼ばれます．

(2) 同期発電機の並列運転

右の図は同期発電機 G_1，G_2 が並列接続をして運転をしている一相当たりの等価回路図です．

$\dot{E}_1$，$\dot{E}_2$ は無負荷誘導起電力，負荷の端子電圧 $\dot{V}$，jx_1，jx_2 は同期リアクタンス，$\dot{I}_1$，$\dot{I}_2$ は電機子電流（固定子に発生する電流であり，負荷電流となる）．

$\dot{I}$ は全負荷電流とし，また，$\dot{I}_c$ は発電機 G_1，G_2 の循環電流とすると，次の式が成り立ちます．

$$\dot{V} = \dot{E}_1 - jx_1\dot{I}_1$$

$$\dot{V} = \dot{E}_2 - jx_2\dot{I}_2$$

$$\dot{I} = \dot{I}_1 + \dot{I}_2 \qquad ※アルファベットの上の点はベクトルであることを示している$$

これらの式から $\dot{I}_1$，$\dot{I}_2$ を求めると，

$$\dot{I}_1 = \frac{x_2}{x_1 + x_2}\dot{I} + \frac{\dot{E}_1 - \dot{E}_2}{j(x_1 + x_2)}, \quad \dot{I}_2 = \frac{x_1}{x_1 + x_2}\dot{I} - \frac{\dot{E}_1 - \dot{E}_2}{j(x_1 + x_2)}, \quad \dot{I}_c = \frac{\dot{E}_1 - \dot{E}_2}{j(x_1 + x_2)}$$

となります．

$\dot{E}_1 = \dot{E}_2$ の場合，誘導起電力の大きさと位相が等しく平行運転しており，$\dot{I}_c = 0$ になります．この状態から，発電機 G_1 の界磁電流を増加させて $\dot{E}_1 > \dot{E}_2$ となった場合，$\dot{E}_1 - \dot{E}_2$ に比例して，同期リアクタンスによって 90° 位相が遅れた電流 $\dot{I}_c$ が G_1 から G_2 に流れます（上図）．

この $\dot{I}_c$ は，G_1 に対しては 90° 遅れの流出電流となって減磁作用によって誘導起電力を下げ，G_2 に対しては 90° 遅れの流入電流，いい換えれば，90° 進みの流出電流となって増磁作用によって誘導起電力を上げるように作用します（右図参照）．

よって並列運転で励磁を加減しても，無効電流が横流して各機の無効電力の分担を変え，力率を変化させるだけで負荷の有効電力の分担は変えることはできません．有効電力の分担を変えるには，各機の原動機の速度特性の設定と調速機（ガバナ）の調整を行います．

有効電力，無効電力については「**総合力率**」の項目で解説しています．

〈起電力に差が生じた場合の発電機の電圧，電流のベクトル図〉

① $\dot{E}_1$：減磁作用による発電機 G_1 の起電力は低下

② $\dot{E}_2$：増磁作用による発電機 G_2 の起電力は増加

$\dot{I}_c$（G_1 から見た 90° 位相が遅れた循環電流）
$\dot{E}_1 > \dot{E}_2$ となったときの各発電機の起電力の動き

9 再生可能エネルギー

問題

令和3年度 Ⅲ-15

類似問題
● 平成27年度 Ⅲ-14

　再生可能エネルギー等の新しい発電に使用される装置に関する次の記述のうち，不適切なものはどれか．

① 燃料電池は，負極に酸素，正極に燃料を供給すると通常の燃焼と同じ反応で発電する．小型でも発電効率が高く，大容量化によるコスト低減のメリットが少ない．

② 二次電池は，発電に使用するためには自己放電が少ないこと，充放電を繰り返したときの電圧や容量の低下が小さいことが要求される．

③ 太陽電池の出力電圧は負荷電流によって変化するため，最大電力を得るために直流側の電圧を制御している．

④ 風力発電には，誘導発電機と同期発電機が用いられる．前者は交流で系統に直接に連系する．後者は系統に連系して安定な運転を行うためには周波数変換器を介して連系する．

⑤ 地熱発電には，地下で発生する高温の天然蒸気を直接蒸気タービンへ供給する方式と，蒸気と熱水を汽水分離器により分離して蒸気のみを蒸気タービンへ供給する方式がある．

解説&解答

　①が不適切．燃料電池は正極に酸素，負極に燃料を供給すると，化学反応によって発電するもので，化学反応式は次のようになります．そのため通常の燃焼とは異なります．

　負極：$2H_2 \rightarrow 4H^+ + 4e^-$，正極：$O_2 + 4H^+ + 4e^- \rightarrow 2H_2O$，全反応式：$2H_2 + O_2 \rightarrow 2H_2O$

答え　①

詳しく解説

　①以外は以下の通り，いずれも適切です．

② 二次電池は，充電放電を何度でも繰り返すことができる蓄電池とも呼ばれるもので，電圧や容量などの変動は品質低下に当たります．

③ 太陽電池は，負荷や日射量，温度によって出力が変化するため，常に太陽電池の最大出力を取り出すために，直流側電圧を制御しています．これを最大電力追従制御といいます．

④ 風力発電では，誘導発電機を用いて増速機により発電に必要な回転速度にして系統と直接接続する方法と，同期発電機を用いて周波数変換器によって系統と接続する方法があります．

⑤ 地熱発電では，高温の天然蒸気で直接タービンを回すドライスチーム発電方式や，蒸気を汽水分離機で分離して使用するフラッシュ発電方式（シングルとダブルフラッシュ方式）があります．これらの方式以外にも低温の蒸気に対応したバイナリー方式などもあります．

平成 28 年度 Ⅲ-13

通常のプロペラ形風車を用いた風力発電機に関する次の記述のうち，最も適切なものはどれか。

① 風車の受けるエネルギーは，受風断面積の 2 乗に比例し，風速の 3 乗に比例する。
② 風車の受けるエネルギーは，受風断面積に比例し，風速の 3 乗に比例する。
③ 風車の受けるエネルギーは，受風断面積の 2 乗に比例し，風速の 2 乗に比例する。
④ 風車の受けるエネルギーは，受風断面積に比例し，風速の 2 乗に比例する。
⑤ 風車の受けるエネルギーは，受風断面積に比例し，風速に比例する。

解説&解答

風力発電における風のエネルギーは，運動エネルギーです。空気の密度を ρ [kg/m³] とし，風車の翼の受風断面積を A [m²] とし，この面積の空間を，単位時間当たりに通過する風の速度を v [m/s] とすると，単位時間に受風断面積を通過する風の質量 m は $m = \rho A v$ となり，そのエネルギー P_w [W] は次式のようになります。

$$P_w = \frac{1}{2} m v^2 = \frac{1}{2} (\rho A v) v^2 = \frac{1}{2} \rho A v^3 \ [\text{W}]$$

上式から分かるように風のエネルギーは受風断面積に比例し，風速の 3 乗に比例します。
よって②が正解です。

答え ②

詳しく解説

風力発電システムは右図の通りで（一例），風の力を電気に変換するシステムです。

以下に主な構成を説明します。

① 部品構成
・ブレード：羽の形状と風速によって発電電力が決まります。
・ナセル　：中に増速機やブレーキ，発電機などが収納されています。

② 運転制御
・出力制御装置：ブレードの取り付け角度（ピッチ角）を制御し，出力を制御するとともに，過回転防止，起動停止機能をもちます。
・ヨー制御：風車のロータ回転面を風向に追従させる制御です。

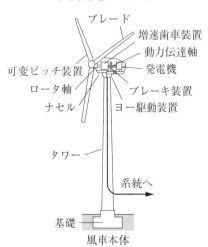

〈風力発電システム〉

ブレード
増速歯車装置
動力伝達軸
可変ピッチ装置
発電機
ロータ軸
ブレーキ装置
ナセル
ヨー駆動装置

タワー

系統へ

基礎
風車本体

問題を解くために必要な基礎知識

(1) 主な再生可能エネルギーの特性

　再生可能エネルギーは今後も試験問題として出題される可能性が高いため，全体の概要を説明します．再生可能エネルギーは，エネルギー供給構造高度化法「エネルギー供給事業者による非化石エネルギー源の利用及び化石エネルギー原料の有効な利用の促進に関する法律」にその定義が示されています．

　再生可能エネルギー源については，「太陽光，風力その他非化石エネルギー源のうち，エネルギー源として永続的に利用することができると認められるものとして政令で定めるもの.」と定義されており，政令において，太陽光・風力・水力・地熱・太陽熱・大気中の熱その他の自然界に存する熱・バイオマスが定められています。下記に主な再生可能エネルギーの特性と現在の状況を示します．

〈再生可能エネルギーの発電に関する一覧表（日本）〉

	発電の仕組み	燃料	出力安定性	開発期間[注1]	出力規模ファーム	設備利用率[注1]	電源構成中の実績比率2020年[注2]	電源構成計画値2030年[注3]
太陽光発電	太陽電池モジュール	不要	不安定（晴れのみ）	1年程度	1千kW	約12%	8.9%	14%〜16%
風力発電陸・洋上	風車の回転	不要	不安定（風の影響）	4〜6年	3万kW〜30万kW	約20%〜30%	0.9%	5%
バイオマス発電	有機物質の燃焼による蒸気	要	安定	3〜4年	5千kW〜10万kW	約80%	3.4%	5%
地熱発電	地下から発生する熱を利用	不要	安定	9〜13年	5千kW	約80%	0.3%	1%
水力発電	水車の回転エネルギー	不要	不安定（降水量の影響）	2〜3年（小水力の場合）	2千kW	約60%	7.8%	11%
							合計21.3%	合計36%〜38%

注1)「開発期間」，「設備利用率」はコスト等検証委員会報告書（平成23年12月19日エネルギー・環境会議コスト等検証委員会）より

　　2)「電源構成中の実績比率2020年」はISEP環境エネルギー政策研究所「2020年の自然エネルギー電力の割合」より

　　3)「電源構成計画値2030年」は資源エネルギー庁令和3年「エネルギー基本計画」より

1)〜3) 以外は「九電みらいエナジー」のホームページより

(2) 太陽電池

太陽電池は太陽光エネルギーを電気エネルギーに変換する半導体素子（フォトダイオード）で，下記のような種類に分類されます．

〈太陽電池の種類〉

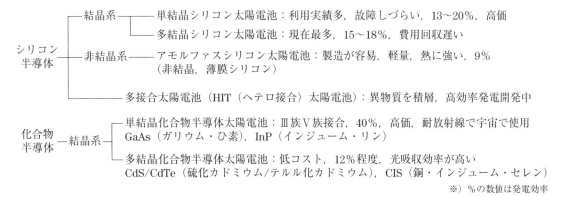

```
              ┌─ 結晶系 ──┬─ 単結晶シリコン太陽電池：利用実績多，故障しづらい，13～20%，高価
              │          └─ 多結晶シリコン太陽電池：現在最多，15～18%，費用回収遅い
シリコン ──────┤
半導体        ├─ 非結晶系 ── アモルファスシリコン太陽電池：製造が容易，軽量，熱に強い，9%
              │              （非結晶，薄膜シリコン）
              └─ 多接合太陽電池（HIT（ヘテロ接合）太陽電池）：異物質を積層，高効率発電開発中

化合物 ──── 結晶系 ──┬─ 単結晶化合物半導体太陽電池：Ⅲ族Ⅴ族接合，40%，高価，耐放射線で宇宙で使用
半導体              │   GaAs（ガリウム・ひ素），InP（インジューム・リン）
                   └─ 多結晶化合物半導体太陽電池：低コスト，12%程度，光吸収効率が高い
                       CdS/CdTe（硫化カドミウム/テルル化カドミウム），CIS（銅・インジューム・セレン）
```

※）%の数値は発電効率

■ 最大電力点追従制御（MPPT：Maximum Power Point Trecking）

太陽電池は設置場所や天候によって最適な動作点が変動します．また，太陽電池は接続する負荷によって動作電圧が変わり，取り出せる電流が変わります．そのため最大の出力を得るためには，動作電圧を最適化することが重要で，これを実現するために最大電力点追従制御を用いて動作電圧を調整します．

フォトダイオードの発生電圧と電流の間の特性はI–V曲線で表され，ある値から電圧は急激に減少します．また，電圧と出力電力の関係はP–V曲線になり，比例的に増加しますが，ある値から急激に減少します．

〈太陽電池　P–V曲線，I–V曲線〉

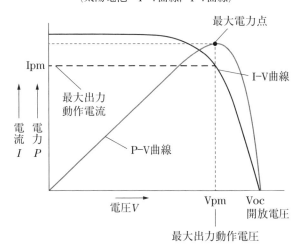

上図のP–V曲線において，出力電力が最大になる点を最大電力点といい，そのときの電圧を最大出力動作電圧Vpmといい，最大電力点から垂直に下ろした直線とI–V曲線との交点の電流を最大出力動作電流Ipmといい，IpmとVpmの積が最大出力になります．

パワーコンデショナーでは，自動的に電圧を変化させて最適動作点に追従制御しており，これを最大電力点追従制御MPPTといいます．

10 変圧器

問 題

類似問題
- 令和 4 年度　　　Ⅲ-17
- 令和元年度（再）Ⅲ-17
- 平成 30 年度　　Ⅲ-15

令和 3 年度　Ⅲ-16

　変圧器の損失と効率に関する次の記述の，□□□□□に入る数値の組合せとして，最も適切なものはどれか。

　出力 1000 W で運転している単相変圧器において，鉄損が 50 W，銅損が 50 W 発生している。出力電圧は変えずに出力を 900 W に下げた場合，銅損は　ア　W で，効率は　イ　% となる。出力電圧が 20 % 低下した状態で出力は 1000 W で運転したとすると鉄損は　ウ　W で，効率は　エ　% となる。ただし，変圧器の損失は鉄損と銅損のみとし，負荷の力率は一定とする。鉄損は電圧の 2 乗に比例，銅損は電流の 2 乗に比例するものとする。

	ア	イ	ウ	エ
①	50	89	39	90
②	41	89	50	88
③	50	91	39	88

	ア	イ	ウ	エ
④	39	91	32	88
⑤	41	91	32	90

詳しく解説&解答

　変圧器の効率は，$\dfrac{\text{出力電力}}{\text{入力電力}}$ で求められますが，それぞれの電力を測定するのは困難なため，別途測定された無負荷損や負荷損を用いて算出される「規約効率」が一般的には使われます。規約効率は，以下のように表されます。

$$\text{規約効率} = \frac{\text{出力}}{\text{出力} + \text{損失}} \times 100 = \frac{\text{出力}}{\text{出力} + \text{無負荷損} + \text{負荷損}} \times 100 \ [\%]$$

　無負荷損には，鉄損（ヒステリシス損，うず電流損）や絶縁物の誘電体損などがあり，負荷損には，銅損（巻線抵抗），浮遊負荷損（ケースなどの鉄部へのうず電流損）などがありますが，鉄損と銅損以外の損失は非常に小さいので，効率計算では無視されることが多いです。

　題意により，この変圧器の損失は鉄損と銅損のみなので，無負荷損を鉄損 P_i [W]，負荷損を銅損 P_c [W]，出力を P [W]，効率を η [%] とすると，前述の規約効率の式は，

$$\eta = \frac{P}{P + P_i + P_c} \times 100 \text{ となります。}$$

　ここで出力電圧を V [V]，出力電流を I [A]，負荷力率を $\cos\theta$ とすると，出力 P [W] は，$P = VI\cos\theta$ [W] で表され，V [V] が一定で負荷の力率も一定であれば，出力電力は，出力電流 I [A] に比例します。

最初に出力電圧は変えずに出力を 900 W に下げた場合を考えます．この場合，鉄損 P_i は出力によって変化せず，銅損 P_c は出力電流の 2 乗に比例して変化します．出力が P_1 から P_2 に変化し，電流も I_1 から I_2 に変化することにより，銅損が P_{c1} から P_{c2} に変化したとすると，変化後の銅損は，

$$\frac{(I_2)^2}{(I_1)^2} = \frac{(P_2)^2}{(P_1)^2} = \frac{P_{c2}}{P_{c1}} \quad \therefore P_{c2} = \left(\frac{P_2}{P_1}\right)^2 \times P_{c1} \text{ となります．}$$

題意より，$P_1 = 1\,000\ \mathrm{W}$，$P_2 = 900\ \mathrm{W}$，$P_{c1} = 50\ \mathrm{W}$ なので，変化後の銅損 P_{c2} は以下のように求められます．

$$P_{c2} = \left(\frac{P_2}{P_1}\right)^2 \times P_{c1} = \frac{(900)^2}{(1\,000)^2} \times 50 = 40.5 \cong 41\ [\mathrm{W}]$$

鉄損 P_i は 50 W なので，このときの効率は以下のように求められます．

$$\eta = \frac{P_2}{P_2 + P_i + P_{c2}} \times 100 = \frac{900}{900 + 50 + 41} \times 100 = 90.8 \cong 91\ [\%]$$

次に，電圧が 20 % 低下した状態で出力 1 000 W のままで運転した場合を考えます．変化の前後において電圧は V から V' に変化し，電流は I から I' に変化したとすると，出力は変わっていないので，$V \times I = V' \times I'$ が成り立ちます．

よって，$\dfrac{I}{I'} = \dfrac{V'}{V} = \dfrac{0.8V}{V} = 0.8$ となり，銅損は電流の 2 乗に比例するので，変化後の銅損 P_c' は以下のように求められます．

$$P_c' = \left(\frac{I'}{I}\right)^2 \times P_{c1} = \left(\frac{1}{0.8}\right)^2 \times 50 = 78.125\ [\mathrm{W}]$$

鉄損は電圧の 2 乗に比例して変化するので，鉄損が P_i から P_i' に変化したとすると，$P_i = 50\ \mathrm{W}$ なので，

$$P_i' = (0.8)^2 \times P_i = 32\ [\mathrm{W}]$$

このときの効率は，

$$\eta = \frac{P_1}{P_1 + P_i' + P_{c2}} \times 100 = \frac{1\,000}{1\,000 + 32 + 78.125} \times 100 = 90.08 \cong 90\ [\%]$$

答え　⑤

【参考】

変圧器の運転効率に関しては，右図に示すように最大効率になる負荷率は 100 % ではありません．一般用・電力用で異なりますが，運用が想定される負荷率，特に最も使用頻度の高い時間帯の負荷率で最大効率になるように設計されています．

この最大効率時，無負荷損（鉄損）と負荷損（銅損）は同じ損失となります．

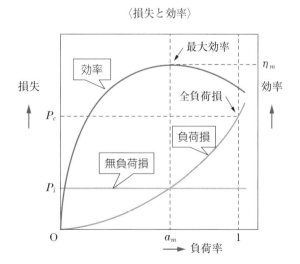

〈損失と効率〉

出典：（公社）日本電気技術者協会，変圧器の電圧変動率と損失および効率計算，音声付き電気技術解説講座

127

類似問題
● 平成 23 年度 Ⅳ-14

平成 27 年度 Ⅲ-16

　　定格が $15\,\mathrm{kVA}$ の単相変圧器において漏れインピーダンスは $3\,\%$ であるとする。この変圧器の低圧側に $5\,\mathrm{kVA}$，力率 0.8 遅れの負荷をかけた状態から負荷を遮断したときの低圧側電圧の変動率に最も近い値はどれか。ただし，変圧器の巻線抵抗，励磁アドミタンスは無視し，高圧側電圧は負荷遮断の前後で変わらないものとする。

① $0.4\,\%$　　② $0.6\,\%$　　③ $0.8\,\%$　　④ $1.2\,\%$　　⑤ $1.4\,\%$

詳しく解説＆解答

　　変圧器の電圧変動率の求め方は，右図（変圧器の等価回路）のように変圧器の二次側に負荷 Z_L をつなぎ，電源から定格周波数，定格電圧を供給します。この状態で定格電流，定格力率となるように設定した後に，一次端子電圧 V_1 を調整して二次巻線の端子電圧 V_2 が定格値 V_{2n} となるようにします。

〈変圧器の等価回路〉

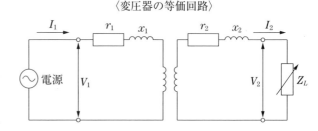

　　この状態で，変圧器を無負荷にしたときの二次端子電圧が V_{20} だった場合，電圧変動率 ε ［％］は次式で表されます。

$$\varepsilon = \frac{V_{20} - V_{2n}}{V_{2n}} \times 100 \quad \cdots(1)$$

　　実際は，このような試験を現物の変圧器で行うのは難しいため，簡易等価回路を用いて計算された百分率抵抗降下と百分率リアクタンス降下が，電圧変動率の計算に使用されています。

$\varepsilon = p \cos\theta + q \sin\theta \quad \cdots(2)$

p：百分率抵抗降下

q：百分率リアクタンス降下

$\cos\theta$：力率

〈変圧器の簡易等価回路〉

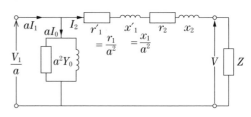

　　これを問題に当てはめると，漏れインピーダンスは $3\,\%$ であり，かつ抵抗は無視するとなっているので，$p = 0\,\%$，$q = 3\,\%$ となります。また，負荷力率 $\cos\theta = 0.8$ なので，$\sin\theta = \sqrt{1 - (\cos\theta)^2} = \sqrt{1 - 0.8^2} = 0.6$ となります。

　　なお，問題の「漏れ」インピーダンスは，変圧器の巻線に鎖交しない漏れた磁束による損失を百分率インピーダンスで表したものです。

　　百分率インピーダンス $\%Z$ ［％］は定格電圧を V_n ［V］，定格容量を S_n ［VA］，インピーダンスを Z ［Ω］とすると，

$$\%Z = \frac{S_n Z}{V_n^2} \times 100 \ \% \quad \cdots(3)\text{と表されます.}$$

　設問では，定格 15 kVA の単相変圧器において，漏れインピーダンスが3％で，巻線抵抗は無視するとあります．よって前述の通り，百分率抵抗降下は $p = 0$ であり，百分率リアクタンス降下は $q = 3$ となります．これらの条件を(2)式に当てはめると，定格負荷時の電圧変動率 ε_{15} は次のように表せます．

$$\varepsilon_{15} = p \cos\theta + q \sin\theta = 0 \times \cos\theta + 3 \times \sin\theta = 3\sin\theta = 3 \times 0.6 = 1.8$$

　この百分率リアクタンス降下 q（漏れインピーダンス）は定格容量 S_n（15 kVA）時の値であり，実負荷が 5 kVA 時の漏れインピーダンスを q_5 とすると，次のように計算できます．

$$q_5 = q \times \frac{\text{実負荷}}{\text{定格負荷}} = q \times \frac{5}{15} = \frac{1}{3} q$$

　よって負荷が 5 kVA 時の電圧変動率 ε_5 は，次のように計算できます．

$$\varepsilon_5 = q_5 \sin\theta = \frac{1}{3} q \sin\theta = \frac{1}{3} \times 3 \times 0.6 = 0.6$$

答え　②

【参考】

p・u 法（単位法）について

　p・u 法とは，変圧器などが含まれる系統などの回路計算を非常に簡単に行える便利な表記法です．電力，電流，電圧，インピーダンスなどを，基準値（一般的には定格値）に対する倍数で表すものです．

　例えば，家庭用の電気の電圧で説明すると，その電圧が $V = 102 \ V$ であり，定格値が $V_b = 100 \ V$ だとすると，p・u 法で表した電圧 V_{pu} は，$V_{pu} = \dfrac{V}{V_b}$ [p・u] となり，上記の例では，

$$V_{pu} = \frac{V}{V_b} = \frac{102}{100} = 1.02 \ [\text{p・u}] \text{ となります.}$$

　電力関係では，三相電力 P，電圧 V（線間電圧），電流 I，インピーダンス Z などを p・u 法で表わすと次のようになります．なお，P_b，V_b，I_b，Z_b は，それぞれの基準値です．

$$P_{pu} = \frac{P[\text{Mw}]}{P_b[\text{Mw}]} \ [\text{p・u}], \quad V_{pu} = \frac{V[\text{V}]}{V_b[\text{V}]} \ [\text{p・u}], \quad I_{pu} = \frac{I[\text{A}]}{I_b[\text{A}]} \ [\text{p・u}], \quad Z_{pu} = \frac{Z[\Omega]}{Z_b[\Omega]} \ [\text{p・u}]$$

$$\therefore P_b = \sqrt{3} V_b I_b, \quad \frac{V_b}{\sqrt{3}} = Z_b I_b, \quad Z_b = \frac{\dfrac{V_b}{\sqrt{3}}}{I_b} = \frac{\dfrac{V_b}{\sqrt{3}}}{\dfrac{P_b}{\sqrt{3} V_b}} = \frac{V_b^2}{P_b}$$

(1) 変圧器の効率

変圧器の巻線には抵抗やリアクタンスがあり，鉄心の透磁率も無限大ではなく，磁束をつくるための電流が必要になります．これを励磁電流といい，この電流によって鉄心には鉄損が生じます．また，変圧器の一次巻線と二次巻線の抵抗に電流が流れることにより，銅損が発生します．

$$規約効率 = \frac{出力}{出力 + 無負荷損 + 負荷損} \times 100$$

(2) 変圧器の原理

右図の回路で，電源 V_1 が一次巻線（巻き数 N_1）に加わると，一次巻線に電流 I_1［A］が流れ，起磁力 $N_1 I_1$［A］によって鉄心中には大きさと向きが周期的に変化する磁束 ϕ［Wb］が生じます．

そのため一次巻線，二次巻線には起電力 E_1［V］，E_2［V］が誘導されます．起電力 E_2 によって，二次回路には電流 I_2［A］が流れます．

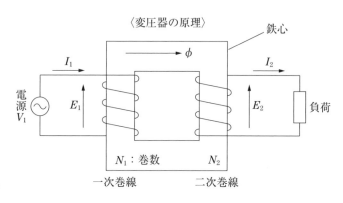

〈変圧器の原理〉

また，この電流 I_2 によって起磁力 $N_2 I_2$ が生じて磁束 ϕ が減少しようとしますが，一次側では電流 I_1 によって起磁力 $N_1 I_1$ が供給され続けるため，$N_1 I_1 = N_2 I_2$ でつり合います．

(3) 変圧器の電圧変動率

電圧変動率とは，定格電流で運転している変圧器をいきなり無負荷にした際に，どれだけ電圧が変化するかを示す指標です．これが大きい変圧器は負荷の変動による電圧の変動が大きくなり，負荷の電気設備に悪影響を与えるおそれがあります．通常，電圧変動率は2〜3％の範囲に収まるよう設計されています．

詳しく解説＆解答で説明したように，定格運転状態の変圧器を無負荷にしたとき，二次端子電圧が V_{2n} から V_{20} になったとすると，電圧変動率 ε［％］は次式で表されます．

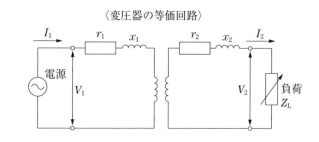

〈変圧器の等価回路〉

$$\varepsilon = \frac{V_{20} - V_{2n}}{V_{2n}} \times 100 \quad \cdots (1)$$

　これを右下図（変圧器の簡易等価回路）のように，抵抗とリアクタンスを二次側に換算して合計した値を r_{21}, x_{21} とすると，(1)式は簡略式として次のように変換することができます．

$$\varepsilon = \frac{V_{20} - V_{2n}}{V_{2n}} \times 100 = \frac{r_{21} I_{2n} \cos \theta}{V_{2n}} \times 100 + \frac{x_{21} I_{2n} \sin \theta}{V_{2n}} \times 100 \quad \cdots (2)$$

　ここで，$\dfrac{r_{21} I_{2n}}{V_{2n}} \times 100$ を百分率抵抗降下 p，$\dfrac{x_{21} I_{2n}}{V_{2n}} \times 100$ を百分率リアクタンス降下 q と置くと(2)式は，

　　$\therefore \varepsilon = p \cos \theta + q \sin \theta$ となります．

　以下，この式を変圧器の簡易等価回路から求めます．ここで，簡易等価回路の一次側の諸量を二次側に換算する方法を示します．a は，変圧器の巻数比　$a = \dfrac{N_1}{N_2}$

① 二次側の電圧，電流．インピーダンスおよび負荷はそのままにする．

② 一次側の電圧は $\dfrac{1}{a}$ 倍，電流は a 倍する．

③ 一次側のインピーダンスは $\dfrac{1}{a^2}$，アドミタンスは a^2 倍する．

　こうして一次を二次に換算して，一次・二次のインピーダンスを合算して表示したものが，右上の変圧器の簡易等価回路図です．その中の電圧や電流，電圧降下などをベクトルで表したものが，その下の変圧器の簡易等価回路の電圧ベクトル図です．

〈変圧器の簡易等価回路
（一次，二次の抵抗およびリアクタンスを合算）〉

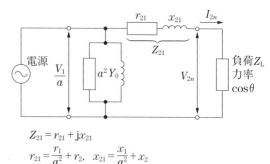

$Z_{21} = r_{21} + \mathrm{j} x_{21}$
$r_{21} = \dfrac{r_1}{a^2} + r_2, \quad x_{21} = \dfrac{x_1}{a^2} + x_2$

〈変圧器の簡易等価回路の電圧ベクトル図〉

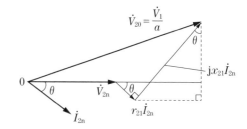

　ベクトル図から V_{20} の大きさを計算すると，下記のようになります．

$$V_{20} = \sqrt{(V_{2n} + r_{21} I_{2n} \cos \theta + x_{21} I_{2n} \sin \theta)^2 + (x_{21} I_{2n} \cos \theta - r_{21} I_{2n} \sin \theta)^2}$$

実際の変圧器において，平方根内の第2項は，第1項と比べて非常に小さいので省略すると，

$$V_{20} = \sqrt{(V_{2n} + r_{21} I_{2n} \cos \theta + x_{21} I_{2n} \sin \theta)^2} = V_{2n} + r_{21} I_{2n} \cos \theta + x_{21} I_{2n} \sin \theta$$

変形して $V_{20} - V_{2n} = r_{21} I_{2n} \cos \theta + x_{21} I_{2n} \sin \theta$

両辺を V_{2n} で割ったものが電圧変動率なので，以下のように計算されます．

$$\therefore \varepsilon = \frac{V_{20} - V_{2n}}{V_{2n}} \times 100 = \frac{r_{21} I_{2n} \cos \theta}{V_{2n}} \times 100 + \frac{x_{21} I_{2n} \sin \theta}{V_{2n}} \times 100$$

$\dfrac{r_{21} I_{2n}}{V_{2n}} \times 100 = p$, $\dfrac{x_{21} I_{2n}}{V_{2n}} \times 100 = q$ なので

$\varepsilon = p \cos \theta + q \sin \theta$ が導かれます．

電気機器

1 直流電動機

問 題

令和2年度 Ⅲ-16

類似問題
● 平成29年度 Ⅲ-17

　直流機に関する次の記述の，□□□に入る語句の組合せとして，最も適切なものはどれか。

　直流電動機は磁界を発生する　ア　とトルクを受け持つ　イ　で構成されている．直流発電機の発電原理は　ウ　を利用しており，直流電動機は　エ　と電流による　オ　を利用している．

	ア	イ	ウ	エ	オ
①	界磁	電機子	運動起電力	電束	起磁力
②	界磁	電機子	運動起電力	磁束	電磁力
③	電機子	界磁	電磁力	電束	運動起電力
④	電機子	界磁	運動起電力	磁束	電磁力
⑤	電機子	界磁	電磁力	磁束	起磁力

解説&解答

　直流機は電動機も発電機も固定子が「界磁」を受けもち，回転子が「電機子」となっています．よって，直流電動機は磁界を発生するのは「界磁」で，トルクを受けもって回転するのは「電機子」です．また，直流発電機は磁界の中を電機子巻線が回転することによる「運動起電力」を利用して発電しており，直流電動機は界磁による「磁束」と，電機子に流れる電機子電流による「電磁力」を利用して回転力を発生させています．

答え　②

詳しく解説

　右の原理図で磁束 ϕ [Wb] を発生する左右の磁石による磁界の中に置いたコイルに電流 I [A] を流すと，その磁界と電流との間に電磁力が働き，フレミングの左手の法則によって右半分のコイル（磁束と直角に交わる部分）には下向きに，左半分には上向きに力 F [N] が働き，この力によってコイルは右回転します．この磁界の磁束密度を B [T]（テスラ）と置き，磁束と直角になっている部分のコイルの長さを ℓ [m] とすると，導体に働く力（電磁力）F は，$F = BI\ell$ [N] となります．また，このコイルの幅を D [m] とすると，トルク T [N・m] は $T = F \times \dfrac{D}{2}$ [N・m] となります．

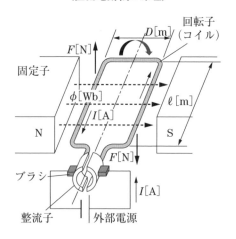

〈直流電動機の原理〉

問 題

類似問題
- 平成 28 年度 Ⅲ-16
- 平成 26 年度 Ⅲ-17
- 平成 25 年度 Ⅲ-17

平成 30 年度 Ⅲ-16

下図に示す分巻式の直流電動機において，端子電圧 V が 200 V，無負荷時の電動機入力電流 I が 10 A のとき，回転速度が 1200 min^{-1} であった。同じ端子電圧で，電動機入力電流が 110 A に対する回転速度に最も近い値はどれか。ただし，この直流電動機の界磁巻線の抵抗 R_f は 25 Ω，電機子巻線とブラシの接触抵抗の和 R_a は 0.1 Ω とし，電機子反作用による磁束の減少もなく，電機子巻線に鎖交する磁束数は一定であるとする。

① 1104 min^{-1}

② 1152 min^{-1}

③ 1200 min^{-1}

④ 1263 min^{-1}

⑤ 1140 min^{-1}

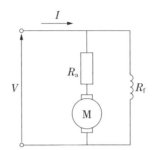

詳しく解説＆解答

右図のように端子電圧 V [V]，入力電流を I [A]，界磁に流れる界磁電流を I_f，電機子に流れる電機子電流を I_a とし，電機子誘導起電力を E_a [V] とすると，端子電圧 V および入力電流 I は次のように表せます．

$$V = E_a + R_a I_a \quad \cdots(1), \quad I = I_a + I_f \quad \cdots(2)$$

また，直流分巻電動機の回転速度 n は，電機子誘導起電力に比例するので，次の式から求められます．

$$n = \frac{E_a}{K_1 \phi} \ [\text{min}^{-1}] \quad \cdots(3)$$

ここで，K_1 は電圧定数です．

題意より，端子電圧 $V = 200$ V，界磁抵抗 $R_f = 25$ Ω なので，界磁電流 I_f [A] は $I_f = \dfrac{200}{25} = 8$ A となります．

まず，E_a を求めるために I_a を求めます．端子電圧が一定のため I_f も一定となるので，(2)式より I_a は以下となります．

$I = 10$ A のとき，$I_{a10} = I - I_f = 10 - 8 = 2$ [A]

$I = 110$ A のとき，$I_{a110} = I - I_f = 110 - 8 = 102$ [A]

$R_a = 0.1$ Ω なので，(1)式より E_a は，以下となります．

$I = 10$ A のとき，$E_{a10} = V - R_a I_{a10} = 200 - 0.1 \times 2 = 199.8$ [V]

$I = 110$ A のとき，$E_{a110} = V - R_a I_{a110} = 200 - 0.1 \times 102 = 189.8$ [V]

題意より ϕ は一定のため，(3)式を見て分かるように回転速度と誘導起電力は比例します．110 A のときの回転速度を n_x とすると，以下の比が導かれます．

$$1\,200 : n_x = 199.8 : 189.8 \quad \therefore n_x = 1\,200 \times \frac{189.8}{199.8} = 1\,139.9 \cong 1\,140 \ [\text{min}^{-1}]$$

答え ⑤

(1) 直流電動機のトルクと出力の計算

〈直流電動機トルクと出力〉

問題（令和2年度III-16）解説の「直流電動機の原理」の図ではコイルは1つですが，実際の構造では複数のコイルが配置されます．その複数のコイルを回転子表面に沿って，電機子巻線として配置したのが右上図です．電気子巻線は整流子に接続され，ブラシを介して電源電圧 V [V] の直流電圧が供給されます．回転子の左半分は電機子電流が紙面の手前に向かって流れていて，右半分は紙面の裏側向きに電流が流れ，フレミングの左手の法則の通り右回転をしている状況です．

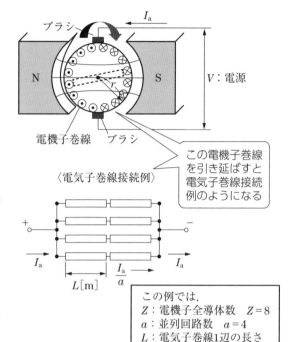

〈電気子巻線接続例〉

この電機子巻線を引き延ばすと電気子巻線接続例のようになる

この例では，
Z：電機子全導体数　$Z=8$
a：並列回路数　$a=4$
L：電気子巻線1辺の長さ

電機子の半径を r [m]，磁石と回転子の間の磁束密度を B [T]，電機子巻線（コイル）1本の長さを L [m]，並列回路数を a（右図参照），電機子電流 I_a とすると，導体1本に働く力 F_1 [N] およびトルク T_1 は次式で表されます．

$$F_1 = BL \times \frac{I_a}{a} \quad \cdots (1), \quad T_1 = F_1 r = \frac{BrLI_a}{a} \quad \cdots (2)$$

1極当たりの磁束を ϕ [Wb]，極数を p とすると，磁束密度 B [T] は，次のように表せます．

$$B = \frac{p\phi}{A} = \frac{p\phi}{2\pi rL} \quad \cdots (3)$$ ただし，A は磁束が通過する部分で，電機子巻線円筒部分の表面積です．

極数とは，電機子につくられる磁極（N極，S極）の数で，巻線の配置によっても異なり，1対で2極です．また極数は，2極，4極，6極，8極など様々です．

(2) トルクの算出

電機子の全導体数を Z 本とすれば，電機子を回転させるトルク T [N·m] は，導体1本に働くトルク T_1 の Z 倍なので，(2)式，(3)式から，

$$T = T_1 \times Z = \frac{BrLI_a}{a} \times Z = \frac{p\phi}{2\pi rL} \times \frac{rLI_a}{a} \times Z = \frac{pZ}{2\pi a} \times \phi I_a \text{ [N·m]} \quad \cdots (4)$$

となり，直流電動機のトルクは，1極当たりの磁束 ϕ [Wb] と電機子電流 I_a [A] の積に比例します．

(3) 回転速度

電機子電流 I_a は，端子電圧 V [V] と電機子巻線に発生する逆起電力（電機子起電力）E_a [V] の差を，電機子の巻線抵抗 R_a で割った式になります．$I_a = \dfrac{V - E_a}{R_a}$ [A]　　$\therefore E_a = V - R_a I_a$

電機子の回転速度を n [min⁻¹] とすると，電機子起電力 E_a は，誘導起電力の関係式 $E = B\ell v$

（「**誘導電導機**」参照）から求められます．(3)式より磁束密度 $B = \dfrac{p\phi}{2\pi rL}$，前ページ「電気子巻線接続例」の図より，1極当たりの導体長さ ℓ は $\dfrac{Z}{a}L$ [m]，磁束を切る速度 v は $2\pi r \times \dfrac{n}{60}$ のため，

$$E_a = B\ell v = \frac{p\phi}{2\pi rL} \times \frac{Z}{a}L \times 2\pi r \times \frac{n}{60} = \frac{Z}{a}p\phi\frac{n}{60} = K_1 \phi n \text{ [V]} \quad \text{ただし } K_1 = \frac{pZ}{60a}$$

よって，$E_a = V - R_a I_a = K_1 \phi n$ から $n = \dfrac{V - R_a I_a}{K_1 \phi}$ となります．一般に R_a は非常に小さいので無視することができるため，回転速度は端子電圧に比例します．

(4) 電動機の出力

直流電動機の出力 P は，電機子電圧を E_a，電機子電流を I_a とすると $P = E_a \cdot I_a$ [W] と表せます．ここで E_a に(5)式を代入し，分子・分母に 2π を掛けると P は以下のように変形できます．

$$P = E_a \cdot I_a = \frac{Z}{a}p\phi\frac{n}{60} \cdot I_a \cdot \frac{2\pi}{2\pi} = \boxed{\frac{2\pi n}{60}} \times \boxed{\frac{pZ}{2\pi a} \times \phi I_a}$$

式を見ると $\boxed{}$ の左側は角速度 ω，右側はトルク T になっており，電力機出力 P は $P = \omega T$ [W] でも表されることが分かります．

(5) 直流電動機の種類と特徴

直流電動機は，励磁方式によっていくつかの種類に分類されます．主な種類と特徴は以下の通りです．

■ 直巻直流電動機

負荷電流の増減で回転速度が大きく変動し，変速度電動機と呼ばれています．無負荷に近づくと回転速度が異常に高速になり，無負荷での運転はできません．

■ 分巻直流電動機

負荷条件に応じて柔軟に制御が可能です．直巻式と他励式の中間的な特徴をもちます．

■ 他励式直流電動機

界磁を独立して制御できるため，最適なトルク，速度も選択可能です．別電源が必要となり，高価になります．回転速度はほぼ一定となり，定速度電動機と呼ばれています．

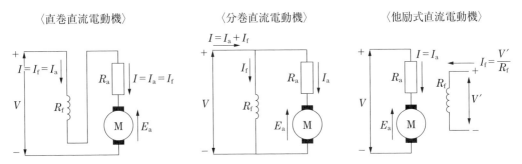

〈直巻直流電動機〉　〈分巻直流電動機〉　〈他励式直流電動機〉

M：電動機，R_f：励磁コイル抵抗，R_a：電機子抵抗，V：端子電圧，E_a：電機子起電力，I：負荷電流，
I_a：電機子電流（＝負荷電流），I_f：界磁電流

2 同期電動機

問 題

令和元年度（再）Ⅲ-16

　図に示すような3相同期モーターで駆動するベルトコンベアーにおいて，ベルトの進行速度が v [m/s] 一定である場合，モーターへ供給される電源周波数 f [Hz] として，最も適切なものはどれか。

　ただし，ベルトの厚みは無視することとし，駆動輪とベルトの間には滑りがなく，駆動輪とモーターは直結されており駆動輪の半径を r [m] とし，同期モーターの極数を p，円周率を π とする。

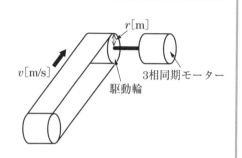

① $f = \dfrac{p}{4\pi rv}$　② $f = \dfrac{vp}{4\pi r}$　③ $f = \dfrac{2\pi r}{vp}$　④ $f = \dfrac{p}{2\pi rv}$　⑤ $f = \dfrac{vp}{2\pi r}$

🔍 詳しく解説＆解答

　同期モーター（電動機）とは，固定子から発生する回転磁界と同じ速度で回転子である磁極が回転するモーターのことで，1秒当たりの回転速度 n_s [s^{-1}] は，電源周波数を f [Hz]，モーターの磁極（N，Sの対で2極）を p とすると，次のように表されます。$n_s = \dfrac{2f}{p}$ [s^{-1}]　…(1)

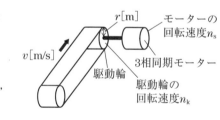

　題意より，ベルトの厚みは無視し，駆動輪とベルトの間には滑りがないということなので，ベルトの速度 v は，駆動輪の半径を r [m]，回転速度を n_k とすると，次のようになります。

　$v = 2\pi r n_k$ [m/s]　…(2)

　また，駆動輪とモーターは直結されているということなので，この回転数とモーターの回転速度は同じになります。よって，$n_k = n_s$ として(1)式を(2)式に代入します。

$$v = 2\pi r n_s = 2\pi r \times \dfrac{2f}{p} = \dfrac{4\pi rf}{p} \text{ [m/s]}$$

これを f について解いて，

$$f = \dfrac{vp}{4\pi r} \text{ [Hz]}$$

答え　②

令和 2 年度　Ⅲ-17

　リニアモーターは高速鉄道への利用が脚光を浴びており，超電導磁気浮上式鉄道ではリニア同期モーターが使用されている。この方式の車両が対地速度 500 [km/h] 一定で走行しているときの電源供給周波数 f [Hz] として，最も近い値はどれか。

　ただし，車両の重量を 20,000 [kg]，極ピッチを 1.39 [m]，線路登り勾配は 4 ％とする。

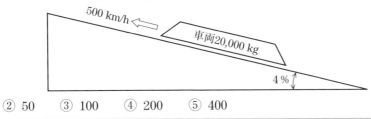

① 25　　② 50　　③ 100　　④ 200　　⑤ 400

詳しく解説＆解答

　リニア同期モーターは，同期電動機（モーター）の一種で，一次側の電機子で発生した移動磁界に同期して，二次側の界磁磁極をもつ可動子が直線上を移動するモーターです。一部のリニアモーターを搭載した車両は磁気の力で浮上し，摩擦を極限まで減少させることで，非常に高速な移動を実現します。同期とは一次側の磁界の速度と同じ速度で移動することで，電動機などは同じ速度で回転することを同期といいます。その速度は，例えば磁極数（N と S で 2 極）が p であり，電源周波数が f [Hz] だと，同期速度は $n_s = \dfrac{120f}{p}$ [min^{-1}] となり，これを秒に直すと，$n_s = \dfrac{2f}{p}$ [s^{-1}]　…(1) となります。

　電動機の一種であるリニアモーターの磁極は，片側を 1 つの極として考えられます。2 極のモーターの場合，回転速度は(1)式より周波数と等しくなります。しかし，リニアモーターは回転しないので，周波数の 1 周期に対して 1 回転分に相当する距離を移動すると考えることができます。よって極ピッチを τ（タウ）[m]，電源周波数を f [Hz] とすると，リニア同期モーターの 1 秒間の移動速度は，$v_0 = 2\tau f$ [m/s] となります。

　これを [km/h] に単位を換算すると，$v_0 = 2\tau f \times \dfrac{3\,600}{1\,000} = 7.2\tau f$ [km/h]　…(2)

　超電導浮上式鉄道は磁力の力で浮上して走行しているため，摩擦が 0 に近く平地面を運転する水平移動では車両重量は速度にほとんど影響はありません。しかし，問題文にある対地速度とは平地面に対する速度なので，4 ％の勾配を登る速度 x [km/h] は右図のようになります。よって実際の走行速度 x は以下のようになります。

〈対地速度と実際の走行速度の関係〉

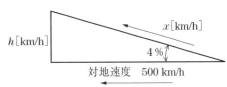

$$x \ [\text{km/h}] = 500\sqrt{1 + 0.04^2} \cong 500.4 \ [\text{km/h}]$$

この速度が(2)式の速度と同じなので，$7.2\tau f = 500.4$

題意より $\tau = 1.39$ m であり，$7.2 \times 1.39 \times f = 500.4$　$\therefore f = \dfrac{500.4}{7.2 \times 1.39} = 50$ [Hz]　　　**答え　②**

(1) 同期電動機

　同期電動機とは，同期発電機と同じ構造をしており，発電機の固定子（電機子巻線）に交流電流を流すことで回転磁界が発生し，回転子である磁極が回転磁界の影響を受けて同期速度で回転します.

　問題（令和元年度（再）Ⅲ-16）の解説で説明した通り，回転速度（同期速度）n_s $[s^{-1}]$ は，電源周波数を f $[Hz]$，モーターの磁極（N, Sの対で2極）を p とすると，次のように表されます.

$$n_s = \frac{2f}{p} \ [s^{-1}] \quad \cdots(1)$$

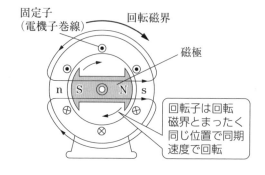

〈三相同期電動機原理（無負荷時）〉

固定子（電機子巻線）　回転磁界
磁極
回転子は回転磁界とまったく同じ位置で同期速度で回転

　右の三相同期電動機原理図にあるように，固定子に回転磁界を発生させると，無負荷時は回転磁極と同じ位置で同期速度で回転しますが，負荷時には，負荷角 δ という角度だけ遅れて同期速度で回転します．電動機のトルクが減れば δ も減り，トルクが増えれば δ も増えます.

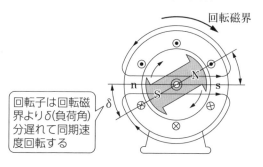

〈三相同期電動機原理（負荷時）〉

回転磁界
回転子は回転磁界よりδ(負荷角)分遅れて同期速度回転する

　「**同期発電機**」でも少し触れましたが，水力発電などでは，同じ機械を発電機としても電動機としても使います．回転子に界磁電流を流して回転界磁を発生させれば，電機子である固定子に起電力が発生します．逆に，固定子に電流を流して回転磁界を発生させれば，回転子の磁極と作用して回転子が回転します.

　しかし，電動機として回転させるには，固定子に電流を流しただけでは始動トルクは発生しないため，何らかの方法で回転子を同期速度付近まで回転させる必要があります.

　以下に同期電動機の始動方式の概要を記します.

(2) 同期電動機の始動法

■ 自己始動法

　回転子の表面に埋め込まれた制動巻線を誘導電動機の二次巻線のように使い，始動トルクを発生させます．同期速度付近に達したときに界磁巻線に直流励磁を加え，引入れトルクによって同期化する方法です．この方式には，全電圧始動と低減電圧始動があります.

■ 始動電動機法

　主機と同軸に設置した小型の始動電動機によって，主機を同期速度まで加速してから交流電源に接続して同期化させる方法です.

■ 低周波始動法

　始動用電源として可変周波数の電源を使用し，定格周波数の25～30％の周波数で同期化し，そ

の後，定格周波数まで周波数を上昇させてから主電源に同期投入する方法です．この方法には低周波自己始動法，同期始動法（始動用電源発電機），サイリスタ始動法などがあります．

(3) 超電導磁気浮上式鉄道

　超電導リニアという技術を用いた鉄道であり，現在，JR東海により超電導リニアを採用した中央新幹線の工事が進められています．リニアとは「直線状の」という意味で，磁石の力で車両を浮かせて走ることによって，500〔km/h〕という高速走行を可能にしています．

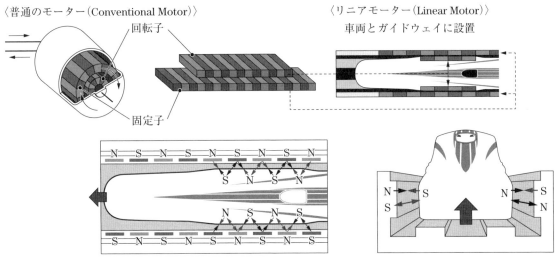

〈普通のモーター（Conventional Motor）〉
　　回転子
　　固定子

〈リニアモーター（Linear Motor）〉
車両とガイドウェイに設置

出典：東海旅客鉄道（株）

■ リニアモーター

　リニアモーターとは，回転するモーターを直線状に引き伸ばしたものです．このモーターの内側の回転子が車両に搭載される超電導磁石，外側の固定子が地上側に設置される推進コイルに相当します．

■ 推進原理

　ガイドウェイの「推進コイル」と呼ばれるコイルに電流を流し，N極とS極を電気的に切り替え，超電導磁石を搭載した車両を吸引・反発させることで車両を加速させます．減速時にも同じ原理を用いて減速・停止します．

■ 浮上原理

　ガイドウェイの側壁両側に「浮上・案内コイル」が設置されており，車両の超電導磁石が高速で通過すると浮上・案内コイルに電流が流れて電磁石になり，車両を押し上げる力と引き上げる力が発生します．

■ 超電導磁石

　超電導とは，ある金属物質が一定温度以下になると電気抵抗がゼロになる現象のことで，この状態で超電導物質に電流を流すと，電流はコイルを半永久的に流れ続け，強力な磁界を発生します．山梨リニア実験線では，超電導磁石としてニオブチタン合金を使用し，液体ヘリウムで−269℃まで冷やすことで安定した超電導状態をつくっています．

3 誘導電動機

問題

類似問題
● 平成 28 年度 Ⅲ-15

平成 29 年度 Ⅲ-15

極数は 6 で定格周波数は，50 [Hz] の三相巻線型誘導電動機がある．全負荷時のすべりは 2 [％] である．全負荷時における軸出力のトルクを，回転速度 970 [min⁻¹] で発生させるために，二次巻線回路に抵抗を挿入する．このとき，1 相当たりに挿入する抵抗に最も近い値はどれか．ただし，二次巻線の各相の抵抗値は 0.2 [Ω] とする．

① 0.1 [Ω] ② 0.2 [Ω] ③ 0.3 [Ω] ④ 0.4 [Ω] ⑤ 0.5 [Ω]

詳しく解説＆解答

誘導電動機のトルク速度特性に関する問題です．右図に三相誘導電動機のトルク-速度曲線を表します．

グラフは，二次巻線抵抗 r_2 と滑り s の比 $\dfrac{r_2}{s}$ が一定であればトルクも一定という関係がなり立つことを示しており，この現象を比例推移といいます．図では，r_2 を m 倍にするとグラフが左にシフトするため，s も m 倍になり，トルクは変わらないことを示しています．

〈三相誘導電動機 トルク-速度曲線〉

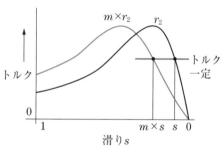

問題では，三相巻線型誘導電動機の極数が 6 極で，電源の周波数が 50 Hz であることから，この電動機の同期速度は，$n_s = \dfrac{120f}{p}$ min⁻¹ より，$n_s = \dfrac{120f}{p} = \dfrac{120 \times 50}{6} = 1\,000$ min⁻¹ です．

回転速度 $n = 970$ min⁻¹ 時の滑り s は以下の式で求められます．

$$s = \frac{\text{同期速度} - \text{回転速度}}{\text{同期速度}} = \frac{n_s - n}{n_s} = \frac{1\,000 - 970}{1\,000} = 0.03$$

全負荷時（滑りを s_n とし，$s_n = 2\,\% = 0.02$）の軸出力トルクを T_n とし，回転速度 970 min⁻¹ 時（滑りを s_1 とし，$s_1 = 0.03$）の軸出力トルクを T_1 とすると，T_n と T_1 が等しければ，二次巻線抵抗 $r_2 (= 0.2\,\Omega)$ に抵抗 R を加えた場合の $(r_2 + R)$ のときの滑り s_1 も比例推移がなり立ち，$\dfrac{r_2}{s_n} = \dfrac{r_2 + R}{s_1}$ となります．これを R について解くと，解が導かれます．

$$R = \frac{s_1}{s_n} r_2 - r_2 = \left(\frac{s_1}{s_n} - 1 \right) r_2 = \left(\frac{0.03}{0.02} - 1 \right) \times 0.2 = 0.1 \ [\Omega]$$

答え ①

平成25年度 Ⅲ-16

定格電圧200 V，定格出力4 kWの三相誘導電動機がある。この電動機が力率80 %で定格出力運転しているときの電流の大きさに最も近い値はどれか。ただし，効率は85 %とする。

① 17 A   ② 25 A   ③ 32 A   ④ 40 A   ⑤ 47 A

詳しく解説&解答

三相誘導電動機の定格電圧をV_n［V］，定格電流をI_n［A］，定格力率を$\cos\theta$，効率をηすると，その定格出力P_n［W］は下記の式で表されます．

$$P_n = \sqrt{3} \times V_n \times I_n \times \cos\theta \times \eta \ \text{［W］} \quad \cdots (1)$$

この電動機の電圧が200［V］，力率80 %，効率85 %で，出力4［kW］＝4 000［W］で定格運転しているので，(1)式に代入すると，

$$P_n = \sqrt{3} \times 200 \times I_n \times 0.8 \times 0.85 = 4\,000 \ \text{［W］}$$

上式を電流I_nについて解くと，

$$I_n = \frac{4\,000}{\sqrt{3} \times 200 \times 0.8 \times 0.85} \cong 17.00 \ \text{［A］}$$

答え ①

電動機の効率

電動機の効率は入力に対する出力の比で表され，出力＝入力－損失の関係があるので．

$$効率 = \frac{出力}{入力} \times 100 = \frac{入力 - 損失}{入力} \times 100 \ \% となります．$$

電動機には，様々な損失がありますが，代表的な損失を下記に整理しました．

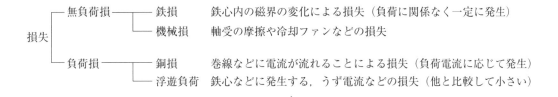

損失
- 無負荷損 ── 鉄損　　鉄心内の磁界の変化による損失（負荷に関係なく一定に発生）
　　　　　 └─ 機械損　軸受の摩擦や冷却ファンなどの損失
- 負荷損 ── 銅損　　巻線などに電流が流れることによる損失（負荷電流に応じて発生）
　　　　 └─ 浮遊負荷　鉄心などに発生する，うず電流などの損失（他と比較して小さい）

電動機の効率計算では，鉄損（無負荷損）と銅損（負荷損）が他の損失よりもはるかに大きいため，ほとんどの場合，鉄損と銅損だけで計算されます．

問題を解くために必要な基礎知識

(1) 三相誘導電動機の簡易等価回路

　三相誘導電動機の一相分の回路を右図に示します. 電源電圧（相電圧）を E_1 [V], 一相当たりの一次巻線抵抗を r_1 [Ω], 一次漏れリアクタンスを x_1 [Ω], 二次巻線抵抗を r_2, 滑りを s とします. また, 電動機が停止している場合の二次漏れリアクタンスを x_2, 二次誘導起電力を E_2 とします.

〈三相誘導電動機一相分の回路〉

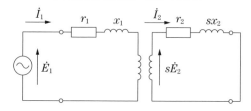

　誘導電動機は滑りがないと, 回転導体が回転磁界の磁束を切ることができません. 電動機の二次回路は回転磁界と同方向に滑り s で回転しています. 滑りは,

$$s = \frac{\text{同期速度} - \text{回転速度}}{\text{同期速度}} = \frac{n_s - n}{n_s}$$

で表され, 変形して $n_s - n = s n_s$ となり, 回転磁界と回転子の回転相対速度は $s n_s$ となります.

〈磁界中の導体に発生する起電力〉

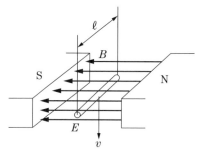

　よって, 滑りによって巻線を切る速度が変わり, 相対的な周波数 f_1 は停止時から変化し, 周波数は $f_2 = s f_1$ [Hz] となります.

　二次起電力 E_2 は, 磁束密度 B [T]（テスラ）の磁界中で, 長さ ℓ [m] の導体が速度 v [m/s] で動く場合に発生します. そのとき導体に発生する起電力の大きさは E は, $E = B \ell v$ [V] となります. よって, 二次誘導起電力は滑りに比例し, 停止時の s 倍 $E_2' = s E_2$ [V] となります.

〈三相誘導電動機一相分の簡易等価回路〉

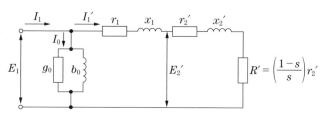

　二次抵抗 r_2 や二次漏れリアクタンス x_2 を一次換算した r_2', x_2' に置き換えると, 上図の三相誘導電動機一相分の簡易等価回路図のように表せます.

(2) 三相誘導電動機の諸量（三相分）

　誘導電動機において, 二次側の電力 P_2 は出力 P_0 と二次側の損失に分かれます. 二次側の損失は $s P_2$ で近似されるため P_0 と P_2 には $P_0 = (1 - s) P_2$ の関係が成り立ちます.

　なお, その他諸量（三相分）の具体的な値は, 以下の通りです.

・一次負荷電流

$$I_1' = \frac{E_1}{\sqrt{\left\{ r_1 + r_2' + \left(\frac{1-s}{s} \right) r_2' \right\}^2 + (x_1 + x_2')^2}} = \frac{E_1}{\sqrt{\left(r_1 + \frac{r_2'}{s} \right)^2 + (x_1 + x_2')^2}} \ [\text{A}]$$

　「変圧器」で説明した通り, $r_2' = a^2 r_a$, $x_2' = a^2 x_2$ であり, それぞれ電動機の二次抵抗, 二次リア

クタンスの一次換算値です. g_0 は励磁コンダクタンス, b_0 は励磁サセプタンスです.

・励磁電流　$I_0 = E_1\sqrt{g_0{}^2 + b_0{}^2}$ [A]

・鉄損　$P_i = 3E_1{}^2 g_0$ [W]

・一次銅損　$P_{c1} = 3I_1'^2 r_1$ [W]

・二次銅損　$P_{c2} = 3I_1'^2 r_2'$ [W]

・一次入力　$P_1 = P_i + P_{c1} + P_{c2} + P_0$ [W]

・二次入力　$P_2 = P_{c2} + P_0 = 3I_1'^2 \dfrac{r_2'}{s}$

・出力　$P_0 = 3I_1'^2 R' = 3I_1'^2 \dfrac{1-s}{s} r_2'$

・効率　　電動機の効率　$\eta = \dfrac{P_0}{P_1}$　　二次効率　$\eta_0 = \dfrac{P_0}{P_2} = \dfrac{(1-s)P_2}{P_2} = 1-s$

(3) 三相誘導電動機のトルク

電動機のトルクを T [N・m], 角速度を ω [rad/s], 回転速度を n [min^{-1}] とすれば, 出力 P_0 [W] は次の式で表すことができます.

$$P_0 = \omega T = 2\pi \frac{n}{60} \times T \ [\text{W}] \quad \cdots(1) \quad ただし, \ \omega = 2\pi \frac{n}{60} \ [\text{rad/s}]$$

(1)式を変形して,

$$T = \frac{60}{2\pi} \times \frac{P_0}{n} \ [\text{N・m}] \quad \cdots(2)$$

(1)式に $P_0 = (1-s)P_2$, および $n = n_s(1-s)$ を代入すると,

$$P_0 = \omega T = 2\pi \frac{n}{60} \times T \qquad (1-s)P_2 = 2\pi \frac{n_s(1-s)}{60} \times T$$

$$\therefore P_2 = 2\pi \frac{n_s}{60} T \quad \cdots(3) \quad トルク \ T \ で, 同期速度で回転しているときの出力電力：同期ワット$$

(3)式より, $T = \dfrac{60}{2\pi n_s} P_2 = \dfrac{P_2}{\omega_s}$

ただし, $\omega_s = 2\pi \times \dfrac{n_s}{60}$ で, これは同期速度の角周波数を表します.

この式に, 二次入力 $P_2 = 3I_1'^2 \dfrac{r_2'}{s}$, および一次負荷電流 $I_1' = \dfrac{E_1}{\sqrt{\left(r_1 + \dfrac{r_2'}{s}\right)^2 + (x_1 + x_2')^2}}$ を入力すると,

$$T = \frac{P_2}{\omega_s} = \frac{1}{\omega_s} \times 3I_1'^2 \frac{r_2'}{s} = \frac{3}{\omega_s} \times \left\{ \frac{E_1}{\sqrt{\left(r_1 + \dfrac{r_2'}{s}\right)^2 + (x_1+x_2')^2}} \right\}^2 \times \frac{r_2'}{s} = \frac{3}{\omega_s} \frac{E_1{}^2 \times \dfrac{r_2'}{s}}{\left(r_1 + \dfrac{r_2'}{s}\right)^2 + (x_1+x_2')^2} \ [\text{N・m}]$$

上式から分かる通り, 抵抗や漏れリアクタンスが一定で, 滑りも一定であれば, トルクは一次電圧 E_1 の2乗に比例します.

電子回路

1 半導体

類似問題
● 令和 2 年度　Ⅲ-33
● 平成 26 年度　Ⅲ-34

問題

令和元年度　Ⅲ-33

　半導体に関する次の記述の，[　　　]に入る語句の組合せとして，最も適切なものはどれか。

　電子と正孔それぞれの単位体積当たりの数が等しい半導体を[　ア　]と呼ぶ。この半導体に各種不純物を混入させることで電子と正孔の単位体積当たりの数を大幅に変化させることができる。

　[　イ　]と呼ばれる電子の供給源となる不純物を混入させると単位体積当たりの電子の数が増大し，[　ウ　]と呼ばれる正孔の供給源となる不純物を混入させると単位体積当たりの正孔の数が増大する。前者を[　エ　]と呼び，後者を[　オ　]と呼ぶ。

	ア	イ	ウ	エ	オ
①	真性半導体	ドナー	アクセプタ	n 形半導体	p 形半導体
②	不純物半導体	ドナー	アクセプタ	p 形半導体	n 形半導体
③	不純物半導体	アクセプタ	ドナー	p 形半導体	n 形半導体
④	真性半導体	アクセプタ	ドナー	n 形半導体	p 形半導体
⑤	真性半導体	アクセプタ	ドナー	p 形半導体	n 形半導体

解答 & 解説

　真性半導体にドナーを注入すると，n 形半導体になり，アクセプタを注入すると，p 形半導体になります。

答え　①

詳しく解説

　真性半導体は不純物を含まない半導体で，シリコン，ゲルマニウム，ガリウムヒ素などの単結晶を指し，この状態では，電子と正孔は単位体積当たり同数存在しています。真性半導体に不純物を添加（ドーピング）すると，不純物半導体になります。シリコン，ゲルマニウムにリンやヒ素（ドナー）を添加すると，キャリアが電子である n 形半導体になります。また，ホウ素，アルミニウム，ガリウムなど（アクセプタ）を添加することにより，キャリアが正孔である p 形半導体になります。

令和元年度（再）Ⅲ-33

類似問題
● 平成 26 年度 Ⅲ-34

半導体に関する次の記述の，□□□□□に入る語句の組合せとして，最も適切なものはどれか。

p 形半導体と n 形半導体とを接合すると，n 形半導体中の □ ア □ は p 形半導体内へ拡散し，p 形半導体中の □ イ □ は n 形半導体内へ拡散する。この結果，n 形半導体の接合面近傍は □ ウ □ に帯電し，p 形半導体の接合面近傍は □ エ □ に帯電する。これによって，接合面には n 形半導体から p 形半導体へ向かう電界が生じ，これ以上の拡散が抑制される。このとき，接合部には □ オ □ が生じる。

	ア	イ	ウ	エ	オ
①	正孔	自由電子	正	負	逆電圧
②	自由電子	正孔	正	負	拡散電位
③	正孔	自由電子	負	正	拡散電位
④	自由電子	正孔	負	正	逆電圧
⑤	正孔	自由電子	正	負	拡散電位

解答&解説

n 形半導体中の「自由電子」は p 形半導体内へ拡散し，p 形半導体中の「正孔」は n 形半導体内へ拡散します。この結果，n 形半導体の接合面近傍は「正」に帯電し，p 形半導体の接合面近傍は「負」に帯電します。これにより，接合面には n 形半導体から p 形半導体へ向かう電界が生じ，これ以上の拡散が抑制されます。このとき接合部には「拡散電位」が生じます。　**答え　②**

詳しく解説

PN 接合について

〈p形半導体とn形半導体の接合前の状態〉

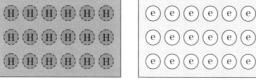

Ⓗ 正孔
ⓔ 電子

真性半導体にホウ素をドーピングした n 形半導体（左），リンをドーピングした n 形半導体（右）

〈接合した状態〉

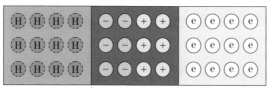

空乏層

p 形半導体（左）と n 形半導体（右）を接触（PN 接合）させると，中央の界面付近に空乏層ができ，p 形半導体の近傍は－に帯電し，n 形半導体近傍は＋に帯電します。空乏層では電子と正孔が結合し，キャリアが存在しないため高抵抗であり，電流が流れません。

(1) 半導体の種類

　下図の(a)は，不純物を含まないシリコンの真性半導体で，4つの価電子による共有結合によって結晶が形成されています．この結合は安定しているため，電流（電子）を流すにはエネルギーを加える必要があります．

　(b)は，不純物として5価の原子をもつリンをドーピング（イオン化して加速，真性半導体であるシリコンに打ち込む）したn形半導体です．この不純物をドナーと呼びます．ドナーを加えたことで，共有結合に使われない余分な電子が現れます．

　(c)は，不純物として3価の原子をもつホウ素をドーピングしたp形半導体です．この不純物をアクセプタと呼びます．アクセプタを加えたことにより，共有結合※の電子が1個不足してくるため，正孔（電子が抜けた穴）が現れます．この電子，正孔の働きにより，n形，p形半導体は真性半導体より，電流が流れやすくなります．

　※ 共有結合：近くにある原子同士で各軌道上にある電子を共有する結合のこと

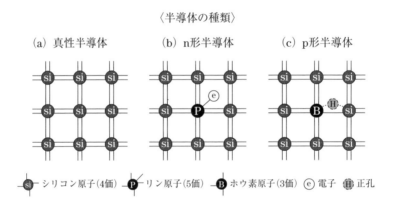

〈半導体の種類〉

(a) 真性半導体　　　(b) n形半導体　　　(c) p形半導体

Si シリコン原子(4価)　P リン原子(5価)　B ホウ素原子(3価)　e 電子　H 正孔

(2) 空乏層と拡散電位

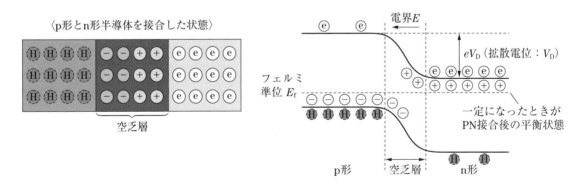

〈p形とn形半導体を接合した状態〉

空乏層

電界 E

eV_D（拡散電位：V_D）

フェルミ準位 E_f

一定になったときがPN接合後の平衡状態

p形　　空乏層　　n形

　PN接合したのみの状態では接合面近傍で電子と正孔が結合するため，キャリアが少ない領域ができます．この部分を空乏層と呼び，高抵抗となります．拡散電位はp形とn形半導体のエネルギー準位の差で，半導体の材料，ドナー，アクセプタの種類により異なります．シリコンの場

合は，0.6 V 程度となります．

(3) ダイオードを例とした PN 接合の各状態

　p 形から n 形に向かって電圧を掛けると，左下図のように中央部分の空乏層が狭くなり，エネルギー準位は $e(V_D - V)$ と減少します．その結果，キャリアの拡散が起こり，電流が流れます．

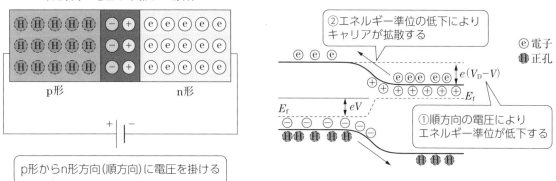

〈順方向に電圧を印加した場合〉

p形からn形方向(順方向)に電圧を掛ける

②エネルギー準位の低下により
キャリアが拡散する

ⓔ 電子
Ⓗ 正孔

$e(V_D - V)$

①順方向の電圧により
エネルギー準位が低下する

E_f

eV

　n 形から p 形に向かって電圧を掛けると，左下図のように空乏層が広くなり，エネルギー準位は $e(V_D + V)$ と増加します．その結果，キャリアの拡散は起こりにくくなり，電流はほとんど流れません．

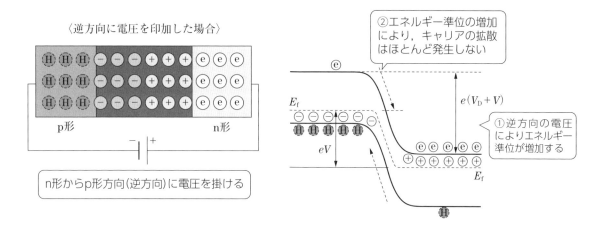

〈逆方向に電圧を印加した場合〉

n形からp形方向(逆方向)に電圧を掛ける

②エネルギー準位の増加
により，キャリアの拡散
はほとんど発生しない

$e(V_D + V)$

①逆方向の電圧
によりエネルギー
準位が増加する

E_f

eV

E_f

2 MOS FET (1)

問題

類似問題
● 平成30年度 Ⅲ-34
● 平成24年度 Ⅲ-32

令和元年度（再）Ⅲ-34

　MOS（Metal Oxide Semiconductor）トランジスタに関する次の記述の，　　　　　に入る語句の組合せとして，最も適切なものはどれか。

　MOSトランジスタには，nチャネル形とpチャネル形があり，pチャネル形MOSトランジスタは　ア　半導体基板上にソースとドレーンが　イ　半導体で作られ，反転層が　ウ　によって形成される。p形半導体とn形半導体を入れ替えればnチャネル形MOSトランジスタを作ることができる。

　また，MOSトランジスタはしきい値電圧の正負によっても分類することができる。ゲート・ソース間電圧が零のときに反転層が形成されないものを　エ　，ゲート・ソース間電圧が零のときに反転層が形成されるものを　オ　と呼んでいる。

	ア	イ	ウ	エ	オ
①	n形	p形	正孔	エンハンスメント形	デプレション形
②	n形	p形	自由電子	エンハンスメント形	デプレション形
③	n形	p形	正孔	デプレション形	エンハンスメント形
④	p形	n形	自由電子	デプレション形	エンハンスメント形
⑤	p形	n形	正孔	デプレション形	エンハンスメント形

解答＆解説

　MOS FETは，チャネルの形（p形，n形）と，しきい値電圧（正・負）によって大きく4つに分類されます。

答え　①

詳しく解説

　pチャネル形MOSトランジスタは，n形半導体基板上にソースとドレインがp形半導体でつくられ，反転層が正孔によって形成されます。

　逆にnチャネル形MOSトランジスタは，p形半導体基板上にソースとドレインがn形半導体でつくられ，反転層は自由電子によって形成されます。

　ゲート・ソース間電圧を掛けないときには反転層が形成されないものをエンハンスメント形，ゲート・ソース間電圧が0のときにも反転層が形成されているものをデプレション形と呼びます。デプレション形はゲート電圧が0のときも反転層が形成されているためON状態であり，OFFにするにはマイナスの電圧を印加する必要があります。

平成 29 年度　Ⅲ-18

類似問題
● 令和 3 年度　Ⅲ-33

パワーMOSFET（Metal Oxide Semiconductor Field Effect Transistor，MOS 形電界効果トランジスタ）に関する次の記述のうち，最も不適切なものはどれか。

① 電流を制御するゲート電極部が，金属（Metal）-酸化物（Oxide）-半導体（Semiconductor）になっている。

② パワートランジスタと比較して，少数キャリヤの蓄積効果がないため，高速スイッチングが可能である。

③ 多数キャリヤの移動度の負温度特性が電流集中を抑制するので，パワートランジスタと比較して，二次降伏が起こりやすい。

④ 電圧駆動デバイスであるため，パワートランジスタと比較して，駆動電力が小さい。

⑤ 動作に関与するキャリヤが 1 種類のユニポーラデバイスである。

解答 & 解説

③が不適切．MOS FET は多数キャリアのみで動作し，ON 抵抗の温度係数は正であるため電流集中を抑制します．そのため，バイポーラパワートランジスタと比較して二次降伏が<u>起こりにくく</u>なります．

温度係数が正：温度が上昇すると抵抗値も上昇すること．結果として電流が減少します．

答え　③

 詳しく解説

① 本問は MOS FET の構造についての問いで，ゲート電極部は金属，酸化絶縁膜，半導体が重なった構造となっています．

② MOS FET はキャリアの蓄積がないため，蓄積時間による遅延が生じません．このため高速スイッチング動作が可能です．バイポーラパワートランジスタは，キャリア蓄積効果のため遅延が生じて高速動作には向いていません．

④ ゲートに電圧を印加することにより，スイッチング動作させることができます．
MOS FET は電圧駆動型デバイスで，ゲートに印加した電圧 V_{gs} によりドレイン・ソース間の電流 I_{ds} を制御できます．

⑤ MOS FET のキャリアは，n チャネル形は電子，p チャネル形は正孔で，それぞれ片方のみ使われるため，ユニポーラトランジスタと呼ばれます．通常のトランジスタ（NPN 形，PNP 形）はキャリアに正孔と電子の両方が使われるため，バイポーラトランジスタと呼ばれます．

MOS FET（Metal–Oxide–Semiconductor Field–Effect Transistor）は，金属—酸化物—半導体電界効果トランジスタと呼ばれ，ゲート（Gate），ソース（Source），ドレイン（Drain）の3つのターミナルをもつ半導体デバイスです．ゲート電極の下にある半導体と絶縁体との間に電圧を印加することにより，反転層（チャネル）が形成されます．ゲート電圧を変えることにより，その層の厚さが変わるため，結果としてソースからドレインへの電流の大きさを制御することができます．

(1) チャネル別の反転層

pチャネル形は正孔Ⓗ，nチャネル形は反転層が電子ⓔで形成され，これにより電流が流れます．

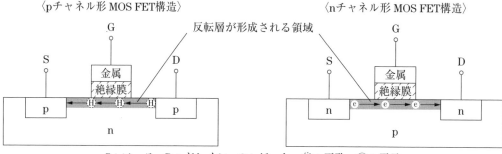

〈pチャネル形 MOS FET構造〉　　　　　　　　〈nチャネル形 MOS FET構造〉

S：ソース，D：ドレイン，G：ゲート，Ⓗ：正孔，ⓔ：電子

(2) デプレション形，エンハンスメント形

ゲート-ソース間電圧を掛けたときに反転層が形成されるものをエンハンスメント形と呼び，電圧を掛けなくても反転層が形成され，電流が流れるものをデプレション形と呼びます．デプレション形を OFF にするには，ゲート-ソース間に負の電圧を掛ける必要があります．

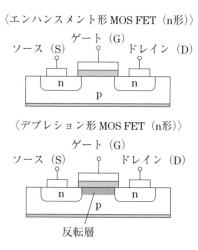

〈エンハンスメント形 MOS FET（n形）〉

〈デプレション形 MOS FET（n形）〉

反転層

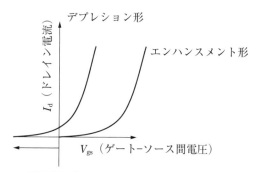

〈I_d（ドレイン電流）-V_{gs}（ゲート-ソース間電圧）特性〉

デプレション形はゲートに負の電圧を掛けてOFFにする

〈キャリア蓄積効果〉

pn接合のダイオードに電圧が順方向に印加された場合は，n形半導体の領域にp形半導体から正孔が入ります．また，p形の領域にはn形から電子が入ってくることにより，ON状態となります．印加される電圧を順方向から逆方向に切り替えた際，正孔はn領域からp領域に引き戻されます．この過程で逆方向の電流が一定時間流れ続け，OFF になるまでに時間を要します．

〈ONからOFFへの遷移時のダイオードの正孔，電子の状態〉

左の図のような回路において，スイッチをAからBに切り替えて印加電圧の向き逆にするとと，キャリアである正孔がn形からp形へ移動する過程で，右の図のように一時的に逆方向の電流が流れる現象が観察されます．

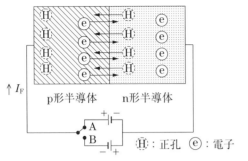

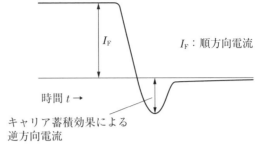

I_F：順方向電流

時間 $t \rightarrow$

キャリア蓄積効果による
逆方向電流

Ⓗ：正孔　ⓔ：電子

キャリア蓄積効果は，バイポーラトランジスタのスイッチング速度（ON/OFF の切り替わる速さ）に大きく影響します．通常，トランジスタのスイッチング動作は，ベース電流を流して ON

抵抗を最小にする飽和領域で行われます．しかし，この動作中にキャリアが蓄積され，その結果，スイッチが OFFに切り替わる際（ターンオフ時）にキャリアが元に戻るための時間を要し，遅延が生じます．これを避けるために，ターンオフ時にはベース電流を逆方向に流し，蓄積されたキャリアを排出して遅延時間を短縮します．

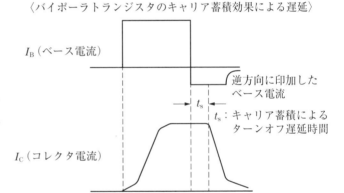

〈バイポーラトランジスタのキャリア蓄積効果による遅延〉

I_B（ベース電流）

逆方向に印加した
ベース電流

t_s

t_s：キャリア蓄積による
ターンオフ遅延時間

I_C（コレクタ電流）

(3) バイポーラトランジスタの二次降伏

バイポーラトランジスタのコレクタ-エミッタ間の電圧を増加させていくと，ある電圧から電流が飽和状態に達し，さらに電圧を増加させると急激に電流が増加する点が現れます．この電圧を一次降伏電圧と呼びます．この現象は，電流の増加による温度上昇と，コレクタ-エミッタ間の負の温度特性が影響しています．電流増加による温度上昇によって素子の抵抗が低下し，この抵抗の低下が引き起こす電流と発熱の増加が継続すると熱暴走が発生し，最終的にトランジスタは破壊に至ります．MOS FET では相当するドレイン-ソース間電流の温度特性は正であるため，熱暴走には至りません．

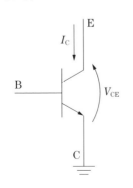

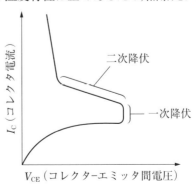

二次降伏

一次降伏

I_C（コレクタ電流）

V_CE（コレクターエミッタ間電圧）

3 MOS FET (2)

問 題

令和 2 年度 Ⅲ-25

　CMOS（相補型 Metal Oxide Semiconductor）論理回路は，多数の MOS トランジスタを多層金属配線を用いて集積化することにより構成されている。CMOS 論理回路を高速化する方法として，最も不適切なものはどれか。

① MOS トランジスタのゲート長を短くする。

② MOS トランジスタのゲート絶縁膜容量を大きくする。

③ 多層金属配線の抵抗率を低くする。

④ 多層金属配線間の層間絶縁膜容量を大きくする。

⑤ CMOS 論理回路の電源電圧を高くする。

解答&解説

　④が不適切．層間絶縁膜容量を大きくすると，配線の静電容量が大きくなり，時定数 CR の C 部分が増加し，遅延が増大します．層間絶縁膜は多層金属配線の層間を絶縁する材料で，これに低誘電率（Low-k）のものを使うことで配線の静電容量を低下させ，高速化を図ります．

答え　④

 詳しく解説

① ゲート長はプロセスルール（微細化の度合い）を表し，ゲート長を短くすることは微細化を進めることで，スケーリング則により高速化が実現できます．ただし，微細化が進むにつれ，短チャネル効果の影響で，しきい値の低下，リーク電流の増加などの弊害が出てくるため，材料や構造を変更する必要が出てきます．

② 微細化した際の短チャネル効果の対策として，ゲート絶縁膜の静電容量を大きくする対策がとられます．これには誘電率の高い材料を使用します．

③ 配線の抵抗率を低くすることにより，配線の静電容量との時定数 CR の R 部分を下げることができ，配線による遅延が低下します．抵抗率が低い銅が配線に使われます．

⑤ 電源電圧を上げることにより，ゲートの出力電流が増加するため，配線容量による遅延の影響が減り高速化できます．ただし，消費電力も増大してしまいます．

令和元年度 Ⅲ-25

　CMOS 論理回路の消費電力を小さくする方法として，最も不適切なものはどれか．

① 電源電圧を小さくする．
② 負荷容量を大きくする．
③ クロック周波数を小さくする．
④ 信号遷移 1 回当たりの貫通電流を小さくする．
⑤ リーク電流を小さくする．

解答&解説

　②が不適切．負荷容量は，論理回路を構成する配線やゲートの静電容量などです．これを大きくすると充放電のための電流が増加し，それにより消費電力が増えます．

答え　②

詳しく解説

① 電源電圧を下げることにより電流も減り，消費電力は少なくなります．ただし，容量負荷への駆動能力も小さくなるため動作速度も低下します．

③ クロックは，ロジック回路の処理をする際のタイミングをとるための信号です．CMOS 論理回路はクロックの立ち上がり・立ち下がりの瞬間に負荷への充放電が起こり，電源から電流が流れます．クロック周波数を小さくすることにより，High/Low が変化する時間当たりの回数が減り，消費電力が低下します．ただし，処理能力も低下します．

④ 貫通電流は，High → Low，Low → High への遷移の瞬間に CMOS の P チャネル，N チャネル両方のトランジスタが同時に ON したタイミングで流れるものです．このとき，電源から GND に電流が流れます．これを減らすことにより消費電力を低減できます．

⑤ リーク電流は，論理回路の動作にかかわらず定常的に電源-GND 間に流れる電流で，これを低減することにより消費電力を低減できます．

〈CMOS 回路（インバータ）の貫通電流とリーク電流〉

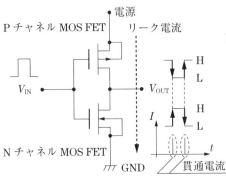

貫 通 電 流：出力が H → L，L → H に反転するとき，上下のトランジスタの ON ⇔ OFF の遷移が重なる瞬間があり，そのときに電源-GND 間にパルス状に流れる電流

リーク電流：ゲートの電位がトランジスタのしきい値以下の，OFF 状態においても定常的に流れる電流

(1) スケーリング則

　スケーリング則は，半導体デバイスの特性や性能が物理的な寸法によって決まるという法則です．デバイスの寸法を小さくすることで回路の密度が上がり，配線長が短くなり，静電容量による時定数が低下します．これにより，デバイスの高速化と低消費電力化が実現できます．

　しかし，このスケーリング則は微細化が進むと，電子のトンネル効果によるリーク電流の増大等の微細化のデメリットが顕在化し，期待した効果を得ることが困難になります．この対策として，トランジスタを構成する材料や形状を変更します．

(2) 短チャネル効果

　半導体デバイスは，ある寸法以下に微細化が進むことで，トランジスタの特性の劣化が起きます．これが短チャネル効果で，これによりトランジスタがONするしきい値（V_{th}）が下がることにより，ノイズなどの影響を受けやすくなります．また，OFF状態でも定常的に流れる電流（リーク電流）が増大します．これを抑制する手段として，ゲート電極下の酸化絶縁膜の静電容量を大きくする手段がとられます．静電容量は$C = \varepsilon S/d$（εは誘電率，Sは面積，dは電極間の距離）なので，酸化絶縁膜を薄くすること（dを小さくする）で静電容量を大きくすることができます．しかし，極端にdを小さくすると，トンネル効果によるリーク電流が増大してしまうため，酸化絶縁膜に誘電率εの高い材料（ハフニウムなど）を使う対応もとられます．

〈MOSトランジスタの構造〉

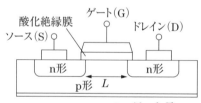

L：ゲート長

(3) 層間絶縁膜

　大規模集積回路（LSI：Large Scale Integration）の製造では，ウェハーと呼ばれる基板上に多層の配線層が形成されます．これらの配線層は電源線や信号線など，回路の機能を担う様々な電線を含んでいます．各配線層の間には「層間絶縁膜」と呼ばれる特殊な材料が充填されており，これが配線層間の電気的な干渉を防止し，一方で，配線層間の物理的な強度を保つ役割を果たします．

　層間絶縁膜の選択には材料の誘電率が重要な要素となります．誘電率が小さい材料を用いることで，信号伝達の際の時定数（Cは静電容量，Rは抵抗）のCが小さくなるため，電子信号の伝達遅延が少なくなります．これによりデバイス全体が高速化されます．誘電率の小さい層間絶縁膜を用いることは層間絶縁膜容量を低減し，結果的にLSIの高速性を向上させる要素となります．

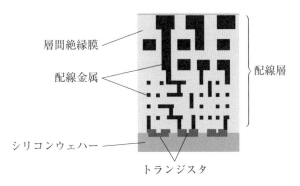

〈LSI（断面）の層間絶縁膜のイメージ〉

層間絶縁膜
配線金属
配線層
シリコンウェハー
トランジスタ

〈配線の抵抗率および絶縁材料の誘電率〉

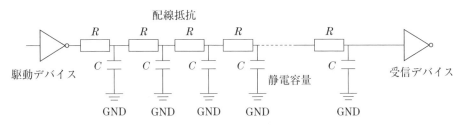

配線抵抗
R R R R R
C C C C C
駆動デバイス　　静電容量　　受信デバイス
GND GND GND GND GND

　LSI の配線層は分布 RC 回路で表現されます．この分布 RC 回路における遅延量は，配線の抵抗と静電容量により決まります．よって配線の抵抗を低減するため，抵抗率が低い銅が配線材料に使用されます．銅の抵抗率は通常使われるアルミより低いため，信号の遅延時間（RC 遅延）を短縮します．

　一方で，配線の静電容量は配線の物理的形状（長さ，幅，厚み）や，その材質の誘電率，そして，配線間の距離（層間絶縁膜の厚み）により決定されます．配線を短くすることにより，静電容量は低下します．

(4) クロック周波数を下げることによる低消費電力化

〈クロック周波数〉

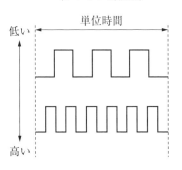

単位時間
低い
高い

　クロック周波数とは，スマートフォンやパソコンに搭載されている CPU が命令を処理する速度を示すパラメータで，単位時間当たりに実行されるサイクル数を表します．CPU のパフォーマンスは，このクロック周波数に大きく依存しています．

　昨今の CPU は，処理負荷に応じてクロック周波数を動的に変化させる能力をもっています．これは，デバイスの性能と消費電力を最適化するための重要な機能になります．処理負荷が軽いとき，すなわちデバイスが休眠状態や軽い作業をしているときには，CPU はクロック周波数を下げ，結果として消費電力が低減します．逆に，処理負荷が重い場合，例えば大規模なデータ処理や高解像度の映像処理が必要な場合などは，CPU はクロック周波数を上げます．これにより迅速な処理速度が可能になり，一時的に高いパフォーマンスが要求される状況に対応します．

4 MOS FET（3）

問題

令和 3 年度 Ⅲ-22

類似問題
● 令和 2 年度 Ⅲ-23

　下図に残留抵抗 R_S を考慮した MOS（Metal Oxide Semiconductor）トランジスタの簡易化した等価回路を示す。端子 ab 間に電圧 v_GS を印加した場合，$g_m v_\mathrm{i} = g_\mathrm{me} v_\mathrm{GS}$ で定義される実効的な相互コンダクタンス g_me を表す式として，適切なものはどれか。

　ただし，g_m は相互コンダクタンスとし，回路における図記号 ⊖ の部分は理想電流源で，その電源電流が電圧 v_i に比例する $g_m v_\mathrm{i}$ であるとする。

① $\dfrac{1}{1 + g_m R_\mathrm{S}}$

② $\dfrac{1 + g_m}{1 + g_m R_\mathrm{S}}$

③ $\dfrac{g_m}{1 + g_m R_\mathrm{S}}$

④ $\dfrac{g_m R_\mathrm{S}}{1 + g_m R_\mathrm{S}}$

⑤ $\dfrac{1 + R_\mathrm{S}}{1 + g_m R_\mathrm{S}}$

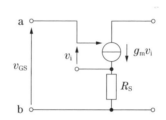

詳しく解説＆解答

　MOS FET の g_m（相互コンダクタンス）は，I_ds（ドレイン-ソース間電流）$/V_\mathrm{GS}$（ソース-ゲート間電圧）で表します．本問は，ソース側の残留抵抗 R_S を流れるドレイン電流の影響を含めた実効的な g_me を求める問題です．コンダクタンスは抵抗の逆数を意味し，電流を電圧で割ったもので，V_GS と I_ds との関連を示すものであるため，相互コンダクタンスと呼ばれます．等価回路において理想電流源は，MOS FET の動作特性を現す要素として使用されます．

〈等価回路で表す範囲〉

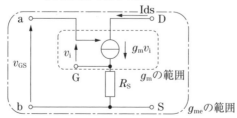

R_S に流れる電流は $g_\mathrm{m} v_\mathrm{i}$ となるので，R_S の両端の電圧は $R_\mathrm{S} \cdot g_\mathrm{m} v_\mathrm{i}$ となり，以下の式が導かれます．

$$v_\mathrm{GS} = v_\mathrm{i} + R_\mathrm{S} \cdot g_\mathrm{m} v_\mathrm{i}$$

この式を変形していきます．

$$v_\mathrm{GS} = v_\mathrm{i} \cdot (1 + g_\mathrm{m} R_\mathrm{S})$$

$$\frac{v_\mathrm{i}}{v_\mathrm{GS}} = \frac{1}{1 + g_\mathrm{m} R_\mathrm{S}} \cdots (1)$$

設問中で $g_\mathrm{m} \cdot v_\mathrm{i} = g_\mathrm{me} \cdot v_\mathrm{GS}$ と定義されているため，$g_\mathrm{me} = g_\mathrm{m} \cdot \dfrac{v_\mathrm{i}}{v_\mathrm{GS}}$ と変形し，(1)式を代入することにより，

$$g_\mathrm{me} = \frac{g_\mathrm{m}}{1 + g_\mathrm{m} R_\mathrm{S}} \text{ となります．}$$

答え ③

問 題

類似問題
● 平成 30 年度 Ⅲ-22
● 平成 26 年度 Ⅲ-23

令和元年度（再）Ⅲ-23

　下図のように電圧 v_{in} を印加したとき，抵抗 R_L にかかる電圧は v_{out} となった．電圧の比 $\dfrac{v_{out}}{v_{in}}$ を表す式として，最も適切なものはどれか．ただし，回路における図記号 ⊖ の部分は理想電流源で，その電流源の電流は $g_m v_{sg}$ であるとする．ただし，g_m は相互コンダクタンスである．

① $R_L + \dfrac{1}{g_m}$

② $-g_m R_L$

③ $g_m R_L$

④ $\dfrac{-1}{g_m R_L}$

⑤ $\dfrac{1}{g_m R_L}$

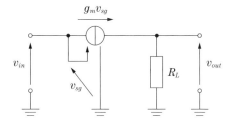

🔍 **詳しく解説＆解答**

設問の図より，$g_\mathrm{m} v_\mathrm{sg}$ の電流はすべて R_L に流れることが分かります．

また，以下の関係が成り立ちます．

$$v_\mathrm{in} = v_\mathrm{sg} \qquad \cdots (1)$$

$$v_\mathrm{out} = R_\mathrm{L} \cdot g_\mathrm{m} v_\mathrm{sg} \cdots (2)$$

(2)式に(1)式を代入すると，

$$v_\mathrm{out} = R_\mathrm{L} \cdot g_\mathrm{m} v_\mathrm{in}$$

となり，$\dfrac{v_\mathrm{out}}{v_\mathrm{in}} = g_\mathrm{m} R_\mathrm{L}$ が導かれます．

答え ③

問題を解くために必要な基礎知識

(1) 相互コンダクタンス g_m

　MOS FET の特性を理解するうえで重要なのが，相互コンダクタンス（g_m）というパラメータです．相互コンダクタンスは，V_{gs} と I_{ds} の関係を表すパラメータで，具体的には V_{gs} の変化に対する I_{ds} の変化率（$\Delta I_{ds}/\Delta V_{gs}$）を指します．この値が大きいということは，ゲート電圧の小さな変化でドレイン電流が大きく変化する，つまり，デバイスがより敏感に反応することを意味します．

　相互コンダクタンスは，バイポーラトランジスタの h_{FE}※に相当します．つまり，これはデバイスの性能を示す重要な指標の1つで，大きな値はデバイスの効率と応答性を向上させるために望ましいとされています．

　※ h_{FE}：直流電流増幅率で，ベース電流の変化に対するコレクタ電流の変化率

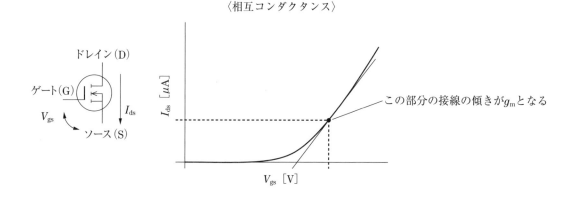

〈相互コンダクタンス〉

(2) 半導体デバイスの等価回路

　半導体デバイスの等価回路は，そのデバイスの振る舞いを理解し，回路設計や解析をシミュレーションなどで実施する際に非常に重要な役割を果たします．半導体デバイスの内部構造は非常に複雑で，さらには多くのパラメータが存在します．これらすべてを1つ1つ詳細にモデリングしてシミュレーションに用いることは，大量のデータと計算力を必要とし，現実的には非常に困難です．

　そこで，このような複雑な構造を簡単化し，大まかな動作を把握するために等価回路が使用されます．等価回路は，半導体デバイスの種類やその目的により異なる回路モデルが用いられ，それぞれの回路モデルには，その特性や性能を表すための目的に応じたパラメータが設定されています．

　これにより，半導体デバイスの動作を簡易的に理解し，予測することが可能となり，設計や解析の効率の向上につながります．

図1〈MOS FETの小信号等価回路〉

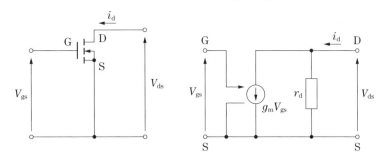

図2〈静電容量を追加した等価回路〉

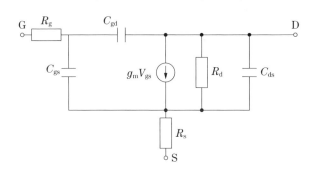

　図1は，MOS FET の等価回路を示しています．この等価回路では，ゲート（G）とソース（S）間の電圧（V_{gs}）に対して，ドレインとソース間に，相互コンダクタンス（g_m）の値に比例した電流を出力する定電流源をモデルとして表現しています．

　この等価回路は理想的な MOS FET の動作を表しています．しかし，実際の状況，例えば高速スイッチング動作を行う場合など，具体的な動作特性を把握するためには，図2のように，動作に関連する追加のパラメータ（この場合は静電容量）を等価回路に加えることが必要となります．

　これらの等価回路は，電子回路シミュレーションソフトウェアで使用される「モデル」として活用されます．このモデルには，半導体デバイスがどのように動作するかを表すパラメータや，等価回路の接続情報などが詳細に記載されています．

　回路設計時にシミュレーションソフトウェアを使うことにより事前に電子回路の動作を予測します．これは，新たな電子回路の設計を進めたり，既存の電子回路の問題点を特定したりする際に非常に有用です．これにより実際のハードウェアを製作する前に問題を発見し，事前に検証および修正することが可能となります．

　このようなデバイスのモデルは，半導体デバイスメーカーから提供され，それをシミュレーションソフトウェアに取り込んで使用します．これを用いることにより設計した回路の動作を実際に近い状態で把握することができ，設計の完成度を上げることができます．

5 トランジスタ

問題

平成28年度 Ⅲ-22

類似問題
● 令和元年度 Ⅲ-23

下図で表される回路において，コレクタ電流 I_C が流れ，ベース・エミッタ間の電圧 V_{BE} が 0.7 V となった。このときコレクタ電流 I_C の値として，最も近い値はどれか。なお，各電池の内部抵抗は無視できるものとし，トランジスタのエミッタ接地電流増幅率（コレクタ電流とベース電流の比）は十分大きいものとする。

① 0.8 mA

② 1.4 mA

③ 1.8 mA

④ 2.3 mA

⑤ 2.9 mA

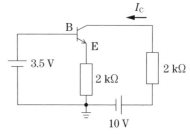

詳しく解答＆解説

エミッタ接地の増幅回路において，エミッタ電流 I_E はベース電流 I_B とコレクタ電流 I_C の合算となります．設問では，トランジスタのエミッタ接地電流増幅率 $\left(h_{FE} = \dfrac{\Delta I_C}{\Delta I_B} \right)$ が十分大きいとあるので，コレクタ電流 I_C と比較してベース電流 I_B は非常に小さく無視できます．これより，I_C はエミッタ抵抗に流れる電流 I_E と同一と見なせます．

エミッタ・抵抗の両端の電圧 V_E は，設問のベース・エミッタ間の電圧が 0.7 V という条件から以下のように求められます．

$$V_E = V_B - V_{BE} = 3.5 - 0.7 = 2.8 \ [\text{V}]$$

求めた V_E から I_C は，以下のように求められます．

$$I_C \fallingdotseq I_E = \frac{2.8 \ [\text{V}]}{2 \times 10^3 \ [\Omega]} = 1.4 \times 10^{-3} \ [\text{A}] = 1.4 \ [\text{mA}]$$

答え　②

〈エミッタ接地増幅回路における電流〉

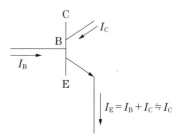

$$I_E = I_B + I_C \fallingdotseq I_C$$

〈V_E に掛かる電圧〉

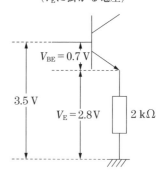

令和元年度（再）Ⅲ-19

類似問題
● 令和元年度 Ⅲ-19

下図に示す，IGBT（絶縁ゲートバイポーラトランジスタ）及びダイオードからなるスイッチング回路により電力変換装置を構成し下記の条件で動作しているとき，このスイッチング回路で発生する定常損失で最も近い値はどれか。なお，リード線での損失やスイッチング損失は発生しないものとする。また，各素子での電流の立ち上がりや立ち下がりの遅れはなく，IGBTのデューティ比とダイオードのデューティ比の和は1とする。

IGBT電流 $i_{\text{IGBT}} = 1000\ \text{A}$，コレクタ-エミッタ間飽和電圧 $V_{\text{CE(sat)}} = 1.75\ \text{V}$

ダイオード電流 $i_{\text{d}} = 1000\ \text{A}$，ダイオード順方向電圧 $V_{\text{d}} = 1.9\ \text{V}$

IGBT素子のデューティ比 $d = 0.7$

① 3650 W

② 3125 W

③ 1900 W

④ 1795 W

⑤ 1225 W

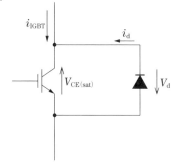

詳しく解答＆解説

設問に「スイッチング損失は発生しない」とあるので，定常損失は，IGBTがON状態およびOFF状態でのものに限定されます。

■ IGBT：ON

IGBTのコレクタ-エミッタ間飽和電圧 $V_{\text{CE(sat)}}$ はIGBT内で起こる電圧降下を示します。この $V_{\text{CE(sat)}}$ と，i_{IGBT} との積がIGBT内での損失（発熱）となります。

■ IGBT：OFF

$V_{\text{CE(sat)}}$ 同様にダイオードでは V_{d} が内部での電圧降下を示します。V_{d} と i_{d} との積が損失（発熱）となります。

デューティ比は，IGBTが周期に対してONである時間の比率です。ON・OFFそれぞれの状態の損失を比率に応じて合算したものが定常損失となります。

IGBTに流れる時間の比率はデューティ比 $d = 0.7$ であるため，ダイオードはその残りの時間の0.3となります。これより損失の合計は，以下の式で表されます。

$$V_{\text{CE(sat)}} \times i_{\text{IGBT}} \times 0.7 + V_{\text{d}} \times i_{\text{d}} \times 0.3$$

上式に設問中の数値を入れることにより，以下の値が導かれます。

$$1.75 \times 1\,000 \times 0.7 + 1.9 \times 1\,000 \times 0.3 = 1\,795\ [\text{W}]$$

答え　④

〈IGBTがON〉

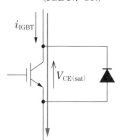

〈IGBTがOFF〉

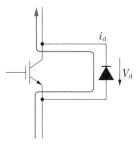

〈本問におけるIGBTのデューティ比〉

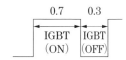

（1）トランジスタによる基本的な増幅回路

　トランジスタによる基本的な増幅回路はエミッタ接地，コレクタ接地，ベース接地の3種類があります．

　エミッタ接地（Common Emitter：CE）回路は，電圧増幅と電流増幅の両方を提供し，出力信号は入力信号に対して180度位相反転します．一般的に使用される増幅回路です．

　コレクタ接地（Common Collector：CC）回路は，エミッタフォロアとも呼ばれ，主に電力増幅を提供し，入出力信号は同相となります．主に低インピーダンスの負荷を駆動する用途で使用されます．

　ベース接地（Common Base：CB）回路は，電圧増幅を提供し，入出力信号は同相となります．主に高周波の増幅に使われます．

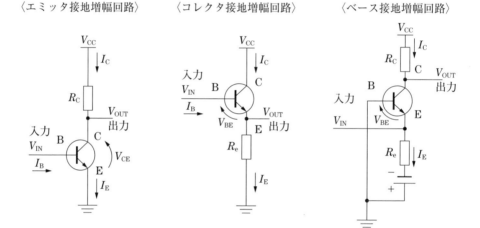

〈エミッタ接地増幅回路〉　　〈コレクタ接地増幅回路〉　　〈ベース接地増幅回路〉

〈各回路方式による増幅回路の特徴〉

回路方式	エミッタ接地	コレクタ接地	ベース接地
入力インピーダンス	低い	高い	低い
出力インピーダンス	高い	低い	高い
電圧増幅率　$\Delta V_{OUT}/\Delta V_{IN}$	高い	約1倍	高い
電流増幅率　$\Delta I_C/\Delta I_B$ [1]，$\Delta I_C/\Delta I_E$ [2]	高い	高い	1倍以下
入出力位相	反転	同相	同相
周波数特性	悪い	良い	良い

※1　エミッタ接地・コレクタ接地の場合
※2　ベース接地の場合

■ エミッタ接地増幅回路

　ベース電流 I_B に対して直流電流増幅率 h_{FE} のコレクタ電流 I_C が流れます．$I_B \cdot h_{FE}＝I_C$ となりますが，R_C を流れる I_C の変化によって V_{OUT} も変化するため，R_C を大きくすると電圧増幅率が高くなりますが，出力インピーダンスも高くなります．本増幅回路は，ベース-コレクタ間寄生容量

C_{ob} の影響で逆相のコレクタの信号がベースに帰還されるため，この寄生容量の影響を受ける高周波の周波数特性が悪くなります．

■ コレクタ接地増幅回路

エミッタフォロアとも呼ばれ，低インピーダンスの負荷を駆動するバッファとして使用されます．V_{IN} から入った信号は V_{BE} の電位差をもって V_{OUT} から出力されます．このため電圧増幅率は，ほぼ1になります．この回路では，V_{IN} の電圧が増加すると V_{OUT} の電圧も追従して増加し，これにより V_{BE} の電圧は変わらずベース電流は増加しない方向に働きます．このため入力インピーダンスは高くなります．

■ ベース接地増幅回路

ベース接地増幅回路はベースが固定されているため，入力端子のエミッタの電位がベースより V_{BE}（約 0.6 V）分低くなると，エミッタ電流 I_E とコレクタ電流 I_C が流れます．これにより増幅動作が行われます．エミッタ接地増幅回路と同様，R_C を大きくすると，電圧増幅率を高くすることができます．ベースが接地されているためエミッタ接地増幅回路のような帰還が起こらず，周波数特性はエミッタ接地より良くなります．

(2) スイッチング回路

スイッチング回路は，インバータや DC–DC コンバータなどで使用し，電流を ON/OFF することにより目標の電圧や波形を生成します．このスイッチング回路に使用されるデバイスとして MOS FET，バイポーラトランジスタ，IGBT などがあり，電力種別やスイッチング周波数，使用電圧などで使い分けます．バイポーラトランジスタ，IGBT はキャリア蓄積効果があるため高速動作には向いていませんが，使用可能な電圧が高いため鉄道車両などに使われています．

スイッチング動作のときの ON 状態では，コレクタ–エミッタ間 $V_{CE(sat)}$ やソース–ドレイン間の電圧は 0 にはならず，この電圧降下分の電力が損失（発熱）となります．また，ON ⇔ OFF の遷移に要する時間が長い場合，その間の抵抗も損失要因となっています．そのため現在では，シリコンから SiC（シリコンカーバイド），GaN（窒化ガリウム）などの化合物半導体を使用した低 ON 抵抗で，高速にスイッチング可能なデバイスへ移行してきています．

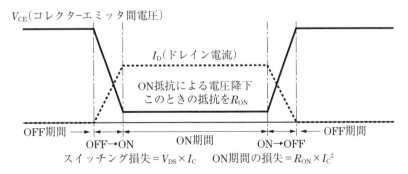

〈IGBTのスイッチング損失，ON抵抗による損失イメージ〉

上の図はスイッチング損失のイメージです．遷移時間が長い場合，抵抗が高い時間が長くなるため損失が大きくなります．また，ON 期間では，抵抗 R_{ON} による発熱が損失となります．

6 電力用半導体素子

問題

類似問題
● 平成 28 年度 Ⅲ-6
● 平成 24 年度 Ⅳ-21

平成 23 年度 Ⅳ-21

下図 A のような電圧-電流特性を有するダイオードを使って，下図 B の回路を構成する。ダイオードの両端電圧が 2 V となるとき，R_1 の抵抗値に最も近いものはどれか。

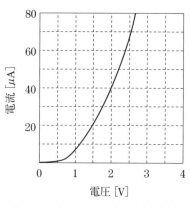

図 A　ダイオードの電圧-電流特性　　　　　　図 B　ダイオードを用いた回路

① 5 kΩ　　② 15 kΩ　　③ 25 kΩ　　④ 35 kΩ　　⑤ 45 kΩ

詳しく解答＆解説

グラフより，ダイオードの両端電圧が 2 V のときにダイオードに流れる電流は 40 μA と読みとれます．

このとき，ダイオードと並列にある 20 kΩ の抵抗に流れる電流値は 2 V/20 kΩ より，100 μA となります．よって，R_1 に流れる電流は 40 μA + 100 μA ＝140 μA となります．

一方，R_1 での電圧降下はダイオード端が 2 V であることから 5.5 V−2 V で，3.5 V となります．

これにより，R_1＝3.5 V/140 uA＝25 kΩ となります．

答え　③

〈ダイオードに流れる電流値〉

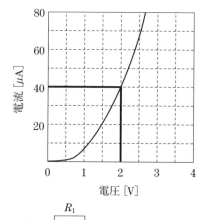

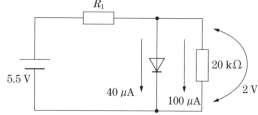

類似問題
● 平成 24 年度　Ⅳ-17

令和元年度（再）Ⅲ-18

電力用半導体素子に関する次の記述のうち，最も不適切なものはどれか。

① 電力用バイポーラトランジスタ（GTR）は，ゲート信号により主電流をオンすることができるが，オフすることはできない。

② ゲートターンオフサイリスタ（GTO）は，ゲート信号により，主電流をオフすることができる。

③ ダイオードは方向性を持つ素子で，交流を直流に変換するために用いることができる。

④ 光トリガサイリスタは，光によるゲート信号によりターンオンを行うことができる。

⑤ MOSFET（Metal Oxide Semiconductor Field Effect Transistor）は，ゲート信号により主電流をオン，オフすることができる。

解答＆解説

①が不適切．

① GTR は高電圧，大電流へ対応したバイポーラトランジスタで，ゲート信号（ベース電流）により ON/OFF することができます．

② GTO はサイリスタの一種で，ゲートに逆方向の電流を流すことによりターンオフ（ON → OFF）が可能です．

③ ダイオードは，アノードからカソード方向にのみ電流を流すことができる方向性をもつ素子で，交流から直流に変換する整流回路に用いられます．

④ 通常のサイリスタは，ゲートに印加する電流でターンオン（OFF → ON）させますが，光トリガサイリスタは内部に受光部分があり，光によりターンオンします．

⑤ MOS FET はゲートに掛ける電圧により，電流の ON/OFF 制御ができる電圧制御デバイスです．

答え　①

詳しく解説

■ サイリスタと GTO の動作

右図はサイリスタの等価回路で，①ゲートに電流を流すことにより NPN が ON し，PNP のベースから NPN のコレクタに電流が流れます．②PNP が ON し，PNP のコレクタから NPN のベースに電流が流れます．これによりゲートの電流が切れてもアノード側からカソード側には電流が流れ続けます．サイリスタではアノード-カソード間電圧を 0，または逆電圧を掛けることにより，このループを切り，OFF することができます．GTO の等価回路はサイリスタと同じですが，構成するトランジスタの特性を変更し，PNP コレクタからの電流をゲート方向に流すことによりループを切り，NPN をターンオフします．

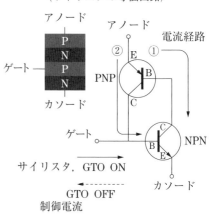

〈サイリスタの等価回路〉

(1) ダイオード

PN 接合で形成され，A（アノード）から K（カソード）の順方向にのみ電流が流れます．逆方向に電圧を印加した場合は，ほとんど流れませんが，降伏電圧以上で急激に流れ出します．

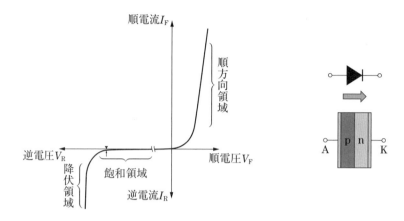

(2) GTR（電力用バイポーラトランジスタ）

大電流，高電圧に対応できるトランジスタで，スイッチングデバイスとして使用されています．

(3) 光トリガサイリスタ

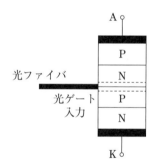

光トリガサイリスタは，ゲートに電流を印加する代わりに光ファイバなどで接続した光でトリガを掛けます．制御回路とサイリスタ部分が電気的に絶縁されているため，耐電圧を高める目的で複数のサイリスタを直列に接続しても制御が容易です．このため超高電圧を扱う 50～60 Hz 間の周波数変換所で用いられます．

(4) GTO（Gate Turn-Off thyristor）

ゲートに逆電流を流すことで消弧（OFF）することができるサイリスタです．消弧のときのゲート電流が大きく（制御する電流の 20 ％程度），制御回路が大掛かりになり，その電流は熱になるため効率が良くありません．また，ON，OFF に時間を要するため，周波数を上げられず騒音の原因となるため，近年は IGBT に置き換わっています．

(5) トライアック（Triac）

■ トライアックの構造と交流の制御

〈トライアックの等価回路（左）と記号（右）〉

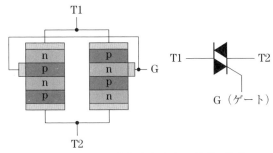

2つのサイリスタを向きを変えて並列に接続

〈ゲート信号と電流波形〉

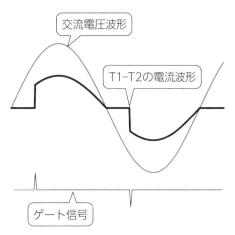

ゲート信号は，それぞれのサイリスタに ON のパルスを印加します．元の交流波形に対して，このタイミングを制御することにより，接続された機器に供給する電力を調整します．

(6) MOS FET

ゲートに印加する電圧によって電流を制御できる素子です．制御が簡単で高速動作が可能で，DC–DC コンバータやインバータに使用されています． ※「MOS FET（1）」を参照のこと

(7) IGBT（Insulated Gate Bipolar Transistor）

構造は，MOS FET とバイポーラトランジスタを組み合わせたもので，電圧制御デバイスになっています．このため制御回路が簡略化できます．内部構造は，下図の等価回路のように MOS FET とバイポーラトランジスタを組み合わせた構造です．

〈IGBTの回路記号（左）と等価回路（右）〉

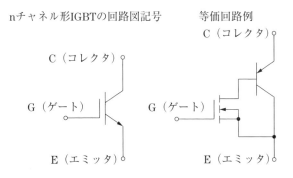

このため，MOS FET の特徴である入力インピーダンスが高く，スイッチング速度が速い点とバイポーラトランジスタの高電圧でも ON 抵抗が低い特徴を兼ね備えたデバイスです．ただし，バイポーラトランジスタを含む構成のためキャリア蓄積効果があり，ターンオフ時間が長いという欠点があります．

7 整流回路

問題

類似問題
● 平成27年度 Ⅲ-17

平成29年度 Ⅲ-23

　下図のように実効値 V の正弦波電圧源にダイオードとコンデンサからなる回路が構成されている。ダイオードは極性に応じて特定の方向にのみ電流が流れ，コンデンサは電圧の変化分が伝達されるとともに，両端の電位差に応じた電荷を蓄積する理想的な素子である。定常状態において，コンデンサ C_1 にかかる電圧 V_1 とコンデンサ C_2 にかかる電圧 V_2 の組合せとして，最も適切なものはどれか。

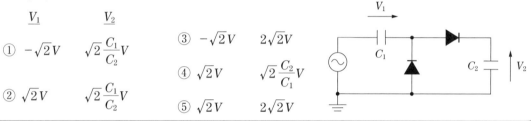

	V_1	V_2
①	$-\sqrt{2}V$	$\sqrt{2}\dfrac{C_1}{C_2}V$
②	$\sqrt{2}V$	$\sqrt{2}\dfrac{C_1}{C_2}V$
③	$-\sqrt{2}V$	$2\sqrt{2}V$
④	$\sqrt{2}V$	$\sqrt{2}\dfrac{C_2}{C_1}V$
⑤	$\sqrt{2}V$	$2\sqrt{2}V$

詳しく解説＆解答

　本問の整流回路は倍電圧整流回路で，入力の交流電圧のピーク値の2倍の電圧を出力できます。実効値 V の正弦波電圧のピーク値は $\sqrt{2}$V です。電源の電圧が−側（下図の正弦波の前半）のピーク時にコンデンサ C_1 には $\sqrt{2}$V が充電され，電源の電圧が＋側（下図の正弦波の後半）のピーク時には，C_1 に充電された電圧と電源のピーク値が加算され，$2\sqrt{2}$V が C_2 に充電されます。これが繰り返され，C_2 の電圧は $2\sqrt{2}$V になります。

〈電源の波形〉

C_2充電電圧 $2\sqrt{2}$V

ピーク電圧 $\sqrt{2}$V

実効値 V

C_1 放電 C_2 充電

C_1 充電

②

①

① C_1 に $\sqrt{2}$V が充電される

② 電源の交流のピーク値 $\sqrt{2}$V にコンデンサ C_1 の $\sqrt{2}$V が加えられたものが，C_2 に充電されて $2\sqrt{2}$V となる

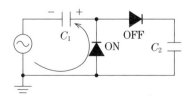

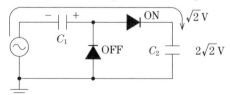

答え ⑤

類似問題
● 平成 27 年度 Ⅲ-18
● 平成 24 年度 Ⅳ-18

令和 2 年度 Ⅲ-19

下図に示す三相サイリスタブリッジ回路において，制御遅れ角を 60° で運転しているとする。直流側のインダクタンスは十分大きく，負荷に一定電流が流れているとみなせるとき，点 P の電位 V として，最も適切な波形はどれか。

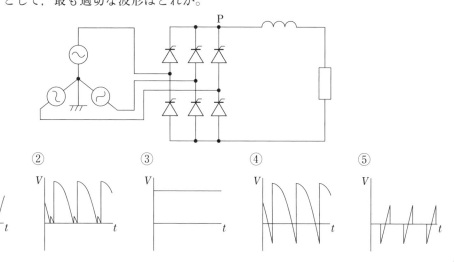

① ② ③ ④ ⑤

詳しく解説＆解答

本問に示される回路は三相ブリッジ整流回路で，その整流素子としてサイリスタが使用されています。ダイオードによる整流回路の場合，図 1 に示すように最も高い電圧をもつ相の値が出力として得られます。しかし，整流回路にサイリスタを用い，その制御遅れ角が 60° の場合，サイリスタは最も高い電圧をもつ相が入れ替わる a 点から 60° 遅れて点弧します。このため，サイリスタが ON となるまでの間，他の相の電圧が出力され，P 点の電位 V は図 2 の太線で示すような波形図となります。なお，本回路にはインダクタンスが接続されているので，すべてのサイリスタが OFF である時間においても電流が流れ続けるため，負の電位が発生しています。

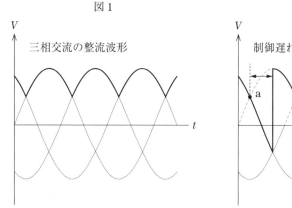

図 1

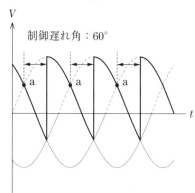

図 2

答え ④

　整流回路とは，交流（流れる方向が周期的に変わる電流）を直流（一定の方向に流れる電流）に変換するための電子回路です．その具体的な動作方法によって，様々な種類の整流回路が存在します．

(1) 半波整流回路と全波整流回路

　半波整流回路とは，交流の周期のうち，正の時間帯（正の半周期）のみを取り出して出力する回路のことを指します．具体的には，電圧が正のときに電流を通し，電圧が負のときには電流を遮断します．その結果，出力は電流が流れる時間と流れない時間が交互に繰り返される形になります．

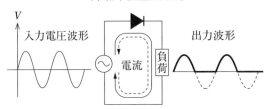

〈単相半波整流回路〉

　全波整流回路とは，交流の正負両方の時間帯（全周期）で出力する回路のことを指します．具体的には，電圧が正のときも負のときも電流を通します．ただし，負の時間帯では電流の流れる方向を反転させて，常に同じ方向に電流が流れるようにします．その結果，出力は一定の方向に流れる電流となり，交流が直流に変換されます．

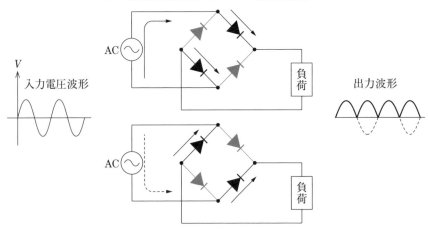

〈単相全波整流回路（ブリッジ整流回路）〉

(2) 三相全波整流回路

　三相全波整流回路とは，三相交流電源から直流を得るための電子回路です．三相交流とは，同じ周波数と振幅をもつが，それぞれが120°の位相差をもっている3つの交流電流のことを指します．この種類の整流回路は，一般的に大電力の産業用途などで用いられます．

三相全波整流回路では，三相交流の各相から電流を引き出し，それぞれを個別に整流し，1つにまとめて出力します．単相全波整流と同様に，三相全波整流では各相の交流の正負両方の時間帯（全周期）で出力を行い，負の時間帯では電流の流れる方向を反転させます．一般的な単相全波整流回路に比べて，出力の変動が少なくなるという特徴があります．

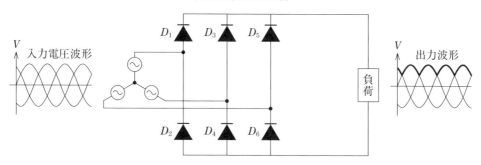

〈三相全波整流回路〉

下図はサイリスタを使用した問題と同じ三相全波整流回路です．

この回路は制御遅れ角を変えることにより，出力波形を可変できます．右下の出力波形は，制御遅れ角を 90° にした場合の P 点における電圧の波形です．

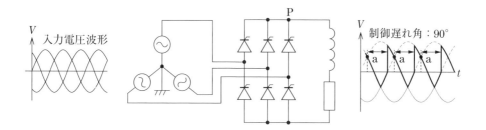

(3) 倍電圧整流回路

設問の倍電圧整流回路にさらにダイオードとコンデンサを追加することにより，N 倍電圧（下図は5倍）の回路を構成することができます．これはコッククロフト・ウォルトン回路と呼ばれます．

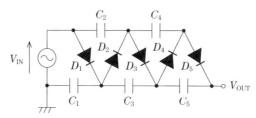

〈5倍電圧整流回路〉

8 DC-DC コンバータ

平成 25 年度　III-19

　図 A，図 B の DC-DC コンバータにおいて，E は理想直流電圧源，L はインダクタ，C は
コンデンサ，R は負荷抵抗，SW は理想スイッチ，D は理想ダイオードを表す。なお，スイッ
チング周波数は十分高いものとする。スイッチ SW の動作周期に対するオン時間の比率を d
とおくとき，負荷抵抗の両端にかかる平均電圧 V_1，V_2 として最も適切な組合せはどれか。

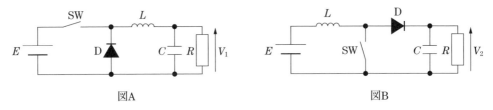

図A　　　　　　　　　　　　　　　図B

① $V_1 = dE$,　$V_2 = \dfrac{1}{1-d} E$

② $V_1 = (1-d)E$,　$V_2 = \dfrac{1}{1-d} E$

③ $V_1 = dE$,　$V_2 = \dfrac{1}{d} E$

④ $V_1 = (1-d)E$,　$V_2 = \dfrac{1}{d} E$

⑤ $V_1 = \dfrac{1}{1-d} E$,　$V_2 = dE$

詳しく解説＆解答

　図 A の回路は降圧型の DC-DC コンバータで，出力電圧を電源電圧 E 以下の電圧にスイッチの
ON 時間比率で制御します。図 B は昇圧型の DC-DC コンバータで，電源電圧 E 以上の電圧を出
力することができます。

(1) 降圧型 DC-DC コンバータ

　図 A の SW が ON しているときは，電流が電源 E から
インダクタ（コイル）L を通り，出力側に電流が供給さ
れます。この際，インダクタ L に流れる電流が磁界を生
み，電気エネルギーが磁気エネルギーへと変換され蓄積
されます。

　SW が OFF するとダイオード D が ON となり，L に蓄
積されたエネルギーが出力側へ放出されます。SW の
ON 時間に蓄積されたエネルギーは，OFF 時間に放出さ
れるエネルギーと等しいため，インダクタ L に流れる電

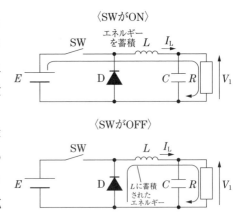

流を I_L とし，ON 時間を T_ON，OFF 時間を T_OFF とすると，次の等式が導かれます．

$$(E - V_1) I_\mathrm{L} T_\mathrm{ON} = V_1 I_\mathrm{L} T_\mathrm{OFF}$$

この式を変形していきます．

$$EI_\mathrm{L} T_\mathrm{ON} = V_1 I_\mathrm{L} T_\mathrm{OFF} + V_1 I_\mathrm{L} T_\mathrm{ON}$$

$$EI_\mathrm{L} T_\mathrm{ON} = V_1 I_\mathrm{L} (T_\mathrm{ON} + T_\mathrm{OFF})$$

$$V_1 = \frac{T_\mathrm{ON}}{T_\mathrm{ON} + T_\mathrm{OFF}} E$$

$T_\mathrm{ON} + T_\mathrm{OFF}$ はスイッチングの1周期（全体の動作時間）になります．この1周期の中での ON 時間の比率 $\dfrac{T_\mathrm{ON}}{T_\mathrm{ON} + T_\mathrm{OFF}}$ は，設問の条件より d となるので，$V_1 = dE$ となります．

(2) 昇圧型 DC–DC コンバータ

図 B の SW を ON にすると，電流が電源 E からインダクタ（コイル）L を通り，スイッチへと流れます．この際，流れる電流によりインダクタ L にエネルギーが蓄積されます．

スイッチを OFF にすると，電源 E からのエネルギーに加え，それまでコイルに蓄積されたエネルギーも放出されます．降圧型 DC–DC コンバータのときと同じく，ON 時間に蓄積されたエネルギーは OFF 時間に放出されるエネルギーと等しいため，インダクタ L に流れる電流を I_L とし，ON 時間を T_ON　OFF 時間を T_OFF とすると，以下の等式が導かれます．

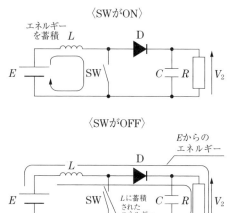

$$EI_\mathrm{L} T_\mathrm{ON} = (V_2 - E) I_\mathrm{L} T_\mathrm{OFF}$$

この式を変形していきます．

$$EI_\mathrm{L} T_\mathrm{ON} + EI_\mathrm{L} T_\mathrm{OFF} = V_2 I_\mathrm{L} T_\mathrm{OFF}$$

$$EI_\mathrm{L} (T_\mathrm{ON} + T_\mathrm{OFF}) = V_2 I_\mathrm{L} T_\mathrm{OFF}$$

$$V_2 = E \frac{T_\mathrm{ON} + T_\mathrm{OFF}}{T_\mathrm{OFF}}$$

$\dfrac{T_\mathrm{ON} + T_\mathrm{OFF}}{T_\mathrm{OFF}} = \dfrac{1}{1-d}$ であるため，

$$V_2 = \frac{1}{1-d} \cdot E \ \text{となります．}$$

なお，図中に示される負荷に並列に設置されたコンデンサは，出力電圧の安定化を目的としています．コンデンサは充放電をくり返しますが，これは短期的な動作であるため，長期的な出力電圧の計算には考慮されません．

答え　①

(1) Duty (デューティー) 比

SW の ON 時間が 1 周期（全体の動作時間）に占める割合で，パーセンテージ［%］または比（0〜1）で表され，一般的には d が用いられます．

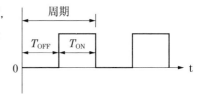

$$d = \frac{T_{\mathrm{ON}}}{周期} = \frac{T_{\mathrm{ON}}}{T_{\mathrm{ON}} + T_{\mathrm{OFF}}}$$

比で考えた場合，$\dfrac{T_{\mathrm{ON}} + T_{\mathrm{OFF}}}{周期} = \dfrac{T_{\mathrm{ON}} + T_{\mathrm{OFF}}}{T_{\mathrm{ON}} + T_{\mathrm{OFF}}} = 1$，$1 - d = \dfrac{T_{\mathrm{ON}} + T_{\mathrm{OFF}}}{T_{\mathrm{ON}} + T_{\mathrm{OFF}}} - \dfrac{T_{\mathrm{ON}}}{T_{\mathrm{ON}} + T_{\mathrm{OFF}}} = \dfrac{T_{\mathrm{OFF}}}{T_{\mathrm{ON}} + T_{\mathrm{OFF}}}$ なので，

問題解説で用いた $\dfrac{T_{\mathrm{ON}} + T_{\mathrm{OFF}}}{T_{\mathrm{OFF}}} = \dfrac{1}{1 - d}$ が導かれます．

(2) DC–DC コンバータの種類

DC–DC コンバータは意味する通り，直流を異なる電圧の直流に変換する電源回路で，その形式の 1 つとしてチョッパ回路があり，降圧，昇圧，昇降圧に大別されます．降圧型のバックコンバータ（buck converter），昇圧型のブーストコンバータ（boost converter）の各動作は，以下のようになります．

■ 降圧型コンバータの動作

出力電圧は $V_{\mathrm{OUT}} = d \cdot V_{\mathrm{IN}}$ で表され，SW が ON のときに L にエネルギーが蓄えられます．このときダイオードは OFF の状態です．SW が OFF になると L に蓄えられたエネルギーがダイオードを通過して負荷に出力されます．下図の回路は，スイッチの ON・OFF による PWM（パルス幅変調）を L と C のローパスフィルタで平滑化し，リップル（脈動）の少ない出力を負荷に供給する機構です．

〈降圧型コンバータ回路〉

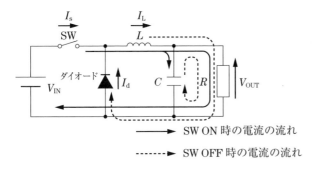

SW ON 時の電流の流れ
SW OFF 時の電流の流れ

〈降圧型コンバータの電流電圧波形〉

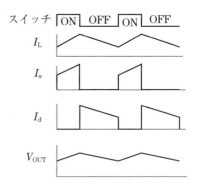

■ 昇圧型コンバータの動作

出力電圧は $V_{\mathrm{OUT}} = \dfrac{1}{1 - d} V_{\mathrm{IN}}$ で表され，SW が ON のとき，L にエネルギーが蓄えられます．SW が OFF になると，L に蓄えられたエネルギーが電源に合算される形でダイオードを通過して負荷

に出力され，コンデンサに充電されます．これが繰り返されることで電源電圧より高い電圧に変換されます．この回路では出力電圧が高いほど出力できる電流が減少します．

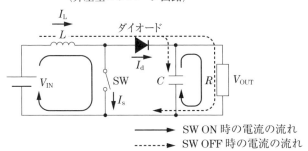

〈昇圧型コンバータ回路〉

I_{L}　ダイオード

L

V_{IN}　SW　I_{d}　C　R　V_{OUT}

I_{s}

→　SW ON 時の電流の流れ

- - - ➤　SW OFF 時の電流の流れ

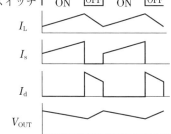

〈昇圧型コンバータの電流電圧波形〉

スイッチ　ON　OFF　ON　OFF

I_{L}

I_{s}

I_{d}

V_{OUT}

類似問題

● 令和元年度　Ⅲ-18，　● 平成 26 年度　Ⅲ-18

類似問題　**令和 2 年度　Ⅲ-18**

　下図のようなDC-DCコンバータに関する次の記述の，□□□に入る語句の組合せとして，最も適切なものはどれか．E は理想直流電圧源，L はインダクタ，M は直流電動機を含む負荷，SW1，SW2 は理想スイッチ，D1，D2 は理想ダイオードを表す．なお，スイッチング周波数は十分高いものとする．

　まず，SW1 のみを周期的に On-Off させ SW2 を Off 状態にすると，　ア　チョッパ回路が構成され，　イ　から　ウ　に電力が供給される．次に，SW2 のみを周期的に On-Off させ SW1 を Off 状態にすると，　エ　チョッパ回路が構成され，　ウ　から　イ　に電力が供給される．

SW1　D1

E　　L

SW2　D2　M

	ア	イ	ウ	エ
①	降圧	電源	負荷	昇圧
②	降圧	負荷	電源	昇圧
③	昇圧	負荷	電源	降圧
④	昇圧	電源	負荷	昇圧
⑤	昇圧	電源	負荷	降圧

解説＆解答

　SW1 のみを周期的に ON-OFF させて SW2 を OFF 状態にすると，降圧コンバータ回路が構成され，電源から負荷に電力が供給されます．SW2 のみを周期的に ON-OFF させて SW1 を OFF 状態にすると，昇圧コンバータ回路が構成されて負荷から電源に電力が供給されます．　　**答え　①**

詳しく解説

　本問の回路はスイッチの動作状態により，電源から負荷側への降圧と負荷側から電源へ昇圧して直流電動機の起電力を回生する回路に切り替えることができます．回路中のダイオード D1 は昇圧，D2 は降圧のときのみ導通し，他に影響を与えません．

9 オペアンプ

問題

類似問題
● 令和4年度 Ⅲ-20

平成29年度 Ⅲ-22

下図は，理想オペアンプを用いた回路である．図のように電圧 V_{in} [V] を与えたとき，オペアンプの出力電圧 V_{out} [V] と入力インピーダンス Z_{in} [Ω] の組合せとして，最も適切なものはどれか．

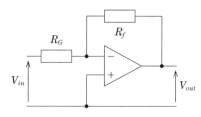

	$\underline{V_{out}}$	$\underline{Z_{in}}$
①	$-\dfrac{R_f}{R_G} V_{in}$	R_G
②	$-\dfrac{R_G}{R_f} V_{in}$	R_G
③	$-\dfrac{R_f}{R_G} V_{in}$	$R_G + R_f$

	$\underline{V_{out}}$	$\underline{Z_{in}}$
④	$-\dfrac{R_G}{R_f} V_{in}$	$R_G + R_f$
⑤	$-\dfrac{R_G + R_f}{R_G} V_{in}$	R_G

詳しく解説＆解答

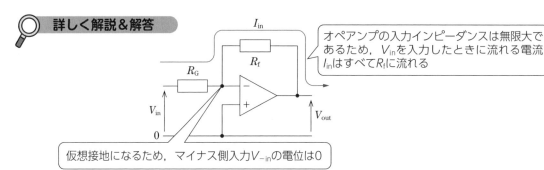

オペアンプの入力インピーダンスは無限大であるため，V_{in}を入力したときに流れる電流 I_{in}はすべてR_fに流れる

仮想接地になるため，マイナス側入力V_{-in}の電位は0

設問の回路は理想オペアンプで構成されており，オペアンプのマイナス側入力 V_- は仮想接地であるため0Vになります．

R_G に流れる電流を I_{in} とすると，入力インピーダンス Z_{in} は $Z_{in} = \dfrac{V_{in}}{I_{in}}$ で表され，

$$I_{in} = \frac{V_{in} - V_-}{R_G} = \frac{V_{in} - 0}{R_G} = \frac{V_{in}}{R_G}$$ なので，$Z_{in} = R_G$ となります．

本回路は理想オペアンプであるため，入力インピーダンスは無限大で，I_{in} はすべて R_f を流れるため，以下の式が導かれます．

$$I_{in} \cdot (R_G + R_f) = V_{in} - V_{out} \quad \cdots (1)$$

$V_- - I_{in} \cdot R_f = V_{out}$ であり，$V_- = 0$ より，

$$I_{in} = -\frac{V_{out}}{R_f} \quad \cdots (2)$$

(2)式を(1)式に代入することにより，以下の式が導かれます．

$$-\frac{V_{\text{out}}}{R_{\text{f}}}(R_{\text{G}} + R_{\text{f}}) = V_{\text{in}} - V_{\text{out}}$$

この式を展開していくと，

$$V_{\text{out}} - \frac{V_{\text{out}}}{R_{\text{f}}}(R_{\text{G}} + R_{\text{f}}) = V_{\text{in}}$$

$$V_{\text{out}}\left(1 - \frac{R_{\text{G}} + R_{\text{f}}}{R_{\text{f}}}\right) = V_{\text{in}}$$

$$V_{\text{out}}\left(\frac{R_{\text{f}} - R_{\text{G}} - R_{\text{f}}}{R_{\text{f}}}\right) = V_{\text{in}}$$

$$V_{\text{out}} \cdot \left(\frac{-R_{\text{G}}}{R_{\text{f}}}\right) = V_{\text{in}} \ \text{となり，} \ V_{\text{out}} = -\frac{R_{\text{f}}}{R_{\text{G}}} V_{\text{in}} \ \text{が導かれます．} \qquad \underline{\text{答え} \ \textcircled{1}}$$

問題

平成28年度 Ⅲ-23

下図は理想オペアンプを用いた回路である．図のように電圧 V_1 [V] を与えたとき，抵抗 R_4 [Ω] にかかる電圧 V_0 [V] として，最も適切なものはどれか．

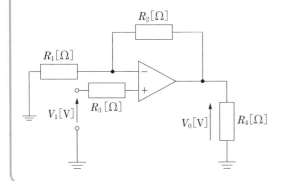

① $\left(1 + \dfrac{R_1}{R_2}\right)V_1$　　④ $-\dfrac{R_1}{R_2} V_1$

② $-\dfrac{R_2}{R_1} V_1$　　⑤ $\left(\dfrac{R_4}{R_3} - \dfrac{R_2}{R_1}\right)V_1$

③ $\left(1 + \dfrac{R_2}{R_1}\right)V_1$

詳しく解説＆解答

本問は理想オペアンプであるため，入力インピーダンスは無限大です．このため V_1 は R_3 の値の影響を受けず，＋側入力端子に到達します．また，出力インピーダンスが0であるため，V_0 は R_4 の影響を受けません．以上より，V_0 と V_1 の関係式には R_3，R_4 は無関係となります．

〈非反転増幅器における仮想ショート〉

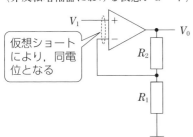

仮想ショートにより，同電位となる

－側入力の電位 V_- は，R_1 と R_2 による V_0 の分圧により，

$$V_- = \frac{R_1}{R_1 + R_2} V_0 \ \text{となります．}$$

仮想ショートにより，$V_- = V_+$ となります．

これにより，$V_1 = \dfrac{R_1}{R_1 + R_2} V_0$ となり，変形すると

$$V_0 = \frac{R_1 + R_2}{R_1} V_1 = \left(1 + \frac{R_2}{R_1}\right)V_1 \ \text{となります．} \qquad \underline{\text{答え} \ \textcircled{3}}$$

類似問題
● 令和元年度 Ⅲ-22

平成 26 年度 Ⅲ-22

　下図は，理想オペアンプを用いた一次ローパスフィルタ回路である。この回路に関する次の記述の，□□□に入る数式の組合せとして最も適切なものはどれか。

　この回路のカットオフ周波数 f_C は□ ア □であり，入力信号の周波数が f_C より十分低い場合の利得 $\dfrac{v_{\text{out}}}{v_{\text{in}}}$ は□ イ □である。

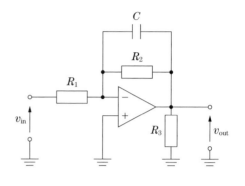

$$\underline{\quad \text{ア} \quad} \qquad \underline{\quad \text{イ} \quad}$$

① $\dfrac{1}{2\pi C R_1 R_2}$ 　$-\dfrac{R_2}{R_1}$ 　　④ $\dfrac{R_1}{2\pi C R_2}$ 　$-\dfrac{R_2}{R_1}R_3$

② $\dfrac{1}{2\pi C R_2}$ 　$-\dfrac{R_2}{R_1}R_3$ 　　⑤ $\dfrac{1}{2\pi C R_1}$ 　$-\dfrac{R_2}{R_1}$

③ $\dfrac{1}{2\pi C R_2}$ 　$-\dfrac{R_2}{R_1}$

詳しく解説＆解答

　この回路の<u>カットオフ周波数</u>を求めるには，まず周波数特性を求めます．

　設問の回路は，コンデンサを削除すると一般的な反転増幅器であることが見て分かります．このため，この回路の R_1 をインピーダンス $\dot{Z}_1$，C と R_2 との並列のインピーダンスを $\dot{Z}_2$ と置き換えて伝達関数を求めます．伝達関数は以下の式で求められます．

$$G(\omega) = \frac{\dot{V}_{\text{out}}}{\dot{V}_{\text{in}}}$$

　この伝達関数の絶対値を計算することにより，周波数特性（ゲイン）が求まります．

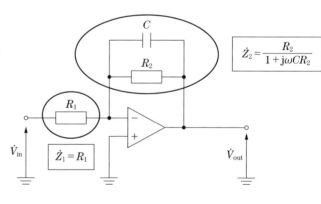

$$\dot{Z}_2 = \frac{R_2}{1 + j\omega C R_2}$$

　Z_1 と Z_2 は以下のように求められます．

$$\dot{Z}_1 = R_1$$

$$\dot{Z}_2 = \frac{1}{\dfrac{1}{R_2} + \dfrac{1}{\dfrac{1}{j\omega C}}} = \frac{R_2}{1 + j\omega C R_2}$$

　この回路は反転増幅器なので，$\dot{V}_{\text{out}} = -\dfrac{\dot{Z}_2}{\dot{Z}_1}\dot{V}_{\text{in}}$ で求められます．よって以下のように式展開していくと，

$$\dot{V}_{\text{out}} = -\frac{\dot{Z}_2}{\dot{Z}_1}\dot{V}_{\text{in}} = -\frac{\dfrac{R_2}{1 + j\omega C R_2}}{R_1}\dot{V}_{\text{in}} = -\frac{R_2}{R_1}\cdot\frac{1}{1 + j\omega C R_2}\dot{V}_{\text{in}}$$

$$G(j\omega) = \frac{\dot{V}_{\text{out}}}{\dot{V}_{\text{in}}} = -\frac{R_2}{R_1}\cdot\frac{1}{1 + j\omega C R_2} = -\frac{R_2}{R_1}\cdot\frac{1}{1 + j\omega C R_2}\cdot\frac{1 - j\omega C R_2}{1 - j\omega C R_2} = -\frac{R_2}{R_1}\cdot\frac{1 - j\omega C R_2}{1 + (\omega C R_2)^2}$$

$$= -\frac{R_2}{R_1} \cdot \frac{1}{1+(\omega CR_2)^2} + j\frac{R_2}{R_1} \cdot \frac{\omega CR_2}{1+(\omega CR_2)^2}$$

となり，この実数部と虚数部の二乗を加算して平方根をとることにより，ゲイン $|G(j\omega)|$ が求まります．

$$|G(j\omega)| = \sqrt{\left\{-\frac{R_2}{R_1} \cdot \frac{1}{1+(\omega CR_2)^2}\right\}^2 + \left\{\frac{R_2}{R_1} \cdot \frac{\omega CR_2}{1+(\omega CR_2)^2}\right\}^2}$$

$$= \frac{R_2}{R_1}\sqrt{\frac{1+(\omega CR_2)^2}{\{1+(\omega CR_2)^2\}^2}} = \frac{R_2}{R_1}\sqrt{\frac{1}{1+(\omega CR_2)^2}} = \frac{R_2}{R_1} \cdot \frac{1}{\sqrt{1+(\omega CR_2)^2}}$$

〈ローパスフィルタの周波数特性におけるカットオフ周波数〉

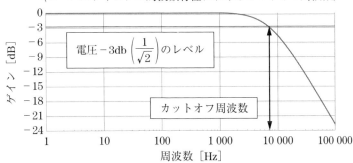

　　ア　のカットオフ周波数とは，V_{out} が通過帯域のレベルから $-3\,db$（$1/\sqrt{2}$）減衰する周波数と定義されています．　　※ 電圧利得で $1/\sqrt{2}$ は $20\log(1/\sqrt{2}) = -3.010\cdots \fallingdotseq -3$ で $-3\,db$

設問はローパスフィルタであるため，伝達関数の絶対値 $|G(\omega)| = \dfrac{R_2}{R_1} \cdot \dfrac{1}{\sqrt{1+(\omega CR_2)^2}}$ 　$\cdots(1)$

が $|G(0)|$ の値の $1/\sqrt{2}$ となる周波数がカットオフ周波数 f_C となります．(1)式に $\omega = 2\pi f_C$ を代入すると $|G(j\omega)|$ は以下のように表せ，この $|G(j\omega)|$ が(1)式に $\omega=0$ を代入した $|G(0)| = \dfrac{R_2}{R_1}$ の $1/\sqrt{2}$ になる f_C を求めます．

$$\frac{|G(j\omega)|}{|G(0)|} = \frac{1}{\sqrt{2}} = \frac{\dfrac{R_2}{R_1} \cdot \dfrac{1}{\sqrt{1+(2\pi f_C CR_2)^2}}}{\dfrac{R_2}{R_1}}$$

$$\frac{1}{\sqrt{2}} = \frac{1}{\sqrt{1+(2\pi f_C CR_2)^2}}$$

$$\sqrt{2} = \sqrt{1+(2\pi f_C CR_2)^2}$$

$$2 = 1+(2\pi f_C CR_2)^2$$

$$1 = (2\pi f_C CR_2)^2$$

$$1 = 2\pi f_C CR_2$$

$$f_C = \frac{1}{2\pi CR_2}$$

　　イ　の「十分低い周波数」は直流と考えられるため，コンデンサ C のインピーダンスは無限大になります．

また，回路中の R_3 はオペアンプの負荷になりますが，オペアンプの出力インピーダンスが 0 であるため，V_{out} には影響がありません．よって反転増幅器である設問の回路の利得は，

$$\frac{\dot{V}_{out}}{\dot{V}_{in}} = -\frac{R_2}{R_1} \quad となります．$$

答え　③

オペアンプは，2つの入力（プラスとマイナス）の間で差分を増幅して出力する集積回路（IC）です．電圧，電流の加減乗除の演算を行う回路を構成することができるため演算増幅器といわれ，英語名「Operational Amplifier」からオペアンプと呼ばれています．

(1) 理想オペアンプの特徴と現実のオペアンプの比較

■ 理想オペアンプの特徴

① 入力インピーダンスが無限大であるため，入力端子に電流が流れません．

② 出力インピーダンスが0のため，接続した負荷の有無が出力に影響を与えません．

③ 開ループゲインが無限大なので，閉ループ[注1]の特性が外部の定数のみで求まります．

④ 直流から無限大の周波数まで増幅できます．このためフィルター[注2]の特性は，外部デバイスの定数のみで求まります．

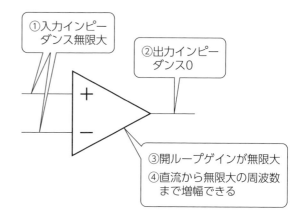

実際には，このような特性をもつオペアンプは存在しません．計算の簡略化のために用いられる仮想のデバイスです．

注1）開ループに対して帰還回路で出力を入力に戻し，ゲインなどを規定した状態
 2）目的の周波数を通過させる回路．オペアンプの周辺にコイル，コンデンサで時定数をもった回路を付加することにより実現する

■ 現実のオペアンプとの比較

設問にある「理想オペアンプ」は以下の特性値と見なして計算を簡略化しますが，現実には，このような特性のオペアンプは実在しません．

〈理想オペアンプと現実のオペアンプの代表的な特性値〉

特性	理想オペアンプ	現実の一般的なオペアンプ
入力インピーダンス	∞（無限大）	数十 $G\Omega$
出力インピーダンス	0（ゼロ）	数 Ω〜数十 Ω
周波数特性	∞	数 MHz〜数百 MHz
開ループゲイン	∞	80 db〜100 db（10^4〜10^5倍）
入力レンジ	∞	電源電圧の範囲以下
出力レンジ	∞	電源電圧の範囲以下
入力オフセット	0	数 μV〜数十 μV
同相入力信号除去比	∞	80 db 程度

実務においては，設計の初期の段階であれば，このような特性としても問題はありませんが，実際の使用形態により，現実のオペアンプの特性を考慮した詳細設計を実回路による検討やシミュレーションなどで行う必要があります．

(2) 基本的なオペアンプの回路例

■ 反転増幅器

V_{in} に入力された波形と逆位相の信号が V_{out} より出力されます．

この増幅器の V_{out} は実際のオペアンプでは，

$$V_{out} = -\frac{R_2}{\dfrac{R_1 + R_2}{A} + R_1} \cdot V_{in} \quad \cdots(1)$$

〈反転増幅器回路例〉

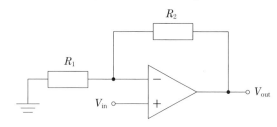

で表されます．理想オペアンプの場合は開

ループゲイン A が無限大なので，$V_{out} = -\dfrac{R_2}{R_1} \cdot V_{in}$ となります．

また，この増幅器の入力インピーダンス R_{in} は，通常のオペアンプでは $R_{in} = R_1 + \dfrac{R_2}{1 + A}$ で表されます．

理想オペアンプでは A が無限大であるため，$R_{in} = R_1$ となります．

■ 非反転増幅器

V_{in} に入力された波形と同位相の信号が V_{out} より出力されます．

この増幅器の V_{out} は，実際のオペアンプでは，

$$V_{out} = \frac{A}{\dfrac{R_1}{R_1 + R_2} \cdot A + 1} \cdot V_{in} \quad \cdots(2) \quad \text{と表}$$

〈非反転増幅器回路例〉

されます．

理想オペアンプの場合は，A が無限大となります．(2)式の分子分母を A で割ると

$$V_{out} = \frac{1}{\dfrac{R_1}{R_1 + R_2} + \dfrac{1}{A}} \quad \text{となるため}$$

$$V_{out} = \frac{R_1 + R_2}{R_1} \cdot V_{in} \quad \text{となります．}$$

非反転増幅器では R_{in} は通常のオペアンプでも入力インピーダンスが非常に高いため，無限大と扱う場合があります．

(3) 仮想ショート

オペアンプで構成する増幅器は，負帰還※を掛けて目的の増幅率で使用します．

下図の非反転増幅回路では，－側入力の電位は＋側の入力の電位と等しくなります．この現象は，－入力と＋入力が仮想的に短絡しているかのように振る舞うため，仮想ショートと呼ばれます．これは理想オペアンプの場合のみの条件で，実際のオペアンプでは誤差を生じます．

※ 負帰還：基本的なオペアンプの回路例にある R_1, R_2 のように出力の一部を反転入力側に戻す回路

〈非反転増幅回路〉

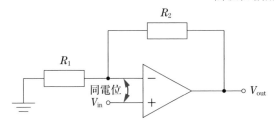

マイナス側入力電位がプラス側入力と等しくなる現象は仮想ショートと呼ばれる

オペアンプは，プラス入力，マイナス入力の差分を開ループゲイン A 倍して出力するアンプであるため，プラス・マイナス入力の電圧をそれぞれ $V_{+\text{in}}$, $V_{-\text{in}}$ とすると，

$V_{\text{out}} = (V_{+\text{in}} - V_{-\text{in}}) \cdot A$ で表すことができます．

この $(V_{+\text{in}} - V_{-\text{in}})$ を ΔV とすると，

$V_{\text{out}} = \Delta V \cdot A$ と表せます．

これに（2）基本的なオペアンプの回路例で説明した(2)式を代入すると，

$$\Delta V = \cfrac{1}{\cfrac{R_1}{R_1 + R_2} \cdot A + 1} \cdot V_{\text{in}}$$ となります．

この式から分かる通り，開ループゲイン A が無限大となると ΔV は 0 になり，$V_{+\text{in}}$, $V_{-\text{in}}$ 間の電位差がなくなるため，仮想ショートと呼ばれます．

(4) 仮想接地

下図の反転増幅回路の場合も，非反転増幅回路同様に仮想ショートであるため，＋側入力と－側入力は同電位となります．このとき，オペアンプの＋側は接地されているため，同電位である－側は，仮想接地と呼ばれます．

〈反転増幅回路〉

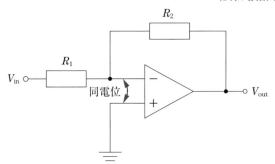

マイナス側入力がプラス側入力と等しくなる現象において，プラス側が図のように接地されている場合，仮想接地と呼ばれる

反転増幅器も非反転増幅器と同様に，オペアンプは，プラス入力，マイナス入力の差分を閉ループゲイン A 倍して出力するアンプであるため，プラス・マイナス入力の電圧をそれぞれ $V_{+\text{in}}$，$V_{-\text{in}}$ とすると，$V_{\text{out}} = (V_{+\text{in}} - V_{-\text{in}}) \cdot A$ で表すことができます．この $(V_{+\text{in}} - V_{-\text{in}})$ を ΔV とすると，$V_{\text{out}} = \Delta V \cdot A$ と表せます．

これに（2）基本的なオペアンプの回路例で説明した(1)式の $V_{\text{out}} = -\dfrac{R_2}{\dfrac{R_1 + R_2}{A} + R_1} \cdot V_{\text{in}}$ を代入すると，

$$\Delta V = -\frac{R_2}{R_1 \cdot (1 + A) + R_2} \cdot V_{\text{in}} \ \text{となります．}$$

仮想ショートと式の形は異なりますが，この場合も A が無限大の場合 ΔV は 0 となり，$V_{+\text{in}}$ と $V_{-\text{in}}$ は同電位となります．このような回路においてプラス入力側が接地されている場合，マイナス側は仮想接地と呼ばれます．

類似問題 ｜ **令和 3 年度　Ⅲ−21**

下図に示す演算増幅器はオペアンプとも呼ばれ，波形操作などに用いられる汎用増幅器である．入力端子の電圧を $V_{in(+)}$ 及び $V_{in(-)}$，出力端子の電圧を V_{out} とする．入力インピーダンスが十分高く，出力インピーダンスが十分低い場合，演算増幅器の電圧利得として，適切なものはどれか．

① $\dfrac{V_{out}}{V_{in(+)} - V_{in(-)}}$　③ $\dfrac{2V_{out}}{V_{in(+)} - V_{in(-)}}$　⑤ $\dfrac{V_{out}}{2(V_{in(+)} - V_{in(-)})}$

② $\dfrac{V_{out}}{V_{in(+)} + V_{in(-)}}$　④ $\dfrac{2V_{out}}{V_{in(+)} + V_{in(-)}}$

解説＆解答

本問は理想オペアンプの断りがないので，通常の有限の利得のオペアンプの問いとなります．このため開ループにおける電圧利得は $\dfrac{\text{出力}}{\text{入力}}$ で表されます．入力端子はプラス側とマイナス側が内部で減算されるため，入力の電圧は $V_{\text{in}(+)} - V_{\text{in}(-)}$ となります．

これより，電圧利得は $\dfrac{V_{\text{out}}}{V_{\text{in}(+)} - V_{\text{in}(-)}}$ となり，①が正解になります．

答え　①

なお，文中の「入力インピーダンスが十分高く，出力インピーダンスが十分低い」とは，オペアンプの前後の回路の影響を無視できるという意味であり，オペアンプを理想オペアンプと見なしてよいことの十分条件ではありません．

10 伝達関数（1）

問題

類似問題
● 平成 26 年度　Ⅲ−20
● 平成 25 年度　Ⅲ−21

平成 27 年度　Ⅲ−21

　下図のようなブロック線図で表される系で，単位ステップ応答を考える。次の記述の，
□□□に入る数式の組合せとして最も適切なものはどれか。

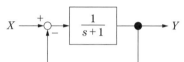

　入力 X から出力 Y への伝達関数は 　ア　 と表される。また，時刻 t における単位ステップ応答 $y(t)$ は 　イ　 と表される。

	ア	イ		ア	イ
①	$\dfrac{1}{s+2}$	$\dfrac{1}{2}\left(1-e^{-\frac{t}{2}}\right)$	④	$\dfrac{1}{s+2}$	$\dfrac{1}{2}(1-e^{-2t})$
②	$\dfrac{s+1}{s+2}$	$\dfrac{1}{2}(1+e^{-2t})$	⑤	$\dfrac{s+1}{s+2}$	$\dfrac{1}{2}\left(1+e^{-\frac{t}{2}}\right)$
③	$\dfrac{1}{s+1}$	$1-e^{-t}$			

🔍 詳しく解説＆解答

　設問のブロック線図は，出力から入力に戻る経路があることから，フィードバック要素のある伝達関数で，これは以下のような図と式で表されます。

〈一般的なフィードバック要素のある伝達関数〉

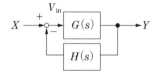

$$W(s) = \frac{Y(s)}{X(s)} = \frac{G(s)}{1+G(s)H(s)}X \quad \cdots \ (1)$$

【フィードバック要素のある伝達関数の導き方】

　(1)式の伝達関数は，以下のように導けます。

　$G(s)$ の入力を V_{in} と置き，以下のような連立方程式を立てます。

$$\begin{cases} Y(s) = G(s) \cdot V_{in} \\ V_{in} = X(s) - H(s) \cdot Y(s) \end{cases}$$

　この式から V_{in} を消去し整理することにより，伝達関数 $W(s) = \dfrac{G(s)}{1+G(s)H(s)}X$ が求まります。

■ 伝達関数の求め方

題意より，$G(s) = \dfrac{1}{s+1}$ であり，$H(s)$ はフィードバック要素に対する操作がないため，1 となります．

この条件を(1)式に代入して展開すると，伝達関数 $W(s)$ が導かれます．

$$Y(s) = \cfrac{\cfrac{1}{s+1}}{1 + \cfrac{1}{s+1} \times 1} X(s) = \frac{1}{s+2} X(s) \quad \cdots(2) \;\Rightarrow\; W(s) = \frac{Y(s)}{X(s)} = \frac{1}{s+2}$$

■ 単位ステップ応答の求め方

設問のブロック線図は，s 領域（周波数）で描かれています．s 領域で計算し，それを逆ラプラス変換で時間領域にすることで，時刻 t における単位ステップ応答が導けます．

設問で指示されている単位ステップ応答の入力は $\dfrac{1}{s}$ となるので，(2)式の $X(s)$ に $\dfrac{1}{s}$ を代入すると下式が導かれます．

$$Y(s) = \frac{1}{s+2} \cdot \frac{1}{s} = \frac{1}{(s+2)s} \quad \cdots(3)$$

次に (3)式を，逆ラプラス変換するために部分分数に分解していきます．分解のために，以下のように A，B という仮の値を置き，その A，B を求めていきます．

部分分数の形にする

$$Y(s) = \boxed{\frac{A}{s+2} + \frac{B}{s}} = \frac{As + B(s+2)}{(s+2)s} = \frac{(A+B)s + 2B}{(s+2)s} \quad \cdots(4)$$

(3)式と(4)式の分母は同じ形になっているので，分子部分が等しくなるような A, B を求めます．分子同士を等号で結ぶと，$1 = (A+B)s + 2B$ となり，この式を満たすためには $(A+B)$ 部分が 0 である必要があることが分かります．よって $(A+B)$ に 0 を代入すると $1 = 2B$ となり，$B = \dfrac{1}{2}$ が導かれ，$A + B = 0$ であることから，$A = -\dfrac{1}{2}$ となります．

この求められた A，B を(4)式の左辺に代入すると，以下の式が導かれます．

$$Y(s) = \frac{A}{s+2} + \frac{B}{s} = -\frac{1}{2} \cdot \frac{1}{s+2} + \frac{1}{2} \cdot \frac{1}{s} = \frac{1}{2}\left(\frac{1}{s} - \frac{1}{s+2}\right) \quad \cdots(5)$$

(5)式を逆ラプラス変換すると答えが導かれます．

$$y(t) = \mathcal{L}^{-1}\left[\frac{1}{2}\left(\frac{1}{s} - \frac{1}{s+2}\right)\right] = \frac{1}{2}\mathcal{L}^{-1}\left[\frac{1}{s} - \frac{1}{s+2}\right] = \frac{1}{2}(1 - e^{-2t})$$

$$\because \mathcal{L}^{-1}\left[\frac{1}{s}\right] = 1, \quad \mathcal{L}^{-1}\left[\frac{1}{s+a}\right] = e^{-at}$$

答え　④

(1) ラプラス変換

　信号処理などにおける微分方程式を解くための手法で，時間領域の関数 $f(t)$ を周波数領域の $F(s)$ に変換して計算し，それを逆ラプラス変換で再び時間領域に変換します．

　時間領域での微分や積分は，周波数領域では乗法や除法に対応するため，伝達関数の出力を求める計算が簡略化できます．

ラプラス変換　$F(s) = \displaystyle\int_0^\infty f(t)e^{-st}\mathrm{d}t$

逆ラプラス変換　$f(t) = \dfrac{1}{2\pi \mathrm{j}} \displaystyle\int_{c-\mathrm{j}\infty}^{c+\mathrm{j}\infty} F(s)e^{st}\mathrm{d}s$，ただし $C>0$

■ ラプラス変換の適用例

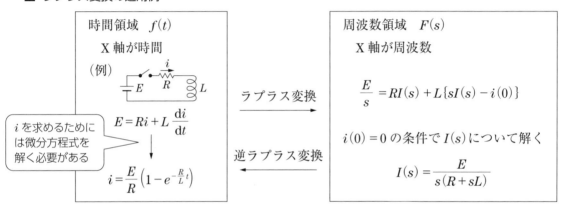

```
時間領域　f(t)
  X軸が時間
（例）
      E = Ri + L di/dt
```

i を求めるためには微分方程式を解く必要がある

$i = \dfrac{E}{R}\left(1 - e^{-\frac{R}{L}t}\right)$

ラプラス変換　→

←　逆ラプラス変換

```
周波数領域　F(s)
  X軸が周波数
```

$\dfrac{E}{s} = RI(s) + L\{sI(s) - i(0)\}$

$i(0) = 0$ の条件で $I(s)$ について解く

$I(s) = \dfrac{E}{s(R + sL)}$

　ラプラス変換→逆ラプラス変換の手順を踏むことで，微分方程式を解かなくても電流 i を求めることが可能になります．下表に代表的なラプラス変換の公式を示します．

〈代表的なラプラス変換の公式〉

	単位ステップ関数(t^0)	比例関数(t^1)	べき関数(t^n)	指数関数	三角関数	三角関数	微分	積分
時間(t)領域	1	t	t^n	e^{-at}	$\sin \omega t$	$\cos \omega t$	$f'(t)$	$\displaystyle\int_0^t f(t)\mathrm{d}t$
周波数(s)領域	$\dfrac{1}{s}$	$\dfrac{1}{s^2}$	$\dfrac{n!}{s^{n+1}}$	$\dfrac{1}{s+a}$	$\dfrac{\omega}{s^2+\omega^2}$	$\dfrac{s}{s^2+\omega^2}$	$sF(s)-f(0)$	$\dfrac{1}{s}F(s)$

(2) 単位ステップ応答

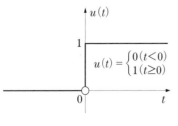

$u(t) = \begin{cases} 0 & (t<0) \\ 1 & (t \geq 0) \end{cases}$

　単位ステップ応答とは，時間 $t=0$ で 0 から 1 に非連続に変化をする単位ステップ関数が入力された際の応答です．単位ステップ関数をラプラス変換すると以下となり，前述の公式表の値が求められます．

$$\mathcal{L}[u(t)] = \int_0^\infty u(t) \cdot e^{-st}\mathrm{d}t = \frac{1}{s}$$

　問題文で「単位ステップ応答」とある場合は，入力を $\dfrac{1}{s}$ として考えていきます．

類似問題　令和3年度　Ⅲ-20

一次遅れ系 $G(s) = \dfrac{10}{10s+1}$ の単位インパルス応答 $g(t)$ の概形として，適切なものはどれか。

ただし，s はラプラス演算子である。

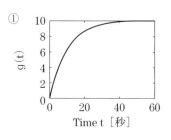

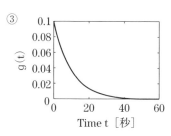

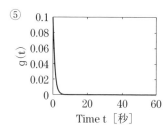

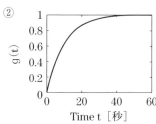

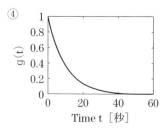

🔍 詳しく解説&解答

　設問にある単位インパルス応答とは，以下のように時間 $t=0$ で無限大の値をとり，面積1で幅がほぼ0のパルス関数，通称デルタ関数がシステムに入力された際のシステムの応答です．

　デルタ関数をラプラス変換すると，1になります．

$$\mathcal{L}[\delta(t)] = \int_{-\infty}^{\infty} \delta(t)\,dt = 1 \qquad \delta(t) = 0\,(t \neq 0)$$

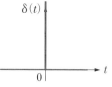

　よって求めるべきインパルス応答 $Y(s)$ は $G(s) \cdot 1$ となるので，題意より $Y(s) = \dfrac{10}{10s+1}$ となります．

　このインパルス応答の時間応答を求めるために，$Y(s)$ を逆ラプラス変換して $g(t)$ を求めます．

$$g(t) = \mathcal{L}^{-1}[Y(s)] = \mathcal{L}^{-1}\left[\frac{10}{10s+1}\right] = \mathcal{L}^{-1}\left[\frac{1}{s+\dfrac{1}{10}}\right] = 1 \times e^{-\frac{1}{10}t}$$

∵指数関数のラプラス変換の公式より

　これより，$t=0$ のとき $g(t)=1$，$t=\infty$ のとき $g(t)=0$ となり，これが当てはまるグラフは④となります．

答え　④

11 伝達関数（2）

問 題

平成 25 年度 Ⅲ-20

伝達関数 $G(s) = \dfrac{5}{1+3s}$ のシステムに対して，ゲイン（利得）が最大値の半分になる周波数

と，その周波数における位相 ϕ が満たす式として，最も適切な組合せはどれか．

周波数	位相が満たす式

① $\dfrac{\sqrt{11}}{2\pi}$ $\tan\phi = -3\sqrt{11}$

② $\sqrt{11}$ $\tan\phi = -3\sqrt{11}$

③ $\dfrac{\sqrt{3}}{\pi}$ $\tan\phi = -3\sqrt{3}$

④ $\sqrt{3}$ $\tan\phi = -3\sqrt{3}$

⑤ $\dfrac{\sqrt{3}}{6\pi}$ $\tan\phi = -\sqrt{3}$

詳しく解説＆解答

　設問の周波数を求めるには，伝達関数 $G(s)$ を周波数伝達関数 $G(j\omega)$ に変換する必要があります．
角周波数 ω における周波数伝達関数は，伝達関数 $G(s)$ から $s = j\omega$ とすることで求められ，

$G(j\omega) = \dfrac{5}{1+3j\omega}$ となります．この $G(j\omega)$ を使って以下のステップで解を求めていきます．

ステップ１：最大ゲインを求める

　ゲイン（利得）は周波数伝達関数の絶対値なので，$G(j\omega)$ を，実数，虚数部分に分けて，2乗の
和の平方根をとることで求められます．

$$G(j\omega) = \frac{5}{1+3j\omega} = \frac{5\cdot(1-3j\omega)}{(1+3j\omega)(1-3j\omega)} = \frac{5\cdot(1-3j\omega)}{1+(3\omega)^2} = 5\left\{ \underbrace{\frac{1}{1+(3\omega)^2}}_{\text{実数部}} - j\underbrace{\frac{3\omega}{1+(3\omega)^2}}_{\text{虚数部}} \right\}$$

$$|G(j\omega)| = 5\cdot\sqrt{\left(\frac{1}{1+(3\omega)^2}\right)^2 + \left(\frac{3\omega}{1+(3\omega)^2}\right)^2} = 5\cdot\sqrt{\frac{1+(3\omega)^2}{(1+(3\omega)^2)^2}} = \frac{5}{\sqrt{1+(3\omega)^2}} \quad \cdots \ (1)$$

$|G(\mathrm{j}\omega)| = \dfrac{5}{\sqrt{1+(3\omega)^2}}$ が最大になるときは，$\omega = 0$ のときであり，その際の最大ゲインは 5 になります．

ステップ2：最大ゲインの半分となる周波数を求める

最大ゲインの半分になる周波数を問われているため，ゲインが先ほど求めた最大ゲイン 5 の半分の $\dfrac{5}{2}$ になるときの ω を求めればよいので，(1)式の $|G(\mathrm{j}\omega)|$ に $\dfrac{5}{2}$ を代入します．

$$\frac{5}{2} = \frac{5}{\sqrt{1+(3\omega)^2}}$$

両辺を 5 で割り，2 乗します．

$$\frac{1}{4} = \frac{1}{1+(3\omega)^2} \ \blacktriangleright\ 1+(3\omega)^2 = 4 \ \blacktriangleright\ 9\omega^2 = 3 \ \blacktriangleright\ \omega^2 = \frac{1}{3} \ \text{となり，} \ \omega = \frac{1}{\sqrt{3}} \ \text{が導かれます．}$$

角周波数 ω と周波数 f には $\omega = 2\pi f$ の関係があるので，周波数 f は以下のように求められます．

$$f = \frac{\omega}{2\pi} = \frac{1}{2\pi\sqrt{3}} = \frac{\sqrt{3}}{6\pi}$$

ステップ3：位相 ϕ を求める

伝達関数において，位相 ϕ は複素偏角 θ と等しくなります．

複素偏角 θ は，複素偏角の公式 $\theta = \arg\left(\dfrac{M}{N}\right) = \arg(M) - \arg(N)$ を使って求められます．設問の周波数伝達関数 $G(\mathrm{j}\omega) = \dfrac{5}{1+3\mathrm{j}\omega}$ を上記公式に代入すると，θ は以下のように求められます．

$$\theta(\omega) = \arg(5) - \arg(1+3\mathrm{j}\omega) = -\arg(1+3\mathrm{j}\omega)$$

$$\because \arg(5) = 0 \qquad ※ \ \text{虚数項のない複素偏角は} \tan^{-1}0 \ \text{なので} \ 0 \ \text{となる}$$

$$-\arg(1+3\mathrm{j}\omega) = -\tan^{-1}\frac{3\omega}{1}$$

ステップ2で求めたゲインが最大値の半分になる角周波数 $\omega = \dfrac{1}{\sqrt{3}}$ をステップ3で求めた $\theta(\omega)$ に代入することにより，このときの<u>位相 ϕ</u> が求められます．

$$\phi = \theta\left(\frac{1}{\sqrt{3}}\right) = -\tan^{-1}\frac{3 \cdot \dfrac{1}{\sqrt{3}}}{1} = -\tan^{-1}\sqrt{3} \quad \text{これより，} \ \tan\phi = -\sqrt{3}$$

答え　⑤

複素偏角（位相角），利得

　複素偏角は，複素数平面上で原点から見た，ある複素数の座標を Real 軸に対する角度で表したものです．伝達関数における位相が偏角（θ）となります．

　下図のように，複素平面上の $z = x + \mathrm{j}y$（x, y は実数）の複素偏角 θ は実部 x を Real 軸，虚部 y を Imaginary 軸とする平面上の点 (x, y) と原点を結ぶ直線と Real 軸とのなす角度として定義されます．利得は，この座標の絶対値（原点からの距離）より求めます．

〈複素偏角と利得〉

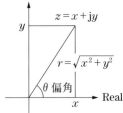

$$\text{偏角 } \theta = \arg(z) = \arg(x + \mathrm{j}y) = \tan^{-1}\frac{y}{x}$$

$$\text{利得（振幅）} \quad r = \sqrt{x^2 + y^2}$$

■ 周波数伝達関数

　時間領域の伝達関数をラプラス変換することにより得られるシステムの伝達関数（s 領域の伝達関数）$G(s)$ に $s = \mathrm{j}\omega$ を代入することにより，周波数伝達関数が得られます．この周波数伝達関数に任意の信号を入力し，出力の振幅と位相を解析することで，システムの周波数特性を知ることができます．

■ 周波数と角周波数

　周波数は「時間」の観点から周期の繰り返しをとらえ，角周波数は「角度」の観点から周期の繰り返しをとらえます．

① 周波数：周波数は，特定の時間内（通常 1 秒間）に何回周期が繰り返されるかを表すパラメータです．通常，記号 f で表され，単位は Hz（ヘルツ）です．

② 角周波数：角周波数は周期の繰り返しを「角度」の観点からとらえます．つまり，1 秒間にどれだけの角度が進むかを表すパラメータです．通常，記号 ω で表され，単位は rad/s（ラジアン毎秒）です．1 周期が完了すると，角度は 2π ラジアン進行します．

　以上のことより，周波数 f [Hz] に 2π を掛けることで角周波数 ω [rad/s] となることが分かります．2π [rad] は 360° で，正弦波の 1 周期となります．

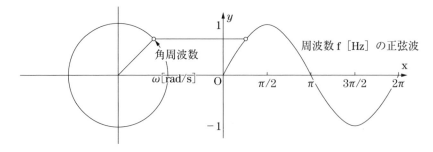

類似問題　令和元年度（再）Ⅲ-21

　伝達関数 $G(s)$ が次の式で表される制御系がある。角周波数 ω [rad/s] における周波数伝達関数は、$s = j\omega$（j は虚数単位）にすることで得られる。この制御系の入力信号に対する出力信号の位相が、遅れ $90°$ となるとき、周波数伝達関数のゲイン $|G(j\omega)|$ に最も近い値はどれか。

$$G(s) = \frac{5}{s^2 + 1.2s + 9}$$

① 1.0　　② 1.1　　③ 1.2　　④ 1.3　　⑤ 1.4

　詳しく解説＆解答

設問の伝達関数を周波数伝達関数に変換するために、$s = j\omega$ を代入します。

$$G(j\omega) = \frac{5}{(j\omega)^2 + 1.2 \times j\omega + 9} = \frac{5}{(9 - \omega^2) + 1.2j\omega} \quad \cdots(1)$$

複素偏角（位相角）の公式を(1)式に適用します。

$$\phi(j\omega) = \arg\left\{ \frac{5}{(9 - \omega^2) + 1.2j\omega} \right\} = \underbrace{\arg(5)}_{= 0\ となる} - \arg\{(9 - \omega^2) + 1.2j\omega\} = -\arg\{(9 - \omega^2) + 1.2j\omega\}$$

$$\cdots(2)$$

$z = a + bj$（ただし、a, b は実数）のとき、z の偏角を θ とすると、$\tan\theta = \dfrac{b}{a}$ なので、

設問における出力信号の位相 θ は、$\arg z = \tan^{-1}\dfrac{b}{a} = -\tan^{-1}\dfrac{1.2\omega}{9 - \omega^2}$ となります。

題意より、位相遅れ $90°$ であるため、$\theta = -90°$ となり、以下の式が成り立ちます。

$$-90° = -\tan^{-1}\frac{1.2\omega}{9 - \omega^2} \quad \cdots(3)$$

$-90° = -\tan^{-1}\infty$ であるため、(3)式の分母が 0 になる ω を求めると、$\omega = 3$ となります。この求められた $\omega = 3$ を(1)式に代入して絶対値を求めると、問題のゲインが求められます。

$$|G(j\omega)| = \left| \frac{5}{\underbrace{(9 - \omega^2)}_{= 0\ となる} + 1.2j\omega} \right| = \left| \frac{5}{3.6j} \right| = \sqrt{\frac{5^2}{3.6^2}} = \frac{5}{3.6} = 1.388\cdots \fallingdotseq 1.4$$

答え　⑤

12 PID 制御

問題

類似問題
● 平成 30 年度 Ⅲ-20
● 平成 28 年度 Ⅲ-21

令和 3 年度 Ⅲ-19

PID（Proportional—Integral—Derivative[編注]）制御系に関する次の記述のうち，不適切なものはどれか。

[編注）Differential

① 比例ゲインを大きくすると定常偏差は小さくなる。

② 比例ゲインを大きくすると系の応答は振動的になる。

③ 制御系にその微分値を加えて制御すると，速応性を高め，減衰性を改善できる。

④ 積分制御を行うと定常偏差は大きくなる。

⑤ PID 補償をすることにより速応性を改善できる。

解説＆解答

④が不適切．積分制御の積分とは，制御開始から現在時点までの偏差の累計のことです．積分制御を加えることで，定常偏差（常に存在する一定の誤差）を減らすことができます．

答え　④

詳しく解説

PID 制御は，下図のフィードバック制御の偏差に対して行われ，その伝達関数は以下のようになります．

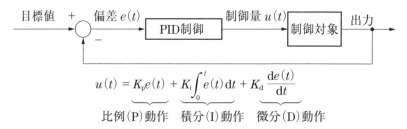

$$u(t) = \underbrace{K_{\mathrm{p}}e(t)}_{比例（P）動作} + \underbrace{K_{\mathrm{i}}\int_0^t e(t)\,\mathrm{d}t}_{積分（I）動作} + \underbrace{K_{\mathrm{d}}\frac{\mathrm{d}e(t)}{\mathrm{d}t}}_{微分（D）動作}$$

$u(t)$：制御量
$e(t)$：偏差＝目標値－出力
K_{p}：比例ゲイン　　K_{i}：積分ゲイン　　K_{d}：微分ゲイン

ここでいうゲインとは，P・I・Dそれぞれの動作が，どれくらいの強さで制御対象に影響を及ぼすかを決定するパラメータです。

各制御の特徴とゲインの大きさによる応答の違いを次の表に示します。

制御	特徴	低ゲイン時の応答	高ゲイン時の応答
比例動作 Proportional	制御の現在の偏差をそのまま直接的に操作量に反映し，目標に近づける動作	目標値への追従が遅くなる	目標値への追従は速いが，制御対象の応答性によっては振動を起こす
積分動作 Integral	長時間にわたる偏差の累計を操作量に反映する．比例動作との組み合わせで定常偏差の影響を減らす方向に動作する	比例動作による定常偏差が残る	オーバーシュートを生じ，収束が遅くなる場合がある
微分動作 Differential	偏差の変化速度を操作量に反映する．比例動作との組み合わせで振動を抑制し，収束を早める	比例動作による振動の抑制が不足する	目標値へ追従する時間が長くなる

以上の内容を踏まえて，問題文の①，②，③，⑤を説明していきます．

① 目標値を入力したシステムの実際の値が，時間を経過しても目標値に到達せず，ある一定の偏差を生じる場合があります．これを「定常偏差」と呼び，比例ゲイン（K_p）を大きくすることにより，偏差の量に応じたフィードバック制御が入るため，定常偏差を小さくすることができます．

② 比例ゲインは偏差に応じた制御量を発生します．これを大きくすることにより応答は早くなりますが，目標値に対してオーバーシュート（目標値を行き過ぎる）が発生します．これが収束するまでに繰り返され，動作は振動的になります．

③ 減衰性とは，システムが外部からの変化や摂動にどの程度敏感に反応し，また，その反応が，どれだけ速やかに安定状態に戻るかという特性をいいます．微分値とは偏差の変化速度なので，その量に応じたフィードバック制御を加えることにより，オーバーシュートや振動を抑えて減衰性を改善することができます．また，比例ゲイン単独で発生していた振動を抑えられるため，比例ゲイン K_p を大きくすることができ，その結果，速応性を改善できます．

⑤ 速応性とは，目標値の変化に対する応答の速さで，PID 制御で「比例」，「積分」，「微分」それぞれのゲインを適切に設定することにより改善できます．PID 補償は PID 制御を用いて制御系の性能を向上させるアプローチです．

(1) 速応性と減衰性

速応性と減衰性は，システムの応答特性を説明する際によく使われる用語で，関連性があるため混同されている方も多いですが，それぞれが表す現象は少し異なります．

速応性：システムが偏差にどれだけ迅速に反応し，目標値にどれだけ速く収束するかを示す指標です．速応性が高いシステムは，変動に対して素早く対応し，短時間で安定状態に戻ることができます．

減衰性：システムが外部からの変化や摂動にどの程度敏感に反応し，また，その反応がどれくらい速やかに安定状態に戻るか，つまり振動やオーバーシュートが，どの程度抑制されるかという特性を指します．

速応性は，システムがどれだけ迅速に反応できるか，つまり反応速度を表す一方で，減衰性はその反応がどれだけ滑らかで，どれほど迅速に安定状態に戻ることができるか，つまり反応の品質や安定性を表しています．

(2) PID 制御

PID 制御は，ヒーターの温度やモーターの回転数等を目標値に制御するフィードバックループに対して行われます．これらは下図のように並列に行われ，加算されて制御量 $u(t)$ となります．

〈PID 制御のブロック線図〉

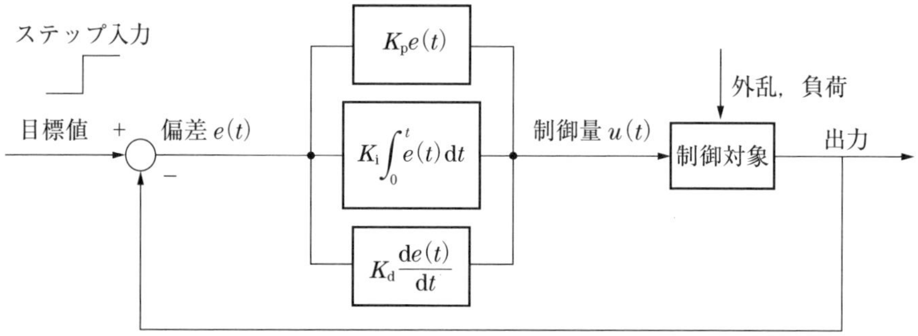

K_p：比例ゲイン　K_i：積分ゲイン　K_d：微分ゲイン

PID 制御のうち，単独で使用されるものは P で，I と D は P と併用されます．PID 制御は，フィードバック制御において，速く安定して目標値に到達することにより評価されます．その評価は，立ち上がり時間などの指標で表されます．また，システムの安定性は応答の振動の少なさで評価され，オーバーシュートや整定時間（収束に要する時間）が指標となっています．これらの要件を満たすように各ゲインを調整します．

(3) 各動作の応答イメージ

■ 比例動作 (P動作)

右図は前述のブロック線図において, 目標値をステップ状に急峻に変化させた場合の比例ゲインの大小による応答のイメージの違いです. 比例ゲインが小さいときは立ち上がりが遅いですが, 整定時間が他より短くなっています. 比例ゲインが大きいときは立ち上がりが早いですが, 振動のために収束に時間を要し, 整定時間が長くなっています. このため微分ゲインを加えることで振動を抑える必要が生じます.

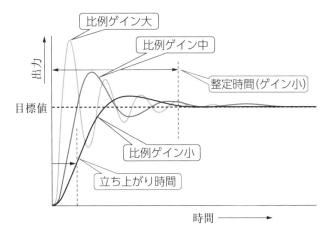

〈比例動作のゲインによる応答性の比較〉

■ 比例動作＋微分動作 (PD動作)

比例動作に微分動作を加えた場合の応答です. 微分ゲインが小のときの振動は比例ゲインによるもので, 微分ゲイン中にすることにより振動を抑えています. 微分動作は急激な変動成分を抽出し, それを抑制する力を発生します. これにより振動を収束させます. このため微分ゲイン大にすると動作自体が遅くなります.

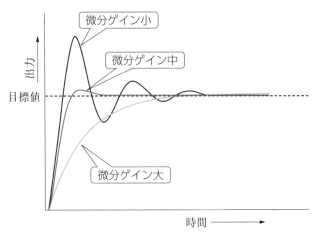

〈微分動作のゲインによる応答の比較〉

■ 比例動作＋微分動作＋積分動作 (PID動作)

比例動作に微分動作を加えることで振動を低減し, さらに積分動作を加えることで一定の負荷などにより生じる定常偏差を減少させることができます. これは制御開始時点からの偏差を累計することで定常的な負荷などによる偏差を抽出し, それを解消する出力を発生することにより定常偏差を低減します. PID制御は, 既知の値を入力したり実際の動作で各ゲインを合わせ込むことにより最適化していきます.

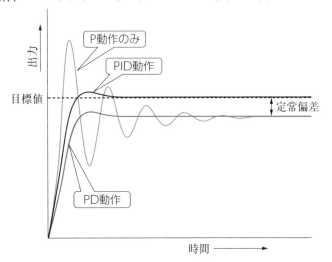

〈P, I, Dの組み合わせによる応答性の比較〉

情報通信

1 論理式

類似問題
● 令和 2 年度　Ⅲ-24
● 平成 30 年度　Ⅲ-24

問題

平成 27 年度　Ⅲ-29

4 変数 A, B, C, D から構成される論理式

$$A \cdot \bar{C} + \bar{A} \cdot \bar{C} \cdot D + A \cdot B \cdot C \cdot \bar{D} + \bar{A} \cdot \bar{B} \cdot \bar{C} \cdot \bar{D}$$

を簡略化した論理式として最も適切なものはどれか。ただし，論理変数 X, Y に対して，$X + Y$ は論理和を表し，$X \cdot Y$ は論理積を表す。また，X は $\bar{X}$ の否定を表す。

① $B \cdot \bar{C} + C \cdot \bar{D} + A \cdot B \cdot \bar{D}$

② $B \cdot \bar{C} + \bar{C} \cdot D + A \cdot B \cdot \bar{D}$

③ $\bar{B} \cdot \bar{C} + C \cdot \bar{D} + A \cdot B \cdot \bar{D}$

④ $\bar{B} \cdot \bar{C} + \bar{C} \cdot D + A \cdot B \cdot \bar{D}$

⑤ $\bar{B} \cdot \bar{C} + \bar{C} \cdot \bar{D} + A \cdot B \cdot \bar{D}$

詳しく解説＆解答

問題文の論理式が積和形になっているため，カルノー図を使って簡単化します．

$A \cdot \bar{C} + \bar{A} \cdot \bar{C} \cdot D + A \cdot B \cdot C \cdot \bar{D} + \bar{A} \cdot \bar{B} \cdot \bar{C} \cdot \bar{D}$ を
カルノー図で表すと，右のようになります．

CD＼AB	00	01	11	10
00	1	0	1	1
01	1	1	1	1
11	0	0	0	0
10	0	0	1	0

次に，作成したカルノー図に対しグループの数がなるべく少なくなるように，1 が書かれたマス目を長方形で囲むと，右のようになります．

CD＼AB	00	01	11	10
00	1	0	1	1
01	1	1	1	1
11	0	0	0	0
10	0	0	1	0

① ⬭ の長方形で囲んだグループの $\bar{A} \cdot \bar{B} \cdot \bar{C} \cdot \bar{D}$, $\bar{A} \cdot \bar{B} \cdot \bar{C} \cdot D$, $A \cdot \bar{B} \cdot \bar{C} \cdot \bar{D}$, $A \cdot \bar{B} \cdot \bar{C} \cdot D$ で共通しているのは，$\bar{B} \cdot \bar{C}$

② ⬭ の長方形で囲んだグループの $\bar{A} \cdot \bar{B} \cdot \bar{C} \cdot D$, $\bar{A} \cdot B \cdot \bar{C} \cdot D$, $A \cdot B \cdot \bar{C} \cdot D$, $A \cdot \bar{B} \cdot \bar{C} \cdot D$ で共通しているのは，$\bar{C} \cdot D$

③ ⬭ の長方形で囲んだグループの $A \cdot B \cdot \bar{C} \cdot \bar{D}$, $A \cdot B \cdot C \cdot \bar{D}$ で共通しているのは，$A \cdot B \cdot \bar{D}$

よって，問題文の論理式を簡単化した論理式は $\bar{B} \cdot \bar{C} + \bar{C} \cdot D + A \cdot B \cdot \bar{D}$

答え　④

類似問題
● 平成 29 年度 Ⅲ-24
● 平成 25 年度 Ⅲ-24
● 平成 24 年度 Ⅳ-23

問題

平成 23 年度 Ⅳ-23

3 変数 X, Y, Z から構成される論理式

$$F(X, Y, Z) = \overline{\overline{X \cdot Y \cdot Z + X \cdot Y \cdot \bar{Z} + \bar{X} \cdot Y \cdot Z + \bar{X} \cdot Y \cdot \bar{Z}} + \bar{X} \cdot \bar{Y} \cdot Z}$$

を簡単化した論理式として正しいものはどれか。ただし，論理変数 A, B に対して，$A+B$ は論理和を表し，$A \cdot B$ は論理積を表す。また，$\bar{A}$ は A の否定を表す。

① $\bar{X} \cdot (Y + \bar{Z})$ ④ $\bar{Y} \cdot (X + Z)$

② $\bar{X} \cdot (Y + Z)$ ⑤ $\bar{Y} \cdot (X + \bar{Z})$

③ $\bar{Y} \cdot (\bar{X} + \bar{Z})$

🔍 詳しく解説＆解答

問題文の論理式が積和形になっていないため，カルノー図は使いません。ブール代数の定理を使って論理式を簡単化します。まずは，$(X + \bar{X})$ や $(Z + \bar{Z})$ のように，足して 1 になる組み合わせを探して，共通項でくくっていきます。

$$F(X, Y, Z) = \overline{\boxed{X \cdot Y \cdot Z + X \cdot Y \cdot \bar{Z}} + \boxed{\bar{X} \cdot Y \cdot Z + \bar{X} \cdot Y \cdot \bar{Z}} + \bar{X} \cdot \bar{Y} \cdot Z}$$

$$= \overline{\boxed{X \cdot Y \cdot (Z + \bar{Z})} + \boxed{\bar{X} \cdot Y \cdot (Z + \bar{Z})} + \bar{X} \cdot \bar{Y} \cdot Z}$$

$$= \overline{\boxed{X \cdot Y + \bar{X} \cdot Y} + \bar{X} \cdot \bar{Y} \cdot Z} \quad (\because Z + \bar{Z} = 1)$$

$$= \overline{\boxed{(X + \bar{X}) \cdot Y} + \bar{X} \cdot \bar{Y} \cdot Z}$$

$$= \overline{Y + \bar{X} \cdot \bar{Y} \cdot Z}$$

ここで，Y を A，$\bar{X} \cdot \bar{Y} \cdot Z$ を B と見て，ド・モルガンの法則を使います。

$$F(X, Y, Z) = \overline{A + B}$$

$$= \bar{A} \cdot \bar{B} \quad (\because \text{ド・モルガンの法則})$$

$$= \bar{Y} \cdot (\overline{\bar{X} \cdot \bar{Y} \cdot Z}) \quad \cdots (1)$$

そして，$\overline{\bar{X} \cdot \bar{Y} \cdot Z}$ にも，ド・モルガンの法則を使います。

$$\overline{\bar{X} \cdot \bar{Y} \cdot Z} = \bar{\bar{X}} + \bar{\bar{Y}} + \bar{Z} \quad (\because \text{ド・モルガンの法則})$$

$$= X + Y + \bar{Z} \quad \cdots (2) \quad (\because \bar{\bar{X}} = X)$$

(1)式，(2)式より，

$$F(X, Y, Z) = \bar{Y} \cdot (X + Y + \bar{Z})$$

$$= \bar{Y} \cdot X + \bar{Y} \cdot Y + \bar{Y} \cdot \bar{Z}$$

$$= \bar{Y} \cdot X + \bar{Y} \cdot \bar{Z} \quad (\because \bar{Y} \cdot Y = 0)$$

$$= \bar{Y} \cdot (X + \bar{Z})$$

答え ⑤

(1) ブール代数

ブール代数とは，真と偽の2値のみを使い演算を行う代数学です．1は真を，0は偽を表します．

〈基本的な論理演算の真理値表〉

否定（NOT）$\bar{A}$

A	$\bar{A}$
0	1
1	0

論理積（AND）$A \cdot B$

A	B	$A \cdot B$
0	0	0
0	1	0
1	0	0
1	1	1

論理和（OR）$A + B$

A	B	$A + B$
0	0	0
0	1	1
1	0	1
1	1	1

(2) 積和形

論理変数の積を項と呼び，項の論理和で表される式を積和形と呼びます．

例：$\underbrace{A \cdot \bar{C}}_{項} + \underbrace{\bar{A} \cdot \bar{C} \cdot D}_{項} + \underbrace{A \cdot B \cdot C \cdot \bar{D}}_{項} + \underbrace{\bar{A} \cdot \bar{B} \cdot \bar{C} \cdot \bar{D}}_{項}$

積和形

(3) ブール代数の公理・定理

[1] 0元の性質/1元の性質　　$A \cdot 0 = 0$　　　　　　　　　$A + 1 = 1$

[2] 単位元則　　　　　　　　$A \cdot 1 = A$　　　　　　　　　$A + 0 = A$

[3] べき等則　　　　　　　　$A \cdot A = A$　　　　　　　　　$A + A = A$

[4] 二重否定　　　　　　　　$\bar{\bar{A}} = A$

[5] 補元則　　　　　　　　　$A \cdot \bar{A} = 0$　　　　　　　　$A + \bar{A} = 1$

[6] 交換則　　　　　　　　　$A \cdot B = B \cdot A$　　　　　　　$A + B = B + A$

[7] 結合則　　　　　　　　　$(A \cdot B) \cdot C = A \cdot (B \cdot C)$　　$(A + B) + C = A + (B + C)$

[8] 分配則　　　　　　　　　$A \cdot (B + C) = A \cdot B + A \cdot C$　$A + B \cdot C = (A + B) \cdot (A + C)$

[9] 吸収則　　　　　　　　　$A + A \cdot B = A$　　　　　　　$A \cdot (A + B) = A$

[10] ド・モルガンの法則　　　$\overline{A \cdot B} = \bar{A} + \bar{B}$　　　　　　$\overline{A + B} = \bar{A} \cdot \bar{B}$

(4) カルノー図

カルノー図は，論理式を簡単化するために用いられます．式の各変数の入力値と対応する出力値を表した図です．

■ カルノー図を使って，$Z = A \cdot \bar{B} + \bar{A} \cdot B + A \cdot B$ を簡単化する方法

まず，カルノー図の対応するマス目に Z の値を入れて，カルノー図をつくります．

A	B	Z
0	0	0
0	1	1
1	0	1
1	1	1

カルノー図

B＼A	0	1
0	0	1
1	1	1

＝

カルノー図の意味

B＼A	$\bar{A}$	A
$\bar{B}$	$\bar{A} \cdot \bar{B}$	$A \cdot \bar{B}$
B	$\bar{A} \cdot B$	$A \cdot B$

次に，カルノー図中のすべての1を，1の数が 2^N 個になるように長方形（正方形も含む）で囲みます．このとき，なるべく長方形のサイズが大きくなるようにします．

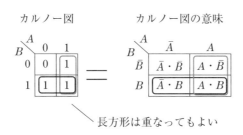

カルノー図　　　　　　カルノー図の意味

長方形は重なってもよい

最後に，それぞれの長方形で囲んだグループの中で共通している項を取り出して，それを論理和でつなげます．

① ☐ の長方形で囲んだグループの $A \cdot \bar{B}$ と $A \cdot B$ で共通しているのは，A

② ☐ の長方形で囲んだグループの $\bar{A} \cdot B$ と $A \cdot B$ で共通しているのは，B

よって，$Z = \underline{A} + \underline{B}$ となります．

■ 3変数のときのカルノー図

AB の状態を横方向，C の状態を縦方向とし，図を作成します．

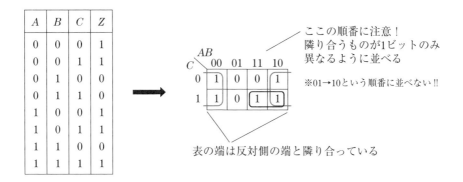

A	B	C	Z
0	0	0	1
0	0	1	1
0	1	0	0
0	1	1	0
1	0	0	1
1	0	1	1
1	1	0	0
1	1	1	1

ここの順番に注意！
隣り合うものが1ビットのみ
異なるように並べる

※01→10という順番に並べない!!

表の端は反対側の端と隣り合っている

カルノー図から論理式を求めると，$Z = \underline{\bar{B}} + \underline{A \cdot C}$ となります．

■ 4変数のときのカルノー図

A	B	C	D	Z	A	B	C	D	Z
0	0	0	0	1	1	0	0	0	1
0	0	0	1	0	1	0	0	1	0
0	0	1	0	1	1	0	1	0	1
0	0	1	1	0	1	0	1	1	0
0	1	0	0	0	1	1	0	0	0
0	1	0	1	1	1	1	0	1	0
0	1	1	0	0	1	1	1	0	0
0	1	1	1	0	1	1	1	1	0

ここの順番に注意！

CD \ AB	00	01	11	10
00	1	0	0	1
01	0	1	0	0
11	0	0	0	0
10	1	0	0	1

カルノー図から論理式を求めると，$Z = \underline{\bar{B} \cdot \bar{D}} + \underline{\bar{A} \cdot B \cdot \bar{C} \cdot D}$ となります．

2 論理回路

問 題

類似問題
● 令和4年度　　　Ⅲ-22
● 令和3年度　　　Ⅲ-24
● 令和元年度（再）Ⅲ-24
● 令和元年度　　　Ⅲ-24
● 平成28年度　Ⅲ-25
● 平成26年度　Ⅲ-24

平成30年度 Ⅲ-23

4つのNANDを使った下記の論理回路で，出力fの論理式として，最も適切なものはどれか。ただし，論理変数A, Bに対して，$A+B$は論理和を表し，$A \cdot B$は論理積を表す。また，$\bar{A}$はAの否定を表す。

① $\bar{A} \cdot \bar{B} \cdot \bar{C} \cdot \bar{D} \cdot \bar{E}$

② $\bar{A} \cdot \bar{B} \cdot \bar{D} + C \cdot \bar{D} + \bar{E}$

③ $\bar{A} \cdot \bar{B} \cdot D + C \cdot D + \bar{E}$

④ $A \cdot B \cdot D + \bar{C} \cdot D + \bar{E}$

⑤ $\bar{A} + \bar{B} + \bar{C} + \bar{D} + \bar{E}$

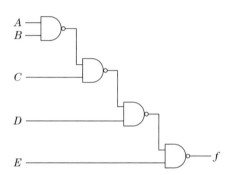

詳しく解説＆解答

問題の論理回路を論理式で表すと，$\overline{\overline{\overline{\overline{A \cdot B} \cdot C} \cdot D} \cdot E}$となるので，これを簡単化します．

まず，$\overline{\overline{\overline{A \cdot B} \cdot C} \cdot D}$を$X$，$E$を$Y$と見て，ド・モルガンの法則を使います．

$$\overline{\overline{\overline{\overline{A \cdot B} \cdot C} \cdot D} \cdot E} = \overline{X \cdot Y}$$
$$= \bar{X} + \bar{Y} \quad (\because ド・モルガンの法則)$$
$$= \overline{\overline{\overline{\overline{A \cdot B} \cdot C} \cdot D}} + \bar{E}$$
$$= \overline{\overline{\overline{A \cdot B} \cdot C} \cdot D} + \bar{E}$$

ここで，$\overline{A \cdot B}$をα，Cをβと見て，ド・モルガンの法則を使い，$\overline{\overline{A \cdot B} \cdot C}$を求めます．

$$\overline{\overline{A \cdot B} \cdot C} = \overline{\alpha \cdot \beta}$$
$$= \bar{\alpha} + \bar{\beta} \quad (\because ド・モルガンの法則)$$
$$= \overline{\overline{A \cdot B}} + \bar{C}$$
$$= A \cdot B + \bar{C}$$

これを元の式に代入すると，

$$\overline{\overline{\overline{\overline{A \cdot B} \cdot C} \cdot D} \cdot E} = (A \cdot B + \bar{C}) \cdot D + \bar{E}$$
$$= A \cdot B \cdot D + \bar{C} \cdot D + \bar{E}$$

答え　④

類似問題
● 令和元年度（再）Ⅲ-25
● 平成 27 年度　　Ⅲ-24

平成 23 年度 Ⅳ-24

論理回路において，NAND ゲートだけを利用して，NOT 回路，AND 回路，NOR 回路，OR回路を実現する場合，それぞれ最低限必要なNAND ゲートの個数として適切なものはどれか。ただし，NOT 回路以外は 2 入力とする。

	NOT	AND	NOR	OR
①	1	3	4	5
②	2	2	3	5
③	1	1	2	5
④	2	3	3	3
⑤	1	2	4	3

詳しく解説＆解答

NAND ゲートだけを利用して，他の論理回路を実現した回路図を以下に示します．

〈NOT回路〉

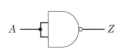

$$Z = \overline{A \cdot A} = \bar{A}$$

〈AND回路〉

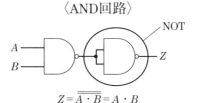

$$Z = \overline{\overline{A \cdot B}} = A \cdot B$$

〈OR回路〉

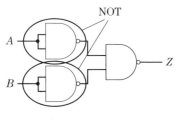

$$Z = \overline{\bar{A} \cdot \bar{B}} = A + B$$

〈NOR回路〉

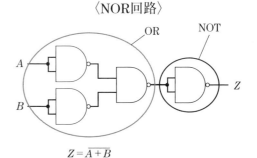

$$Z = \overline{A + B}$$

答え　⑤

NAND ゲートは完備性を満たしているので，NAND ゲートだけで他の論理回路を実現することができます．

(1) 基本的な論理ゲート

〈NOT ゲート〉

$Z = \bar{A}$

A	Z
0	1
1	0

〈AND ゲート〉

$Z = A \cdot B$

A	B	Z
0	0	0
0	1	0
1	0	0
1	1	1

〈OR ゲート〉

$Z = A + B$

A	B	Z
0	0	0
0	1	1
1	0	1
1	1	1

〈NAND ゲート〉

$Z = \overline{A \cdot B}$

A	B	Z
0	0	1
0	1	1
1	0	1
1	1	0

〈NOR ゲート〉

$Z = \overline{A + B}$

A	B	Z
0	0	1
0	1	0
1	0	0
1	1	0

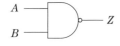

〈XOR ゲート〉

$Z = \bar{A} \cdot B + A \cdot \bar{B}$
$\quad = A \oplus B \qquad \oplus$ は排他的論理和（XOR）を表す記号

A	B	Z
0	0	0
0	1	1
1	0	1
1	1	0

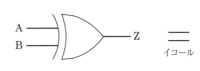

イコール

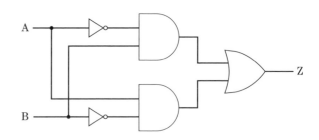

(2) 完備性

　あるゲートの種類の組み合わせで，すべての論理回路を実現することができる場合，その組み合わせは完備性を満たす，といいます．つまり，完備性を満たすゲートの組み合わせがあれば，他のゲートを実現することができます．

　完備性を満たすゲートの組み合わせの例：

　{NOT, AND, OR}，{NAND}，{NOR}，{NOT, AND}，{NOT, OR}など．

　完備性を満たさないゲートの組み合わせの例：

　{AND, OR}，{NOT}，{AND}，{OR}など．

類似問題　　令和3年度 Ⅲ-23

　下図の論理回路の入出力の関係が，下表の真理値表で与えられる．このとき，図における　ア　に入る論理回路の論理式として，適切なものはどれか．

　ただし，論理変数 A, B に対して，$A+B$ は論理和を表し，$A \cdot B$ は論理積を表す．また，$\bar{A}$ は A の否定を表す．

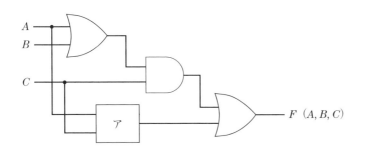

真理値表

A	B	C	F
0	0	0	1
0	0	1	1
0	1	0	1
0	1	1	1
1	0	0	1
1	0	1	1
1	1	0	1
1	1	1	1

① $\bar{A} \cdot \bar{C}$　　　④ $A + C$

② $\bar{A} + B$　　　⑤ $\bar{A} + \bar{C}$

③ $B + C$

🔍 詳しく解説&解答

　まず，アの入力は A と C なので，B を含む②と③は除外されます．

　続いて，上記回路を論理式で表すと，$\{(A+B) \cdot C\} +$ ア $= F$ です．

　すべての F を1とするためには，出力の最後が OR 回路になっていることから，$\{(A+B) \cdot C\}$ が0のときに必ず1となる信号をアより入力すればよいです．

　$\{(A+B)\} \cdot C$ が0となる条件は，$(A+B)=0$ または $C=0$，すなわち $A=B=0$ または $C=0$ であるため，その条件のときに1となる論理回路がアにあればよいです．

　$A=C=0$ のとき，④が0，$A=0$, $C=1$ のとき，①が0になるため，①，④は除外されます．よって，$\bar{A}+\bar{C}$ が答えになります．

答え　⑤

3 マルコフ情報源とエントロピー

問題

類似問題
● 令和 2 年度　Ⅲ-26
● 平成 29 年度　Ⅲ-26

令和元年度（再）Ⅲ-26

　エルゴード性を持つ 2 元単純マルコフ情報源が，状態 A，状態 B からなり，下図に示す遷移確率を持つとき，状態 A の定常確率 P_A，状態 B の定常確率 P_B の組合せとして，最も適切なものはどれか。

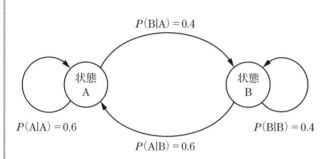

① $P_A = \dfrac{1}{2}$　　$P_B = \dfrac{1}{2}$

② $P_A = \dfrac{1}{4}$　　$P_B = \dfrac{3}{4}$

③ $P_A = \dfrac{3}{4}$　　$P_B = \dfrac{1}{4}$

④ $P_A = \dfrac{2}{5}$　　$P_B = \dfrac{3}{5}$

⑤ $P_A = \dfrac{3}{5}$　　$P_B = \dfrac{2}{5}$

詳しく解説&解答

　問題のマルコフ情報源の状態遷移図を見てみると，現在の状態が状態 A であった場合，次の状態は 0.6 の確率で状態 A であり，0.4 の確率で状態 B に遷移し，現在の状態が状態 B であった場合，次の状態は 0.4 の確率で状態 B であり，0.6 の確率で状態 A に遷移することが分かります．

　また，見方を変えて，現在の状態が状態 A となるのは，前の状態が A の場合に 0.6 の確率で状態 A となる場合と，前の状態が B の場合に 0.6 の確率で状態 A に遷移してきた場合の 2 通りとなります．そして，十分に長い時間が経過すれば，現在の状態と前の状態の確率はともに定常確率 P_A となる（この状態を定常状態という）ため，これを式で表すと，

　　$P_A = 0.6P_A + 0.6P_B$ となり，この式を変形すると，

　　$0.4P_A = 0.6P_B$

すなわち，定常状態では $P_A = \dfrac{3}{2}P_B$ の関係となります．

　また，$P_A + P_B = 1$（全状態を足した確率は 1）であることから，

　　$\dfrac{3}{2}P_B + P_B = 1$　　　$P_B = \dfrac{2}{5}$

　　$P_A = \dfrac{3}{2}P_B = \dfrac{3}{5}$ となり，正解は⑤となります．

答え　⑤

類似問題
● 令和 4 年度 Ⅲ-24   ● 平成 30 年度 Ⅲ-26
● 令和 3 年度 Ⅲ-26   ● 平成 28 年度 Ⅲ-26
● 令和元年度 Ⅲ-27

平成 27 年度 Ⅲ-27

エントロピーに関する次の記述の，□□□□に入る語句の組合せとして最も適切なものはどれか。

情報源アルファベットが $\{a_1, a_2, \cdots, a_M\}$ の記憶のない情報源を考える。$a_1, a_2, \cdots, a_M$ の発生確率を $p_1, p_2, \cdots, p_M$ とすれば，エントロピーは ア となる。エントロピーは， イ にはならない。エントロピーが最大となるのは，$p_1 = p_2 = \cdots = p_M = 1/M$ のときであり，このとき，エントロピーは ウ となる。

<table>
<tr><td></td><td>ア</td><td>イ</td><td>ウ</td></tr>
<tr><td>①</td><td>$-\sum_{i=1}^{M} p_i \log_2 p_i$</td><td>正</td><td>$-\log_2 M$</td></tr>
<tr><td>②</td><td>$-\sum_{i=1}^{M} p_i \log_2 p_i$</td><td>負</td><td>$\log_2 M$</td></tr>
<tr><td>③</td><td>$\sum_{i=1}^{M} p_i \log_2 p_i$</td><td>正</td><td>$\log_2 M$</td></tr>
<tr><td>④</td><td>$\sum_{i=1}^{M} p_i \log_2 p_i$</td><td>負</td><td>$\frac{1}{M} \log_2 M$</td></tr>
<tr><td>⑤</td><td>$-\sum_{i=1}^{M} p_i \log_2 p_i$</td><td>負</td><td>$\frac{1}{M} \log_2 M$</td></tr>
</table>

詳しく解説＆解答

記憶のない情報源（無記憶情報源）のエントロピー $H(s)$ は，次式で表されます．

$$H(s) = -\sum_{i=1}^{M} p_i \log_2 p_i \quad \cdots (1)$$

したがって，アは①，②，⑤が正解です．

各情報源アルファベットの発生確率を足したものは 1 となることから，各情報源アルファベットの発生確率は，1 以下となるため，$\log_2 p_i$ の値はいずれも負の値となります．ゆえに，(1)式でエントロピーを求めた場合，エントロピーは必ず正の値をとり，負にはなりません．

したがって，イは②，④，⑤が正解です．

ここで，各情報源の発生確率がすべて等しく $\dfrac{1}{M}$ である場合，(1)式に代入すると，

$$H(s) = -\sum_{i=1}^{M} p_i \log_2 p_i = -(p_1 \log_2 p_1 + p_2 \log_2 p_2 + \cdots)$$

$$= -\left(\frac{1}{M} \log_2 \frac{1}{M} + \frac{1}{M} \log_2 \frac{1}{M} + \cdots\right) = -\frac{1}{M}\left(\log_2 \frac{1}{M}\right) \times M = -\frac{1}{M}(-\log_2 M) \times M$$

$$= \log_2 M$$

となり，ウは②，③が正解です．以上から，ア，イ，ウとも正解となるのは②となります．

答え ②

問題を解くために必要な基礎知識

(1) 状態遷移図

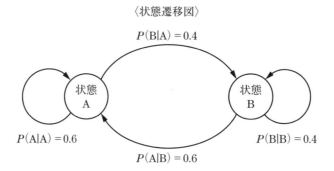

〈状態遷移図〉

状態 A と状態 B の間の遷移を示すもので，$P(A|A)$ は状態 A から状態 A に遷移する確率，$P(B|A)$ は状態 A から状態 B に遷移する確率を示します．状態 A から次の状態に遷移する確率の総和は 1 です．

すなわち，$P(A|A) + P(B|A) = 1$ となります．

ここで，$P(A|A)$ は条件付確率を表す式で，ここでは状態 A という事象が起こったうえで状態 A が起きる確率，すなわち，状態 A から状態 A に遷移する確率を表しています．

(2) 単純マルコフ情報源

情報源とは情報を発生する源であり，情報源から発生する情報には，情報源アルファベットが割り当てられています．この問題では，情報 A と情報 B という 2 種類の情報があります．これらの情報は，ある確率で発生します．例えば，サイコロの目の場合，1 から 6 という 6 つの情報がありますが，各目が出る確率はいずれも 6 分の 1 であり，前に出た目がいずれの場合でも，次の目は，独立してどの目も同じ 6 分の 1 の確率で生じます．このような情報源を無記憶情報源と呼びます．それに対し，この問題で扱う単純マルコフ情報源は，現在の状態が前の状態に依存する情報源（記憶のある情報源）であり，任意の時点の出力の確率分布が，その直前の出力だけで決まり，それ以前の出力とは無関係に決まる情報源です．

すなわち，状態 A は，状態 A から $P(A|A)$ の確率で，状態 B から $P(A|B)$ の確率で発生します．

(3) エルゴード性をもつ情報源

初期値がいずれの値であったとしても，十分に長い時間が経過すれば，定常的な確率分布となる情報源です．次ページの図のような状態遷移図をもつマルコフ情報源について考えてみます．

n 回遷移した後の状態 A，B，C の発生確率をそれぞれ $p_{(A, n)}$，$p_{(B, n)}$，$p_{(C, n)}$ とすると，

$$\begin{cases} p_{(A, n)} = 0.6 p_{(A, n-1)} + 0.2 p_{(B, n-1)} + 0.2 p_{(C, n-1)} \\ p_{(B, n)} = 0.3 p_{(A, n-1)} + 0.5 p_{(B, n-1)} + 0.4 p_{(C, n-1)} \\ p_{(C, n)} = 0.1 p_{(A, n-1)} + 0.3 p_{(B, n-1)} + 0.4 p_{(C, n-1)} \end{cases}$$

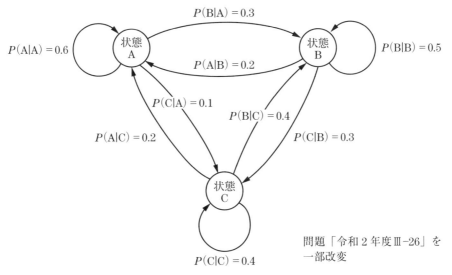

図A〈3状態のマルコフ情報源の状態遷移図〉

問題「令和2年度Ⅲ-26」を
一部改変

確率の初期値を，$(p_{(A,0)},\ p_{(B,0)},\ p_{(C,0)}) = (1,0,0)$とおいて計算を繰り返していくと，

$(p_{(A,0)},\ p_{(B,0)},\ p_{(C,0)}) = (1,0,0)$

$(p_{(A,1)},\ p_{(B,1)},\ p_{(C,1)}) = (0.6, 0.3, 0.1)$

$(p_{(A,2)},\ p_{(B,2)},\ p_{(C,2)}) = (0.44, 0.37, 0.19)$

$$\vdots$$

$(p_{(A,\infty)},\ p_{(B,\infty)},\ p_{(C,\infty)}) = \left(\dfrac{1}{3}, \dfrac{11}{27}, \dfrac{7}{27}\right)$

このように，初期値がいずれの値であっても，次第に定常確率に近づいていきます．

(4) エントロピー（情報源のあいまいさを数値化したもの）

$M=2$の例として，コインの裏表を考えてみましょう．表しか出ないコインがあるとします．

このとき，表と裏の発生確率は，表＝1，裏＝0となり，「詳しく解説＆解答」で示したエントロピーの定義式(1)に値を代入すると，

$$H(s) = -\sum_{i=1}^{M} p_i \log_2 p_i = -(\log_2 1 - 0) = 0$$

すなわち，必ず表が出て，あいまいさがない場合，エントロピーは0となります．

次に，表は3/4，裏は1/4の発生確率である場合，

$$H(s) = -\sum_{i=1}^{M} p_i \log_2 p_i = -\left(\frac{3}{4}\log_2\frac{3}{4} + \frac{1}{4}\log_2\frac{1}{4}\right) \approx -(-0.31 - 0.50) = 0.81$$

となり，表の方が出そうだけれど，裏の可能性もあるため，あいまいさは少し大きくなります．

続いて，表と裏が同じ1/2の発生確率で生じるコインである場合，

$$H(s) = -\sum_{i=1}^{M} p_i \log_2 p_i = -\left(\frac{1}{2}\log_2\frac{1}{2} + \frac{1}{2}\log_2\frac{1}{2}\right) = -(-0.5 - 0.5) = 1$$

となり，エントロピーは最大となります．

すなわち，どちらが出てもおかしくない場合に，あいまいさが最大になります．

4 瞬時符号

問題

類似問題
● 平成28年度 Ⅲ-27
● 平成27年度 Ⅲ-26
● 平成25年度 Ⅲ-26
● 平成24年度 Ⅳ-25
● 平成23年度 Ⅳ-25

令和元年度（再）Ⅲ-27

　下表は，5個の情報源シンボル s_1，s_2，s_3，s_4，s_5 からなる無記憶情報源と，それぞれのシンボルの発生確率と，A〜Eまでの5種類の符号を示している。これらの符号のうち，「瞬時に復号可能」なすべての符号の集合を X とし，X の中で平均符号長が最小な符号の集合を Y とする。X と Y の最も適切な組合せはどれか。

　ただし，瞬時に復号可能とは，符号語系列を受信した際，符号語の切れ目が次の符号語の先頭部分を受信しなくても分かり，次の符号語を受信する前にその符号語を正しく復号できることをいう。

情報源シンボル	発生確率	符号A	符号B	符号C	符号D	符号E
s_1	0.30	0 0 0	1	0	0 1	0 0 0
s_2	0.30	1 1	1 0	1 0	1	0 0 1
s_3	0.20	1 0	1 1 0	1 1 0	0 0 1	0 1 0
s_4	0.15	0 1	1 1 1 0	1 1 1 0	0 0 0 1	0 1 1
s_5	0.05	0 0	1 1 1 1	1 1 1 1	0 0 0 0	1 0 0

① X = {A, C, D, E}, Y = {C, D}
② X = {A, C, D, E}, Y = {A}
③ X = {C, D, E}, Y = {C, D, E}
④ X = {C, D, E}, Y = {C, D}
⑤ X = {B, C, D}, Y = {B, C}

詳しく解説＆解答

　まず，各符号が瞬時に復号可能な符号（瞬時符号）であるか否かを，語頭条件を満たすか否かで調べてみましょう．

　符号A：s_5＝00 が s_1＝000 の上位2ビットと同じであるため，00 を受信した時点では，符号語 s_5 なのか，符号語 s_1 の上位2ビットなのか判別できないため，瞬時符号ではない．

　符号B：s_1＝1 は，s_2〜s_5 の1ビット目と同じであるため，1 を受信した時点では，符号語 s_1 なのか，符号語 s_2〜s_5 の1ビット目なのか判別できないため，瞬時符号ではない．

　符号C：s_1〜s_5 の符号語を語頭に含む他の符号語は存在しない（語頭条件を満たす）．

　符号D：s_1〜s_5 の符号語を語頭に含む他の符号語は存在しない（語頭条件を満たす）．

　符号E：s_1〜s_5 の符号語を語頭に含む他の符号語は存在しない（語頭条件を満たす）．

したがって，瞬時に復号可能なすべての符号の集合Xは，$X = \{C, D, E\}$

[別解]

符号の木を用いて瞬時符号であることを確かめてみましょう.

符号の木を書いてみると，葉ではない節点にも符号語が割り当てられているため，符号A，Bが非瞬時符号であることが確かめられます.

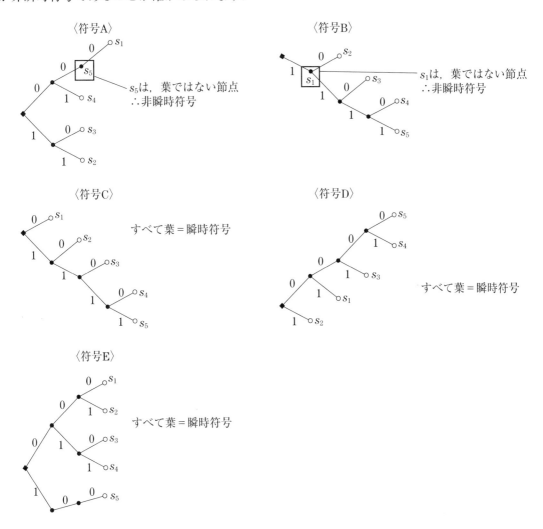

したがって，$X = \{C, D, E\}$

次に，各符号に対して，表中に示された情報源シンボル$s_1 \sim s_5$に与えられた符号語のビット数と発生確率から，平均符号長をΣ(符号語のビット数×発生確率) で求めます.

符号 C：$1 \times 0.3 + 2 \times 0.3 + 3 \times 0.2 + 4 \times 0.15 + 4 \times 0.05 = 2.3$

符号 D：$2 \times 0.3 + 1 \times 0.3 + 3 \times 0.2 + 4 \times 0.15 + 4 \times 0.05 = 2.3$

符号 E：$3 \times 0.3 + 3 \times 0.3 + 3 \times 0.2 + 3 \times 0.15 + 3 \times 0.05 = 3.0$

したがって，Xの中で平均符号長が最小となる符号の集合Yは，$Y = \{C, D\}$

答え ④

(1) 語頭条件

語頭条件とは，ある符号語が，他の符号語の語頭になっていないという条件です．

例：

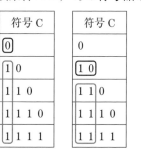

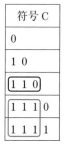

※ 符号語0，10，110を語頭に含む
　　他の符号語は存在しない．

語頭条件を満たさない場合，符号語の列を先頭から読んでいくときに，それが符号であるのか，別の符号語の語頭なのかが判別できないため，符号の切れ目（区切り）が，読むのと同時には分かりません．

例：① 符号語が 10 と 110 のとき（語頭条件を満たしている場合）
　　　　…0|1 0|1 1 0|1…
　　　　　　┗ここの時点で，区切り位置が分かる．
　　② 符号語が 11 と 110 のとき（語頭条件を満たしていない場合）
　　　　…0|1 1|1 1 0|1…
　　　　　　┗ここが 0 だと区切り位置が変わるので，
　　　　　　　ここまで見ないと，区切り位置が分からない．

(2) 符号の木

符号語それぞれを，根からあるノードまでの経路で表したもので，瞬時符号の判定に用いられます．

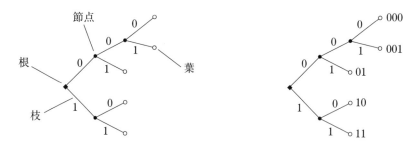

瞬時符号はすべての符号語が葉となりますが，非瞬時符号は葉以外の節点にも符号語があります．

※「葉」とは，枝が1本も出ていないノード

(3) 平均符号長

0，1で符号化した場合のデータの長さ（ビット数）を符号長といい，情報源に属する全符号語の長さ（ビット数）を発生確率で平均化したものが平均符号長で，次式で表します．

平均符号長＝Σ（符号語のビット数×発生確率）

例えば，晴れの確率が50％，曇りの確率が30％，雨の確率が20％という3つの状態をもつ情報源に対し，[0][10][11]を割り当てた場合，

情報源シンボル	発生確率	符号語
晴れ	0.5	0
曇り	0.3	1 0
雨	0.2	1 1

平均符号長＝1ビット×0.5＋2ビット×0.3＋2ビット×0.2＝1.5となります．

平均符号長が短くなるほど符号化後のビット数が減り，効率の良い符号であるといえます．

(4) ビット数

ビット数とは扱えるデータの大きさを表していて，1ビットでは，0，1の2通り，2ビットでは，00，01，10，11の4通り（2^2），3ビットでは，000，001，…，110，111の8通り（2^3）と，ビット数が多ければ，より多くのデータを表せます．

(5) 情報源シンボル

情報に割り当てられた記号であり，符号語に置き換えられる前の記号を指します．

(6) 無記憶情報源

各シンボルが独立に発生する情報源．独立に発生するとは，1つの目が常に確率$\frac{1}{6}$で出るサイコロのように，前に出た目によって次の目の発生確率が変わらないということです．

これに対し，前の結果によって次の結果が変わる情報源は，記憶のある情報源といいます．

(7) 符号化

この問題で扱う符号化とは，情報源をコンピュータなどで取り扱えるように，0，1の2進数で表現することです．

例えば，表と裏という2つの状態（情報源シンボル）をもつ情報源に対し，表には「0」を裏には「1」を割り当てたり，晴れ，曇り，雨という3つの状態をもつ情報源に対し，[0][10][11]を割り当てたりすることです．

問題

類似問題
● 令和 4 年度　Ⅲ-26
● 平成 26 年度　Ⅲ-27

平成 30 年度 Ⅲ-25

　下表に示すような 4 個の情報源シンボル s_1, s_2, s_3, s_4 からなる無記憶情報源がある。この情報源に対し，ハフマン符号によって二元符号化を行ったときに得られる平均符号長として，最も適切なものはどれか。なお，符号アルファベットは $\{0, 1\}$ とする。

① 1.5
② 2.2
③ 2.0
④ 1.9
⑤ 1.7

情報源シンボル	発生確率
s_1	0.4
s_2	0.3
s_3	0.2
s_4	0.1

解説&解答

　ハフマン符号化した際の各符号語の符号長を求め，平均符号長を計算します．

$$1 \times 0.4 + 2 \times 0.3 + 3 \times 0.2 + 3 \times 0.1 = 1.9$$

となり，④の 1.9 が正解になります．

答え　④

詳しく解説

　ハフマン符号の木を作成し，そこから各情報源シンボルの符号語を求めると，発生確率の高い順に短い符号を割り当てることができます．

　右図では上の枝に 0，下の枝に 1 を割り当てていますが，上の枝に 1，下の枝に 0 を割り当てても構いません．すなわち，符号語は一意に定まるものではありませんが，いずれにしても平均符号長は最小となります．

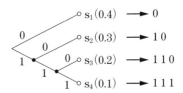

　平均符号長は，Σ(符号語のビット数×発生確率) で求められるので，

$$1 \times 0.4 + 2 \times 0.3 + 3 \times 0.2 + 3 \times 0.1 = 1.9$$ となります．

情報源シンボル	発生確率	符号語
s_1	0.4	0
s_2	0.3	1 0
s_3	0.2	1 1 0
s_4	0.1	1 1 1

令和2年度 Ⅲ-27

表に示すような4個の情報源シンボル s_1, s_2, s_3, s_4 からなる無記憶情報源がある。各情報源シンボルの発生確率は，表に示すとおりであるが，X, Yの値は各々正の未知定数である。この情報源に対し，ハフマン符号によって二元符号化を行ったときに得られる平均符号長として，最も近い値はどれか。

情報源シンボル	発生確率
s_1	X
s_2	0.3
s_3	Y
s_4	0.4

① 1.5　　④ 1.8

② 1.6　　⑤ 1.9

③ 1.7

解説&解答

ハフマン符号化した際の各符号語の符号長を求め，平均符号長を計算します．

$$1\times0.4+2\times0.3+3\times(X+Y)=1.9 \qquad (\because X+Y=0.3)$$

となり，⑤の1.9が正解になります．

答え　⑤

詳しく解説

$X+Y=1-(0.3+0.4)=0.3$ であるため，$0<X<0.3$，$0<Y<0.3$ と分かります．

ハフマン符号の木を作成し，そこから各情報源シンボルの符号語を求めると，

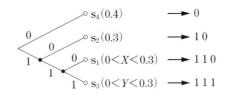

XとYの発生確率は分かりませんが，どちらも s_2 の発生確率より小さく同じ符号長の符号語を割り当てているため，110と111のどちらに割り当てても構いません．

情報源シンボル	発生確率	符号語
s_4	0.4	0
s_2	0.3	1 0
s_1	$0<X<0.3$	1 1 0
s_3	$0<Y<0.3$	1 1 1

よって，平均符号長は，

$$1\times0.4+2\times0.3+3\times X+3\times Y=1\times0.4+2\times0.3+3\times(X+Y)$$
$$=1\times0.4+2\times0.3+3\times0.3$$
$$=1.9$$

ハフマン符号とは，ハフマンによって与えられた構成法により得られる平均符号長を最小とする符号（コンパクト符号）で，データの圧縮などで用いられます．

ハフマン符号では，発生確率の高い情報源シンボルほど短い符号長で表現することにより，平均符号長を短くしています．

ハフマン符号化の手順

ステップ1：ハフマン符号の木を作成する

① 発生確率の大きい順にシンボルを並べ，それに対応する葉をつくります．そして，葉には発生確率を書きます．

② 発生確率の最も小さい2枚の葉に対し1つの節点をつくり，枝で結びます．そして，この節点に2枚の葉の発生確率の和を書き，この節点を新たに葉と見なします．

③ 確率の和が1になるまで②を繰り返します．

例：4つの情報源シンボルに対し，下表のような発生確率をもつ情報源のハフマン符号の木の作成手順

情報源シンボル	発生確率
s_1	0.4
s_2	0.3
s_3	0.2
s_4	0.1

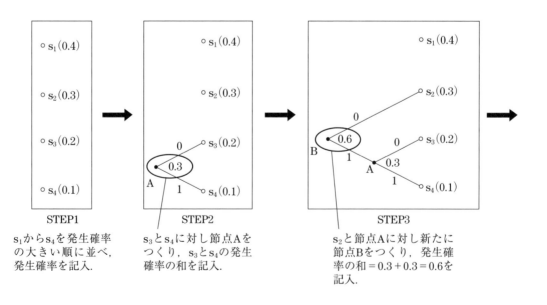

STEP1
s_1からs_4を発生確率の大きい順に並べ，発生確率を記入．

STEP2
s_3とs_4に対し節点Aをつくり，s_3とs_4の発生確率の和を記入．

STEP3
s_2と節点Aに対し新たに節点Bをつくり，発生確率の和＝0.3＋0.3＝0.6を記入．

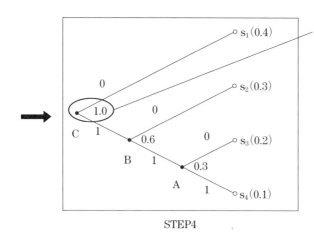

s_1と節点Bに対し新たに節点Cをつくり，発生確率の和 = 0.4 + 0.6 = 1.0を記入．ここで，確率の和が1になり終了（節点Cは根）．

STEP4

　情報源シンボルの数が増えても同様の手順で，ハフマン符号の木を作成することが可能です．また，確率が同じ場合には，順番が入れ替わっても構いませんので，ハフマン符号は一意に定まるものではなく，複数の構成が考えられます．

ステップ2：根から各シンボルが対応づけられた葉までの符号語を示す符号表を作成する

情報源シンボル	発生確率	符号語
s_1	0.4	0
s_2	0.3	10
s_3	0.2	110
s_4	0.1	111

　各節点から分岐する上の枝に0，下の枝に1を割り当てているため，
s_1の符号語は，根C−s_1に割り当てられている0
s_2の符号語は，根C−節点Bに1，節点B−s_2に0の10
s_3の符号語は，根C−節点Bに1，節点B−節点Aに1，節点A−s_3に0の110
s_4の符号語は，根C−節点Bに1，節点B−節点Aに1，節点A−s_4に1の111
となります．
　作成された符号語は語頭条件を満たすため，瞬時符号となっています．

ステップ3：符号表に基づき，情報源シンボルの列であるデータを符号語に置き換える

　例えば，発生確率を考慮して，s_1が4個，s_2が3個，s_3が2個，s_4が1個の割合になるようにランダムに並んだs_1, s_2, s_1, s_2, s_3, s_1, s_2, s_3, s_4, s_1という10個の情報源シンボルの列を符号化すると，0，10，0，10，110，0，10，110，111，0という19ビットのデータで表されます．これは，各シンボルに2ビットの符号語を割り当てた場合と比較し，1ビット短くなります．

6 ハミング符号とパリティ検査行列

問題

類似問題
● 平成 29 年度 Ⅲ-27
● 平成 26 年度 Ⅲ-26

令和 3 年度 Ⅲ-31

各々が 0 又は 1 の値を取る 4 個の情報ビット x_1, x_2, x_3, x_4 に対し,

$$c_1 = (x_1 + x_2 + x_3) \bmod 2$$
$$c_2 = (x_2 + x_3 + x_4) \bmod 2$$
$$c_3 = (x_1 + x_2 + x_4) \bmod 2$$

により, 検査ビット c_1, c_2, c_3 を作り, 符号語 $w = [x_1, x_2, x_3, x_4, c_1, c_2, c_3]$ を生成する (7, 4) ハミング符号を考える。ある符号語 w を「高々 1 ビットが反転する可能性のある通信路」に対して入力し, 出力である受信語 $y = [0, 1, 0, 1, 0, 1, 0]$ が得られたとき, 入力された符号語 w として, 適切なものはどれか。

① $[0, 1, 0, 0, 1, 1, 1]$

② $[0, 1, 0, 1, 1, 0, 0]$

③ $[0, 0, 1, 0, 1, 1, 0]$

④ $[0, 1, 1, 1, 0, 1, 0]$

⑤ $[0, 1, 0, 1, 0, 1, 1]$

詳しく解説&解答

まず, 問題文にしたがってハミング符号をつくってみましょう.

この問題で扱うハミング符号の符号語とは, 4 ビットの情報ビット (x_1, x_2, x_3, x_4) に対し, 問題の の式で定義された 3 ビットの検査ビット (c_1, c_2, c_3) を加えた符号長 7 ビットのデータ (x_1, x_2, x_3, x_4, c_1, c_2, c_3) です. ここで, mod 2 とは, 2 で割った余りであり, 例えば, (0 + 1 + 1) mod 2 = 0, (1 + 1 + 1) mod 2 = 1 となります.

4 ビットの情報ビット (x_1, x_2, x_3, x_4) に対し, ハミング符号の符号語をすべて生成すると, 右表に示す 16 パターン存在します.

※ 7 ビットのデータ 128 (= 2^7) パターンに対して, 符号語は 16 パターンのみであり, 1 ビットの誤りが生じた場合には, 符号語ではないパターンとなる. これにより誤り訂正が可能となり, 最も近い符号に訂正される

〈(7, 4) ハミング符号の符号語〉

情報ビット x_1, x_2, x_3, x_4	検査ビット c_1, c_2, c_3	情報ビット x_1, x_2, x_3, x_4	検査ビット c_1, c_2, c_3
0 0 0 0	0 0 0	1 0 0 0	1 0 1
0 0 0 1	0 1 1	1 0 0 1	1 1 0
0 0 1 0	1 1 0	1 0 1 0	0 1 1
0 0 1 1	1 0 1	1 0 1 1	0 0 0
0 1 0 0	1 1 1	1 1 0 0	0 1 0
0 1 0 1	1 0 0	1 1 0 1	0 0 1
0 1 1 0	0 0 1	1 1 1 0	1 0 0
0 1 1 1	0 1 0	1 1 1 1	1 1 1

選択肢①から⑤の情報ビットの1ビット目は0であることから，表の左側を見てみると，

情報ビット x_1, x_2, x_3, x_4				検査ビット c_1, c_2, c_3			
0	0	0	0	0	0	0	
0	0	0	1	0	1	1	
0	0	1	0	1	1	0	③
0	0	1	1	1	0	1	
0	1	0	0	1	1	1	①
0	1	0	1	1	0	0	②
0	1	1	0	0	0	1	
0	1	1	1	0	1	0	④

情報ビット x_1, x_2, x_3, x_4				検査ビット c_1, c_2, c_3		
1	0	0	0	1	0	1
1	0	0	1	1	1	0
1	0	1	0	0	1	1
1	0	1	1	0	0	0
1	1	0	0	0	1	0
1	1	0	1	0	0	1
1	1	1	0	1	0	0
1	1	1	1	1	1	1

選択肢①，②，③，④は表の中に含まれているため，符号語です．しかし，⑤は表に含まれておらず，符号語ではないことが分かります．すなわち，⑤の情報ビットである上位4ビット（0，1，0，1）に対して，符号語を生成した場合，（0，1，0，1，1，0，0）となるはずなので，（0，1，0，1，0，1，1）は符号語として存在しません．

続いて，「高々1ビットが反転する可能性のある通信路」であることから，

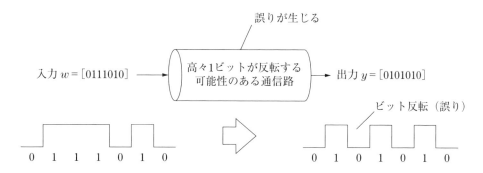

入力した符号語 w に対して，出力である受信語 y には，ノイズ等の影響によりデータがビット反転してしまい，高々1ビット（1ビット以内）の誤りが含まれる可能性があります．

そこで，①～⑤の選択肢と受信語 $y = [0, 1, 0, 1, 0, 1, 0]$ の各ビットを比較してみると，太丸で示したビットがビット反転しています．

① 0 1 0 ⓪① 1 ①　　3ビット反転している．
② 0 1 0 1 ①① 0 0　　2ビット反転している．
③ 0 ⓪① 0 ⓪ 1 0　　4ビット反転している．
④ 0 1 ① 1 0 1 0　　1ビット反転している．
⑤ 0 1 0 1 0 1 ①　　1ビット反転している．

すなわち，1ビット以下のビット反転が生じているのは，④，⑤となります．

以上，「高々1ビットが反転する可能性のある通信路」であることから，1ビットを超える反転ビットがある①，②，③は除外されるので，送信された可能性があるのは④か⑤です．④か⑤のうち，検査ビットが問題の ▨▨ の式で示される符号語の生成条件を満たすのは④のみです．

答え　④

類似問題
● 令和元年度　Ⅲ−26
● 平成23年度　Ⅳ−26

平成25年度 Ⅲ−27

パリティ検査行列　$H = \begin{bmatrix} 1 & 0 & 0 & 1 & 1 \\ 0 & 1 & 1 & 1 & 0 \\ 1 & 0 & 1 & 0 & 0 \\ 1 & 1 & 1 & 0 & 1 \end{bmatrix}$ を持つ符号長5の2元Hamming符号は，$Hx^T =$

$\begin{bmatrix} 0 \\ 0 \\ 0 \\ 0 \end{bmatrix}$ を満たす $x = [x_1,\ x_2,\ x_3,\ x_4,\ x_5]$ の集合として定義される。

　ただし，x の各成分は0又は1であり，x^T は x の転置を表し，行列 H とベクトル x^T の積は各々の成分の mod 2 を伴う加算と乗算によって行うものとする。符号語 x を「高々1ビットが反転する可能性のある通信路」に対して入力し，出力 $y = [1,\ 1,\ 1,\ 1,\ 0]$ が得られたとき，符号語 x として最も適切なものはどれか。

① $[1,\ 1,\ 1,\ 1,\ 1]$

② $[1,\ 1,\ 1,\ 1,\ 0]$

③ $[1,\ 1,\ 0,\ 1,\ 1]$

④ $[1,\ 0,\ 1,\ 1,\ 1]$

⑤ $[1,\ 0,\ 1,\ 1,\ 0]$

詳しく解説＆解答

まずは，シンドロームを利用して誤りを訂正することにより，正解を求めてみましょう．

1ビット誤りに対するシンドローム $s = eH^T$ は，以下のような表になります．

1ビット誤り					シンドローム			
e_1	e_2	e_3	e_4	e_5	s_1	s_2	s_3	s_4
1	0	0	0	0	1	0	1	1
0	1	0	0	0	0	1	0	1
0	0	1	0	0	0	1	1	1
0	0	0	1	0	1	1	0	0
0	0	0	0	1	1	0	0	1

パリティ検査行列の転置行列 H^T と同じ

問題文で示された出力 $y = [1,\ 1,\ 1,\ 1,\ 0]$ に対するシンドロームを求めると，

$$s = yH^T = \begin{bmatrix} 1 & 1 & 1 & 1 & 0 \end{bmatrix} \begin{bmatrix} 1 & 0 & 1 & 1 \\ 0 & 1 & 0 & 1 \\ 0 & 1 & 1 & 1 \\ 1 & 1 & 0 & 0 \\ 1 & 0 & 0 & 1 \end{bmatrix} = \begin{bmatrix} 0 & 1 & 0 & 1 \end{bmatrix}$$

となります.

以下のように，シンドロームの表からシンドロームが 0101 になる 1 ビット誤りのパターンは 01000 であり，2 ビット目に誤りがあることが分かります.

1 ビット誤り					シンドローム			
e_1	e_2	e_3	e_4	e_5	s_1	s_2	s_3	s_4
1	0	0	0	0	1	0	1	1
0	1	0	0	0	0	1	0	1
0	0	1	0	0	0	1	1	1
0	0	0	1	0	1	1	0	0
0	0	0	0	1	1	0	0	1

求めたシンドロームと一致

したがって，出力 $y = [1, ①, 1, 1, 0]$ の 2 ビット目の誤り訂正を行うと，入力されたであろう符号語 x は $x = [1, 0, 1, 1, 0]$ となります.

以上，パリティ検査行列 H の転置行列 H^T を受信語 y に掛け，シンドロームを求めると，2 ビット目に誤りがあることが分かります. よって，$y = [1, 1, 1, 1, 0]$ の 2 ビット目を反転させた⑤の $[1, 0, 1, 1, 0]$ が正解になります.

[別解]

シンドロームについて知らなかった場合でも，問題文に記載されている情報を用いて答えを導くことができます.

まず，高々 1 ビットが反転する可能性のある通信路に対して，出力 $[1, 1, 1, 1, 0]$ が得られたことから，出力と 2 ビット異なっている入力である選択肢③，④は間違いとなります.

続いて，符号語 x は $Hx^T = 0$ を満たす必要があるので，残った選択肢①，②，⑤から符号語であるものを見つけるために，$Hx^T = 0$ を満たすかどうか確かめてみましょう.

① $Hx^T = [1 \quad 1 \quad 0 \quad 0] \neq 0$ となり，条件を満たさないため間違い.

② $Hx^T = [0 \quad 1 \quad 0 \quad 1] \neq 0$ となり，条件を満たさないため間違い.

⑤ $Hx^T = [0 \quad 0 \quad 0 \quad 0] = 0$ となり，符号語である条件を満たすため正解.

答え ⑤

(1) 通信路と誤り

　入力されたデータが通信路を伝送中にノイズ等により波形に歪を生じ，送信されたデータに誤りを生じる場合があります．2元通信路（0または1が伝送される通信路）では，0が1に，1が0に誤ります．すなわち，ビット反転が起こります．

　「高々1ビットが反転する可能性のある通信路」とは，nビットの送信データのうちビット反転（すなわち，誤り）を生じるデータが1ビット以内である通信路をいいます．

(2) 誤り訂正符号の符号語と受信語

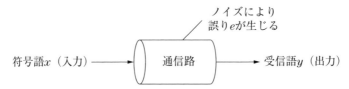

　通信路で生じた誤りを訂正する目的で，伝送したい情報ビットに対して，誤り訂正用の検査ビットを付加して生成したものが，符号語xです．

　そして，入力する符号語xに対し，通信路を通った出力が受信語yとなります．

　受信語yにはノイズ等による誤りeが含まれる場合があり，以下の式で表します．

　　$y = x + e$（誤り）

　送信側で誤り訂正符号化を行うことにより，受信側で誤り訂正が可能となります．

(3) ハミング符号

　ハミング符号とは，誤り訂正符号の一種です．

　(7, 4) ハミング符号は，1ビットの誤りを訂正することができる符号です．

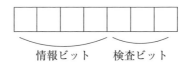

情報ビット　　検査ビット

　4ビットの情報ビットに対し，3ビットの検査ビットを付加した7ビットの符号語$w = (x_1, x_2, x_3, x_4, c_1, c_2, c_3)$となります．

　一般に，(n, k) ハミング符号は，kビットの符号ビットに (n–k) ビットの検査ビットを加えた符号長nビットの符号語wを生成します．

$$\text{検査ビット} \begin{cases} c_1 = (x_1 + x_2 + x_3) \bmod 2 \\ c_2 = (x_2 + x_3 + x_4) \bmod 2 \quad \cdots(1) \\ c_3 = (x_1 + x_2 + x_4) \bmod 2 \end{cases}$$

　符号語wのパリティ検査方程式は，(1)式から

$$\begin{cases} (x_1 + x_2 + x_3 + c_1) \bmod 2 = 0 \\ (x_2 + x_3 + x_4 + c_2) \bmod 2 = 0 \\ (x_1 + x_2 + x_4 + c_3) \bmod 2 = 0 \end{cases}$$

となります．

(4) パリティ検査行列

パリティ検査行列とは，パリティ検査方程式から定まる行列であり，パリティ検査行列 H により誤りが生じたことが判別できます．

すなわち，誤りのない符号語 x に対しては，

$H \cdot x^T = 0$ となりますが，受信語に誤りが生じた場合，$H \cdot x^T \neq 0$ となります．

(5) 誤り訂正

パリティ検査行列 H の転置行列 H^T を受信語 y に掛けたものは，シンドロームと呼ばれます．

このシンドローム $s = yH^T$ は，誤りが生じたビットの位置により異なるため，シンドロームを求めると，どの位置に誤りが生じたかが求められるようになっています．

すなわち，
$$s = yH^T = (x+e)H^T$$
$$= xH^T + eH^T$$
$$= eH^T \text{ となり，（∵符号語の定義から } xH^T = 0 \text{ となる）}$$

受信語 y のシンドロームと 1 ビット誤りに対するシンドロームが同じとなることから，受信語のどの位置に誤りが生じたかが分かり，誤りを訂正することができます．

具体的にパリティ検査行列の転置行列が H^T の場合，1 ビット誤りパターン 7 種に対するシンドロームを表にすると，各誤りパターンでシンドロームが異なっています．また，1 ビット誤りに対するシンドロームは，パリティ検査行列の転置行列 H^T と同じになります．したがって，受信語に対するシンドロームを求め，シンドロームが一致する誤りパターンを求めることができます．

$$H^T = \begin{bmatrix} 1 & 0 & 1 \\ 1 & 1 & 1 \\ 1 & 1 & 0 \\ 0 & 1 & 1 \\ 1 & 0 & 0 \\ 0 & 1 & 0 \\ 0 & 0 & 1 \end{bmatrix}$$

1 ビット誤りのパターン	シンドローム
1 0 0 0 0 0 0	1 0 1
0 1 0 0 0 0 0	1 1 1
0 0 1 0 0 0 0	1 1 0
0 0 0 1 0 0 0	0 1 1
0 0 0 0 1 0 0	1 0 0
0 0 0 0 0 1 0	0 1 0
0 0 0 0 0 0 1	0 0 1

H^T と同じ

(6) 行列の掛け算

$$\begin{bmatrix} a_{11} & a_{12} & a_{13} \\ a_{21} & a_{22} & a_{23} \end{bmatrix} \begin{bmatrix} b_{11} & b_{12} \\ b_{21} & b_{22} \\ b_{31} & b_{32} \end{bmatrix} = \begin{bmatrix} a_{11}b_{11} + a_{12}b_{21} + a_{13}b_{31} & a_{11}b_{12} + a_{12}b_{22} + a_{13}b_{32} \\ a_{21}b_{11} + a_{22}b_{21} + a_{23}b_{31} & a_{21}b_{12} + a_{22}b_{22} + a_{23}b_{32} \end{bmatrix}$$

(7) 転置行列

転置行列とは，$m \times n$ 行列 A の行と列を入れ替えた $n \times m$ 行列で，A^T と書きます．

例：2×3 行列の転置行列

$$\begin{bmatrix} a_{11} & a_{12} & a_{13} \\ a_{21} & a_{22} & a_{23} \end{bmatrix}^T = \begin{bmatrix} a_{11} & a_{21} \\ a_{12} & a_{22} \\ a_{13} & a_{23} \end{bmatrix}$$

7 フーリエ変換，離散フーリエ変換，z 変換

類似問題
● 令和元年度　Ⅲ−29
● 平成 26 年度　Ⅲ−28

問 題

令和 2 年度　Ⅲ−28

次式で示す方形波パルス $f(x)$ のフーリエ変換 $F(\omega)$ は図に示すように変換される。

$$f(x) = \begin{cases} 1(|x| \leq d) \\ 0(|x| > d) \end{cases}$$

このとき，図中の ☐ に入る $F(\omega)=0$ となる ω の組合せのうち，最も適切なものはどれか。

ただし，フーリエ変換は以下の式で定義されるものとする。

$$F(\omega) = \int_{-\infty}^{\infty} f(x) e^{-i\omega x} dx$$

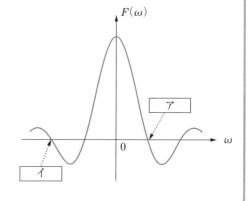

	ア	イ
①	$\dfrac{1}{d}$	$-\dfrac{2}{d}$
②	$\dfrac{1}{d}$	$-\dfrac{3}{2d}$
③	$\dfrac{\pi}{d}$	$-\dfrac{2\pi}{d}$
④	$\dfrac{\pi}{d}$	$-\dfrac{3\pi}{d}$
⑤	$\dfrac{\pi}{d}$	$-\dfrac{\pi}{d}$

詳しく解説＆解答

まずは，方形波パルス $f(x)$ のフーリエ変換 $F(\omega)$ を求めてみましょう．問題文に示された方形波パルス $f(x)$ を図にすると，下図のようになります．

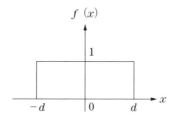

問題文で定義されたフーリエ変換 $F(\omega)$ は，$f(x)$ に $e^{-j\omega t}$ を掛けたものを x で $-\infty$ から ∞ まで積分したものですが，ここで，方形波パルス $f(x)$ は，$-d$ から d までの有限の区間において値 1 となる関数であるため，フーリエ変換においても $-d$ から d までの区間で，$e^{-j\omega t}$ の積分を行えばよいことになります．すなわち，$F(\omega) = \int_{-d}^{d} e^{-j\omega t} dx$ を解けばよいのです．

$$F(\omega) = \int_{-d}^{d} e^{-j\omega x} dx$$

$$= \left[\frac{1}{-j\omega} e^{-j\omega x} \right]_{-d}^{d}$$

$$= \frac{1}{-j\omega} (e^{-j\omega d} - e^{j\omega d})$$

$$= \frac{1}{-j\omega} \left[\{\cos(-\omega d) + j\sin(-\omega d)\} - \{\cos(\omega d) + j\sin(\omega d)\} \right] \quad (\because \text{オイラーの公式})$$

$$= \frac{1}{-j\omega} \{(\cos\omega d - j\sin\omega d) - (\cos\omega d + j\sin\omega d)\} \qquad (\because \cos(-\omega d) = \cos\omega d,$$
$$\sin(-\omega d) = -\sin\omega d)$$

$$= \frac{2}{\omega} \sin\omega d$$

[別解]

$$F(\omega) = \frac{1}{-j\omega} (e^{-j\omega d} - e^{j\omega d}) \qquad (\text{ここまでは同じ})$$

$$= \frac{2}{\omega} \cdot \frac{e^{j\omega d} - e^{-j\omega d}}{2j}$$

$$= \frac{2}{\omega} \sin\omega d \qquad (\text{オイラーの公式により、} \frac{e^{j\omega d} - e^{-j\omega d}}{2j} = \sin\omega d \text{となるため})$$

続いて，$F(\omega) = 0$ となる ω について考えてみましょう。
$\sin\omega d = 0$（$\omega \neq 0$）となる ω は，以下のようになります。

$$\sin\omega d = 0 \qquad (\omega \neq 0)$$

$$\omega d = n\pi \qquad (n = \pm1, \ \pm2, \ \cdots)$$

$$\omega = \frac{n\pi}{d}$$

$$= \pm\frac{\pi}{d}, \ \pm\frac{2\pi}{d}, \ \cdots$$

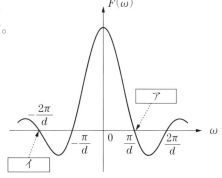

ここで，問題のアは，（$\omega > 0$）の最初の交点を指しているため，$\dfrac{\pi}{d}$

問題のイは，（$\omega < 0$）の 2 番目の交点を指しているため，$-\dfrac{2\pi}{d}$ となります．

答え　③

類似問題
● 平成 29 年度 Ⅲ-29
● 平成 24 年度 Ⅳ-27
● 平成 23 年度 Ⅳ-27

令和元年度（再）Ⅲ-28

長さ N の離散信号 $\{x(n)\}$ の離散フーリエ変換 $X(k)$ は次式のように表される。ただし，j は虚数単位を表す。

$$X(k) = \sum_{n=0}^{N-1} x(n) e^{-j\frac{2\pi nk}{N}}, \quad (k=0,\ 1,\ \cdots,\ N-1)$$

ここで，$N=6$ として，$[x(0),\ x(1),\ x(2),\ x(3),\ x(4),\ x(5)] = [1,\ 0,\ 1,\ 0,\ -1,\ 0]$ の場合，離散フーリエ変換，$[X(0),\ X(1),\ X(2),\ X(3),\ X(4),\ X(5)]$ を計算した結果として，最も適切なものはどれか。

① $\left[1,\ 0,\ \dfrac{-1+j\sqrt{3}}{2},\ 0,\ \dfrac{1-j\sqrt{3}}{2},\ 0\right]$

② $\left[1,\ 0,\ \dfrac{1-j\sqrt{3}}{2},\ 0,\ \dfrac{-1+j\sqrt{3}}{2},\ 0\right]$

③ $[1,\ 1+j\sqrt{3},\ 1-j\sqrt{3},\ 1,\ 1+j\sqrt{3},\ 1-j\sqrt{3}]$

④ $[1,\ 1-j\sqrt{3},\ 1+j\sqrt{3},\ 1,\ 1-j\sqrt{3},\ 1+j\sqrt{3}]$

⑤ $[1,\ 0,\ 1,\ 0,\ -1,\ 0]$

詳しく解説＆解答

離散フーリエ変換 $X(k)$ に，$N=6$ を代入すると，

$$X(k) = \sum_{n=0}^{5} x(n) e^{-j\frac{\pi nk}{3}} = x(0) + x(1)e^{-j\frac{\pi}{3}k} + x(2)e^{-j\frac{2\pi}{3}k} + x(3)e^{-j\pi k} + x(4)e^{-j\frac{4\pi}{3}k} + x(5)e^{-j\frac{5\pi}{3}k}$$

ここで，$[x(0),\ x(1),\ x(2),\ x(3),\ x(4),\ x(5)] = [1,\ 0,\ 1,\ 0,\ -1,\ 0]$ を代入すると，

$$X(k) = 1 + 0 \cdot e^{-j\frac{\pi}{3}k} + 1 \cdot e^{-j\frac{2\pi}{3}k} + 0 \cdot e^{-j\pi k} + (-1) \cdot e^{-j\frac{4\pi}{3}k} + 0 \cdot e^{-j\frac{5\pi}{3}k}$$
$$= 1 + e^{-j\frac{2\pi}{3}k} - e^{-j\frac{4\pi}{3}k}$$

$k=0\sim5$ に対する $X(k)$ を求めると，

$$X(0) = 1 + e^0 - e^0 = 1 + 1 - 1 = 1$$

$$X(1) = 1 + e^{-j\frac{2\pi}{3}} - e^{-j\frac{4\pi}{3}}$$

$$= 1 + \left(\cos\left(-\frac{2\pi}{3}\right) + j\sin\left(-\frac{2\pi}{3}\right)\right) - \left(\cos\left(-\frac{4\pi}{3}\right) + j\sin\left(-\frac{4\pi}{3}\right)\right) \quad （オイラーの公式より）$$

$$= 1 + \left(-\frac{1}{2} - j\frac{\sqrt{3}}{2}\right) - \left(-\frac{1}{2} + j\frac{\sqrt{3}}{2}\right) = 1 - j\sqrt{3}$$

$$X(2) = 1 + e^{-j\frac{4\pi}{3}} - e^{-j\frac{8\pi}{3}} = 1 + \left(-\frac{1}{2} + j\frac{\sqrt{3}}{2}\right) - \left(-\frac{1}{2} - j\frac{\sqrt{3}}{2}\right) = 1 + j\sqrt{3}$$

$$X(3) = 1 + e^{-j2\pi} - e^{-j4\pi} = 1 + 1 \qquad\qquad -1 \qquad\qquad = 1$$

$$X(4) = 1 + e^{-j\frac{8\pi}{3}} - e^{-j\frac{16\pi}{3}} = 1 + \left(-\frac{1}{2} - j\frac{\sqrt{3}}{2}\right) - \left(-\frac{1}{2} + j\frac{\sqrt{3}}{2}\right) = 1 - j\sqrt{3}$$

$$X(5) = 1 + e^{-j\frac{10\pi}{3}} - e^{-j\frac{20\pi}{3}} = 1 + \left(-\frac{1}{2} + j\frac{\sqrt{3}}{2}\right) - \left(-\frac{1}{2} - j\frac{\sqrt{3}}{2}\right) = 1 + j\sqrt{3}$$

答え ④

類似問題
● 令和元年度　Ⅲ-28　　● 平成 25 年度　Ⅲ-29
● 平成 28 年度　Ⅲ-29　　● 平成 24 年度　Ⅳ-28
● 平成 26 年度　Ⅲ-29

平成 23 年度　Ⅳ-28

　離散的な数値列として離散時間信号 $\{x(n)\}$, $-\infty < n < \infty$, が与えられているとする。このとき，信号 $x(n)$ に対する両側 z 変換を，複素数 z を用いて，

$$X(z) = \sum_{n=-\infty}^{\infty} x(n)z^{-n}$$

と定義する。このとき，信号 $ax(n-k)$ の z 変換は　ア　と表され，信号 $a^n x(n)$ の z 変換は　イ　と表される。ただし，k は整数，a は実数とする。　　　　に入る数式の組合せとして正しいものはどれか。

	ア	イ
①	$a^{-k}X(z)$	$X(a^{-1}z)$
②	$az^{-k}X(z)$	$X(az)$
③	$a^{-k}X(z)$	$X(z-a)$
④	$az^{-k}X(z)$	$X(a^{-1}z)$
⑤	$a^{-k}X(z)$	$X(az)$

詳しく解説＆解答

　各信号を以下に示す両側 z 変換の定義に当てはめて，式変形を行うと答えを導くことができます。

$$X(z) = Z[x(n)] = \sum_{n=-\infty}^{\infty} x(n)z^{-n}$$

（ア）信号 $ax(n-k)$ の z 変換 $Z[ax(n-k)]$ は，定義により，

$$Z[ax(n-k)] = \sum_{n=-\infty}^{\infty} ax(n-k)z^{-n}$$

$$= a\sum_{n=-\infty}^{\infty} x(n-k)z^{-n} \qquad (\because a は実数)$$

ここで，$n-k=n'$ と置くと，

$$Z[ax(n-k)] = a\sum_{n'=-\infty}^{\infty} x(n')z^{-(n'+k)} = a\sum_{n'=-\infty}^{\infty} x(n')z^{-n'} \cdot z^{-k} = az^{-k}\sum_{n'=-\infty}^{\infty} x(n')z^{-n'}$$

$$= az^{-k}X(z) \qquad \left(\because X(z) = \sum_{n=-\infty}^{\infty} x(n)z^{-n}\right)$$

（イ）$a^n x(n)$ の z 変換 $Z[a^n x(n)]$ を，両側 z 変換の定義に当てはまるように変形すると，

$$Z[a^n x(n)] = \sum_{n=-\infty}^{\infty} a^n x(n)z^{-n} = \sum_{n=-\infty}^{\infty} x(n)(a^{-1}z)^{-n}$$

$$= X(a^{-1}z) \qquad \left(\because X(z) = \sum_{n=-\infty}^{\infty} x(n)z^{-n} の z を a^{-1}z に置き換えたもの\right)$$

答え　④

(1) フーリエ変換

フーリエ変換とは，時間領域の関数 $f(t)$ を周波数領域の関数 $F(\omega)$ に変換することであり，次式で定義されます．

$$F(\omega) = \int_{-\infty}^{\infty} f(t) e^{-j\omega t} dt$$

(2) フーリエ変換の主要な性質

$\mathcal{F}[f(t)] = F(\omega)$ とした場合，フーリエ変換には以下のような性質があります．

※ $\mathcal{F}[\ \ ]$ は [ ] 内をフーリエ変換していることを表す記号

■ 線形性

2つの関数 $f(t)$，$g(t)$ のフーリエ変換が $F(\omega)$，$G(\omega)$ であるとき，$a_1 f(t) + a_2 g(t)$ (a_1, a_2 は定数) のフーリエ変換 $\mathcal{F}[a_1 f(t) + a_2 g(t)]$ は，$\mathcal{F}[a_1 f(t) + a_2 g(t)] = a_1 F(\omega) + a_2 G(\omega)$ となります．

■ 縮尺性

時間軸を a 倍した信号 $f(at)$ のフーリエ変換は，次式で表されます．

$$\mathcal{F}[f(at)] = \frac{1}{|a|} F\left(\frac{\omega}{a}\right)$$

すなわち，時間領域で時間軸を変えることにより，周波数領域で周波数が変わります．

再生速度を変えた場合に音の高さ（周波数）が変わることをイメージしてみてください．

■ 時間シフト

$f(t)$ を時間 T だけずらして得られる信号 $f(t-T)$ のフーリエ変換は，次式で表されます．

$$\mathcal{F}[f(t-T)] = F(\omega) e^{-j\omega T}$$

$|F(\omega) e^{-j\omega T}| = F(\omega)$ なので大きさには影響がなく，位相だけが $\theta = 0$ から $\theta = -\omega T$ に変化します．

■ 時間領域での畳み込み

畳み込みは色々な分野で出てきますが，信号処理分野においては，システムの出力は入力とインパルス応答の畳み込みで求められることが知られており，例えば，音響信号処理，画像フィルタリングなどの分野で応用されています．

2つの関数 $f(t)$，$g(t)$ の畳み込みは，$f(t) * g(t)$ と表し，次式で定義されます．

$$f(t) * g(t) = \int_{-\infty}^{\infty} f(\tau) g(t-\tau) d\tau$$

例として，関数 $f(t) = \begin{cases} 1 & (t \geq 0) \\ 0 & (t < 0) \end{cases}$ と，下図のような関数 $g(t)$ との畳み込みを求めてみましょう．

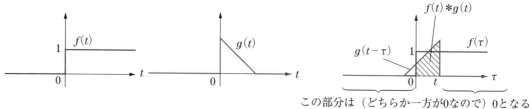

この部分は（どちらか一方が0なので）0となる

畳み込みの定義式は，関数 $f(\tau)$ に対し，関数 $g(-\tau)$ を t だけ平行移動させた $g(t-\tau)$ を掛け合わせ，$-\infty<\tau<\infty$ の範囲で積分したものですが，$-\infty<\tau<0$，$t<\tau<\infty$ の範囲では，$f(\tau)g(t-\tau)=0$ となるので，積分する必要がなく，$0\leq\tau\leq t$ の範囲で積分したものと等しくなります．よって，

$$f(t)*g(t)=\int_0^t 1\times g(t-\tau)d\tau=\int_0^t g(t-\tau)d\tau$$

■ 周波数領域での畳み込み

2つの関数 $f(t)$，$g(t)$ のフーリエ変換が $F(\omega)$，$G(\omega)$ であるとき，畳み込みのフーリエ変換 $\mathcal{F}[f(t)*g(t)]$ は，$\mathcal{F}[f(t)*g(t)]=F(\omega)G(\omega)$ となります．

(3) 離散フーリエ変換

離散フーリエ変換とは，サンプリングで得られた離散的なデータに対するフーリエ変換で，時間領域の信号を周波数領域に変換するために利用されています．例えば，雑音を含む音の中から特定の周波数の音（例えば，人の声など）を取り出すために使われます．

離散フーリエ変換は，次式で定義されます．

$$F(k)=\sum_{n=0}^{N-1}f(n)e^{-jk\frac{2\pi}{N}n}$$

(4) 両側 z 変換

z 変換は，フーリエ変換を発展させたラプラス変換を離散的なデータに適応したもので，入力の z 変換を $X(z)$，出力の z 変換を $Y(z)$ とすると，$Y(z)/X(z)$ で伝達関数 $H(z)$ が導けます．この伝達関数 $H(z)$ は，例えば，自動制御やディジタルフィルタの設計などに使われています．

両側 z 変換は $(n<0)$ でも定義される z 変換で，次式で定義されます．

$$X(z)=\sum_{n=-\infty}^{\infty}x(n)z^{-n}$$

(5) オイラーの公式

$e^{i\theta}=\cos\theta+i\sin\theta$

オイラーの公式から $\cos\theta$，$\sin\theta$ を求めると，

$\cos\theta=\dfrac{e^{i\theta}+e^{-i\theta}}{2}$，$\sin\theta=\dfrac{e^{i\theta}-e^{-i\theta}}{2i}$ となります．

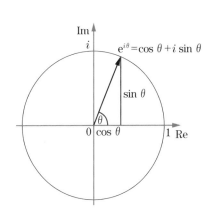

※ 虚数単位は，数学では「i」が使われるが，電気では電流記号に「i」が使われるため「j」が使われる

8 AD変換，パルス符号変調

問題

平成28年度 Ⅲ-31

類似問題
● 令和4年度 Ⅲ-29　　● 平成24年度 Ⅳ-30
● 平成26年度 Ⅲ-32　　● 平成23年度 Ⅳ-29

　パルス符号変調（PCM）方式に関する次の記述のうち，最も不適切なものはどれか。

① 標本化定理によれば，アナログ信号はその最大周波数の2倍以上の周波数でサンプリングすれば，そのパルス列から原信号を復元できる。

② 標本化パルス列から原信号を復元できる周波数をナイキスト周波数と呼ぶ。

③ 非線形量子化を行う際の圧縮器特性の代表的なものとして，μ-law（μ則）がある。

④ 線形量子化では，信号電力対量子化雑音電力比は信号電力が小さいほど大きくなる。

⑤ 量子化された振幅値と符号の対応のさせ方の代表的なものとして，自然2進符号，交番2進符号，折返し2進符号がある。

解説&解答

　④が不適切．線形量子化では，理論SN比（信号対雑音比）は量子化ビット数で決まり，信号電力には無関係です．

答え　④

詳しく解説

　まず，量子化雑音とは，標本化により得られた標本値をあらかじめ定めた有限個の振幅レベルのうち最も近いレベルで近似した際に生じる誤差のことです．線形量子化では，量子化ステップ幅が等間隔であり，量子化レベルの数（量子化ビット数）が多くなる（量子化ステップ幅が小さい）ほど量子化誤差は少なくなります．

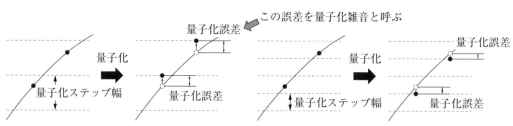

　理論SN比（信号対雑音比）は，$6.02 \times N$（量子化ビット数）$+ 1.76\,\mathrm{dB}$で表され，量子化ビット数が多いほどSN比が大きくなります．

問 題

類似問題
- 平成 29 年度 Ⅲ-32
- 平成 27 年度 Ⅲ-30
- 平成 25 年度 Ⅲ-28

令和元年度（再）Ⅲ-29

アナログ信号とディジタル信号に関する次の記述のうち，最も不適切なものはどれか．

① 時間と振幅が連続値をとるか離散値をとるかにより，信号を分類することができる．サンプル値信号は，時間が離散的で，連続的な振幅値をとる信号である．

② アナログ素子の特性（例えばコンデンサ容量）にはばらつきがあるので，同一特性のアナログ処理回路を大量に製造することは困難であるのに対して，ディジタル処理回路では高い再現性を保証できるという利点がある．

③ アナログ・ディジタル（AD）変換は，標本化，量子化，符号化の三つの処理からなる．このうち符号化とは，量子化された振幅値を 2 進数のディジタルコードに変換する処理である．

④ AD 変換において，アナログ信号がサンプリング周波数の 1／2 より大きい周波数成分を含んでいれば，そのサンプル値から元の信号を復元できる．

⑤ AD 変換において，サンプル値信号から元の信号を復元できるサンプリング周期の最大間隔をナイキスト間隔という．

解説＆解答

④が不適切．サンプリング周波数の1／2より大きい周波数成分を含んでいた場合，元のアナログ信号を復元することはできません． **答え　④**

詳しく解説

この問題を解くには，標本化定理（サンプリング定理）について知る必要があります．

標本化定理とは，「アナログ信号をディジタル信号へと変換する際，元の信号に含まれる周波数の2倍より高いサンプリング周波数で標本化すれば，元の信号が再現可能である」という定理です．これはいい換えれば，ディジタル化された信号からは，サンプリング周波数の半分の周波数までの信号しか正確に復元できないと表現できます．

〈標本化〉

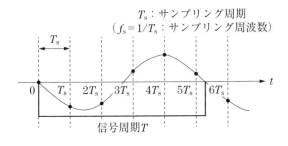

T_s：サンプリング周期
（$f_s = 1/T_s$：サンプリング周波数）

この例では，信号周期Tに対し，1/5以下のサンプリング周期T_sでサンプリングしているため，サンプリング周波数（$1/T_s$）は信号の周波数（$1/T$）の5倍以上あり，元の信号が再現可能

選択肢④は，「アナログ信号がサンプリング周波数の1／2より大きい周波数成分を含んでいれば」とあるので，元の信号は正確に復元できません．サンプリング周波数の1／2より大きい周波数成分を含んでいる場合，折り返しひずみが発生してしまいます．

(1) AD 変換

AD 変換は，時間の経過とともに連続的に変化する情報であるアナログ信号をディジタルデータに変換する処理です．

(2) パルス符号変調

パルス符号変調は，アナログ信号をディジタルデータに変換する変調方式の一種であり，標本化，量子化，符号化という3つの処理からなります．

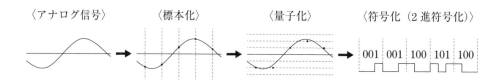

■ 標本化

標本化とは，アナログ信号を一定の時間間隔で区切り，時間的に離散的にサンプリングしたアナログ値（連続的な振幅値）をとるサンプル値信号にする処理です．

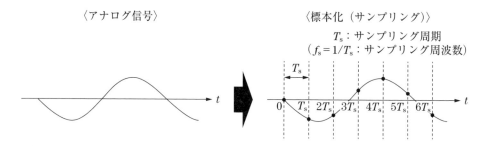

■ 量子化

量子化とは，標本化された振幅値を「あらかじめ定めた有限個の振幅レベル」（量子化レベル）に近似する処理です．

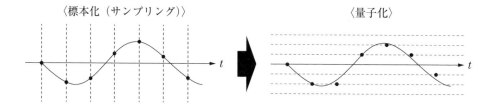

量子化には，線形量子化と非線形量子化があります．

線形量子化では，量子化レベルが等間隔になっています．対して非線形量子化では，量子化レベルの間隔（量子化ステップ幅）は信号レベルの大きなところでは大きく，信号レベルの小さなところでは小さくなっています．

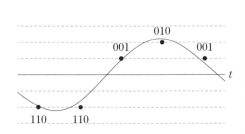

〈線形量子化〉 〈非線形量子化〉

量子化ステップ幅 量子化ステップ幅

非線形量子化の代表的なものとして，μ-law（μ則）の他にA-law（A則）があります．

ちなみに，非線形量子化は光回線などのIP電話で使用されており，北アメリカや日本では，μ-law（μ則）が，ヨーロッパでは，A-law（A則）が主に使われています．

■ 2進符号化

2進符号化とは，量子化された振幅値を2進数のディジタルレコード（2進符号）に変換する処理です．2進符号の代表的なものとして，自然2進符号，交番2進符号，折返し2進符号などがあります．

振幅値	2進符号
3	011
2	010
1	001
0	000
−1	111
−2	110
−3	101

(3) ナイキスト間隔

アナログ信号の標本化を行う際，どのような間隔で標本化を行えば最適なのかを定義した値がナイキスト間隔です．例えば，1周期の正弦波を考えてみてください．1周期内でより多く標本化を行えば，より元の波形に近い波が表現できますが，データ量は多くなります．そこで，標本化間隔を広げていけばデータ量を減らすことはできますが，広げ過ぎると元の波形は再現できなくなります．では，どこまで減らすことが可能でしょうか．正弦波の1周期中に2回のサンプリングを行えば，1つは正，もう1つは負となるため，ギリギリ元の周波数の波を再現することが可能になります．この元の波を再現可能な最大の間隔をナイキスト間隔と呼び，波の周期の半分となります．

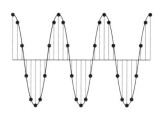

〈標本化間隔＜ナイキスト間隔〉

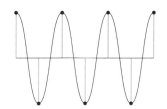

〈標本化間隔＝ナイキスト間隔〉

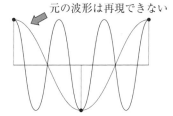

〈標本化間隔＞ナイキスト間隔〉

元の波形は再現できない

9 ディジタル変調方式

問 題

類似問題
● 平成 28 年度 Ⅲ-30　　　● 平成 26 年度 Ⅲ-31
● 平成 27 年度 Ⅲ-32　　　● 平成 25 年度 Ⅲ-32

令和元年度（再）Ⅲ-31

　ディジタル変調方式を使って，BPSK（Binary Phase Shift Keying）で 4 シンボル，QPSK（Quadrature Phase Shift Keying）で 4 シンボル，16 値 QAM（Quadrature Amplitude Modulation）で 4 シンボルのデータを伝送した。伝送した合計 12 シンボルで最大伝送できるビット数として，最も近い値はどれか。

① 12 ビット　　② 24 ビット　　③ 28 ビット　　④ 36 ビット　　⑤ 88 ビット

詳しく解説＆解答

　BPSK とは，送信データに応じて 180 度位相の異なる 2 つの搬送波を利用することで，0 と 1 を表現し，1 シンボルで 1 ビットのデータを伝送する変調方式です．

　QPSK とは，基準となる搬送波と，90 度ずつ位相をずらした搬送波の計 4 つの搬送波を利用することで 00，01，10，11 を表現し，1 シンボルで 2 ビットのデータを伝送する変調方式です．

　16 値 QAM とは，位相と振幅を変化させた 16 種類の搬送波を利用することで 0000〜1111 を表現し，1 シンボルで 4 ビットのデータを伝送する変調方式です．

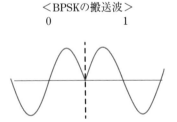

＜BPSKの搬送波＞
0　　　1

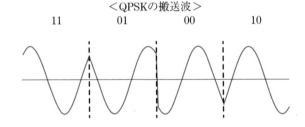

＜QPSKの搬送波＞
11　　　01　　　00　　　10

各搬送波は，90度位相が異なっている

隣り合う搬送波に対し，符号が1ビットのみ異なるように
（11→01→00→10）が割り当てられている

　BPSK，QPSK，16 値 QAM の各変調方式で，伝送できるビット数は右の表のようになります．

　したがって，BPSK で 4 シンボル，QPSK で 4 シンボル，16 値 QAM で 4 シンボルのデータを伝送した場合，合計 12 シンボルで伝送できるビット数は，以下のようになります．

変調方式	1 シンボルで伝送できるビット数	4 シンボルで伝送できるビット数
BPSK	1 ビット	1×4＝4 ビット
QPSK	2 ビット	2×4＝8 ビット
16 値 QAM	4 ビット	4×4＝16 ビット

　合計 12 シンボルで伝送できるビット数＝4＋8＋16＝28 ビット

答え　③

令和 3 年度 Ⅲ-29

　M 値の直交振幅変調を M 値 QAM（Quadrature Amplitude Modulation）と呼ぶ。16 値 QAM と 256 値 QAM それぞれの 1 シンボル当たりの伝送容量の比較と信号点間隔に関する次の記述の，□□□□に入る数値及び語句の組合せとして，適切なものはどれか。

　256 値 QAM の伝送容量（1 シンボル当たり）は，16 値 QAM と比較すると，□ア□倍となる。また，256 値 QAM の信号点間隔は，16 値 QAM と比較すると□イ□倍となる。同一送信電力のとき雑音余裕度は，□ウ□の方が少ない。

	ア	イ	ウ
①	16	1／5	256 値 QAM
②	2	1／5	256 値 QAM
③	2	1／8	256 値 QAM
④	16	1／8	16 値 QAM
⑤	2	1／5	16 値 QAM

詳しく解説＆解答

　16 値 QAM では，位相と振幅を変化させた 4×4 の 16 値（2^4）のシンボルを利用して，1 シンボル当たり 4 ビットのデータを伝送できます。右図は，16 値 QAM の信号点の配置を複素平面上（I 軸は同相軸，Q 軸は直交軸）に示したものであり，原点から各信号点までの距離が振幅を表し，原点からの角度が位相を表します。また，信号点間隔とは，2 つの信号点の間の最小距離を指し，最小信号点間隔がなるべく広くなるように信号点が配置されています。四隅の信号点の間の距離を d とすると，16 値 QAM の最小信号点間隔は 1／3d となります。

　これに対して，256 値 QAM では，16×16 の 256 値（2^8）のシンボルを利用して，1 シンボル当たり 8 ビットのデータを伝送できます。

　したがって，1 シンボル当たりの伝送容量（1 シンボルで伝送できるビット数に比例）は，1 シンボル当たり 4 ビットのデータを伝送する 16QAM と比較して 2 倍となります。（ア＝2）

　一方，256 値 QAM は，16×16 の信号点配置をとるため，四隅の信号点の間の距離を d とすると，信号点間隔は 1／15d となります。

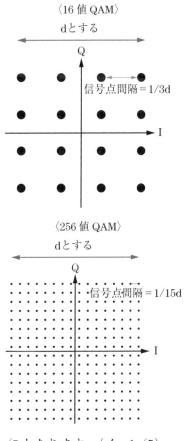

〈16 値 QAM〉
d とする

信号点間隔 ＝ 1/3d

〈256 値 QAM〉
d とする

信号点間隔 ＝ 1/15d

　したがって，16 値 QAM の信号点間隔の 1／3d と比較して，1／5 となります。（イ＝1／5）

　256 値 QAM は，16 値 QAM と比較して信号点間隔が狭いため，同一送信電力で伝送した場合，雑音による影響を受けやすくなります。すなわち，同一送信電力のときの雑音余裕度は，256 値 QAM の方が少なくなります。（ウ＝256 値 QAM）

答え　②

　ディジタル変調方式とは，ディジタル信号を使用可能な周波数帯域で伝送するため，送信データに応じて搬送波の振幅，位相，周波数などを離散的に変化させる伝送の方式です．以下の説明においての「シンボル」とは，1回分の情報を送るために使われる信号を指します．

ディジタル変調方式の種類

　ディジタル変調方式には，ASK（振幅偏移変調），FSK（周波数偏移変調），PSK（位相偏移変調），QAM（直交振幅変調）などがあります．

■ 振幅偏移変調（ASK：Amplitude Shift Keying）

　2値のバイナリ信号に対し，例えば，送信データが1の場合は搬送波の振幅を大きく，0の場合は搬送波の振幅を小さくして伝送します．すなわち，送信データに応じて搬送波の振幅を変化させる変調方式です．

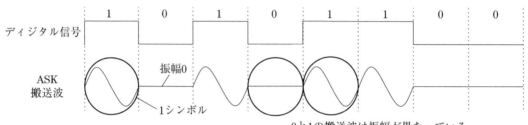

■ 周波数偏移変調（FSK：Frequency Shift Keying）

　2値のバイナリ信号に対し，例えば，送信データが1の場合は高い周波数の搬送波，0の場合は低い周波数の搬送波で伝送します．すなわち，送信データに応じて搬送波の周波数を変化させる変調方式です．

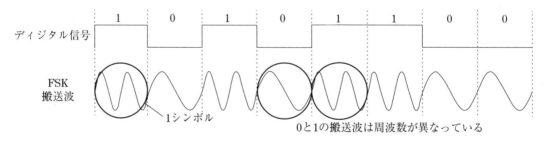

■ 位相偏移変調（PSK：Phase Shift Keying）

　2値のバイナリ信号に対し，例えば，送信データが1の場合は搬送波の位相を0°で，0の場合は搬送波の位相を180°で伝送します．すなわち，送信データに応じて搬送波の位相を変化させる変調方式です．

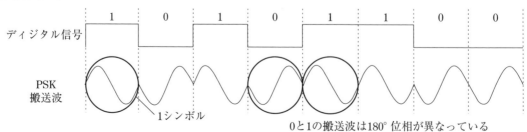

■ 位相偏移変調（PSK）の種類

　PSK には，位相を何値に分けるかにより BPSK（Binary PSK），QPSK（Quadrature PSK），8PSK などが存在し，細かく分けるほど 1 シンボルで伝送できる情報量（ビット数）が増えますが，位相の識別が難しくなるため，雑音に対する余裕度が低く，受信時に誤りが発生しやすくなります．

　下図に BPSK，QPSK，8PSK の信号点配置を示します．

　BPSK では，180° 位相の異なる 2 つの信号点を用いて 1 シンボル当たり 1 ビットのデータを伝送します．QPSK では，90° ずつ位相をずらした 4 点の信号点を用いて 1 シンボル当たり 2 ビットのデータを伝送します．8PSK では，45° ずつ位相をずらした 8 点の信号点を用いて 1 シンボル当たり 3 ビットのデータを伝送します．

〈BPSK〉　　　　　　　　〈QPSK〉　　　　　　　　〈8PSK〉

■ 直交振幅変調（QAM：Quadrature Amplitude Modulation）

　QAM は，送信データに応じて搬送波の位相と振幅を変化させる変調方式で，何値のシンボルを利用するかにより，1 シンボルで伝送できる情報量（ビット数）が異なります．

　下図に 16QAM と 64QAM の信号点配置を示します．

　16QAM では，4×4（2^4）の信号点を利用し，1 シンボル当たり 4 ビットのデータが伝送できます．また，64QAM では，8×8（2^6）の信号点を利用し，1 シンボル当たり 6 ビットのデータが伝送できます．多くの信号点を利用するほど 1 シンボルで伝送できるビット数が増えますが，同じ電力（原点から四隅の点までの距離（最大振幅）を同じにする）で信号を送信した場合，信号点間隔が狭い 64QAM の方が信号の識別が難しくなるため，受信時の誤りが発生しやすくなります．

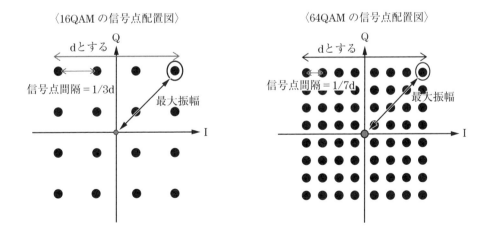

〈16QAM の信号点配置図〉　　　　　　〈64QAM の信号点配置図〉

10 無線通信方式

問題

令和2年度 Ⅲ-32

　OFDM（Orthogonal Frequency Division Multiplexing：直交周波数分割多重）の特徴に関する記述のうち，最も適切なものはどれか。

① シングルキャリア変調方式の一つであり，マルチパス妨害に強い特徴がある。

② 多値変調の一種であり，同じタイムスロット内に多数の情報を送出する事が出来る。

③ 信号のスペクトルを拡散する方式であり，電力密度が極端に低くなるため，他の通信システムへの干渉を小さくできる。

④ マルチキャリア変調方式の一つであるが，技術的にマルチパス妨害に強くすることはできない特徴がある。

⑤ ガードインターバル期間を付加することが可能であるため，マルチパス妨害の影響が軽減される。

解説&解答

　OFDM（直交周波数分割多重）は，ガードインターバル期間を付加することにより，マルチパス妨害の影響を軽減することができます．

答え　⑤

詳しく解説

　OFDMは，ガードインターバル期間を付加することにより，ガードインターバル期間内の遅延であれば遅延したシンボルが後続のシンボルに干渉することを防げます．

　したがって，遅延波の影響により生じるマルチパス妨害の影響を軽減することができます．

① OFDMは，複数の搬送波を用いるマルチキャリア変調方式の一種であり，1つの搬送波のみを用いるシングルキャリア変調方式ではないため，不適切です．

② 多値変調とは，QPSK，16値QAMなどのように1シンボル（同じタイムスロット内）で複数の情報（ビット）が伝送できる変調方式のことであり，OFDMの説明ではないため，不適切です．ちなみに，OFDMに基づく多元接続方式であるOFDMA（直交周波数分割多元接続方式）では，各サブキャリアがBPSK，QPSK，多値QAMなどの変調方式で変調されます．

③ 信号のスペクトルを拡散する方式はCDMA（符号分割多元接続方式）であり，OFDMの説明ではないため，不適切です．

④ OFDMは，マルチキャリア変調方式の一種で，マルチパス妨害に対し強いという特徴をもちます．「マルチパス妨害に強くすることはできない」という部分が不適切です．

令和3年度 Ⅲ-30

類似問題
● 平成30年度 Ⅲ-32

多元接続方式に関する次の記述のうち，不適切なものはどれか．

① TDMA（Time-Division Multiple Access）では，共有する伝送路を一定の時間間隔で区切り，それぞれの通信局が割り当てられた順番で使用することで同時接続を実現する．

② CDMA（Code-Division Multiple Access）では，通信局ごとに異なる搬送波周波数を用いて同一の拡散符号でスペクトル拡散を行い同時接続する．

③ FDMA（Frequency-Division Multiple Access）は，TDMAと併用されることのある多元接続方式である．

④ OFDMA（Orthogonal Frequency-Division Multiple Access）は，OFDMに基づくアクセス方式であり，通信局ごとに異なるサブキャリアを割り当てることで多元接続を実現する．

⑤ CSMA（Carrier-Sense Multiple Access）は，1つのチャネルを複数の通信局が監視し，他局が使用していないことを確認した後でそのチャネルを使う方法である．

解説＆解答

②が不適切．CDMAでは，複数の通信局で同じ周波数帯を用いて，通信局毎に割り当てられた異なる拡散符号でスペクトル拡散を行います． **答え ②**

詳しく解説

多元接続方式とは，与えられた周波数帯域を有効活用するため，複数の通信局が1つの電波帯域を共有して通信するための方式です．複数の通信局の電波が混線しないように分割して使用しますが，分割方法として，与えられた周波数帯域を複数の周波数帯域に分割する方式（FDMA），同じ周波数帯域を時間的に分割する方式（TDMA）などがあります．

CDMAは，多元接続方式の一種であり，通信局毎に割り当てられた異なる拡散符号を用いてスペクトル拡散（信号を広い帯域に拡散して通信する技術）を行うことにより，複数の通信局で同じ周波数帯を同時に使用できる方式です．ノイズに強いというメリットがあります．すなわち，相互相関が小さく互いに干渉しづらい拡散符号を各通信局に割り当て，各通信局が送信するデータに自局に割り当てられた拡散符号を掛け合わせて送信します．複数の通信局が同時に同じ周波数帯を使用して送信するため，受信局には複数のデータが混在した信号が受信されますが，受信された信号に対し，各通信局に割り当てられている拡散符号を用いて演算を行うことで，元のデータを復元することが可能になります．

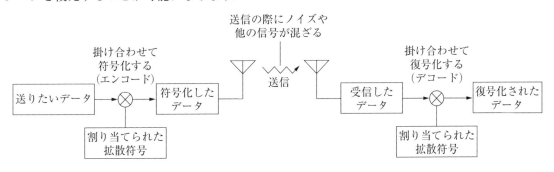

(1) 多元接続方式

　複数の通信局が1つの電波帯域を共有して通信するための方式（多元接続方式）には，TDMA（Time-Division Multiple Access），FDMA（Frequency-Division Multiple Access），CDMA（Code-Division Multiple Access）などがあります．

TDMA 時分割多元接続方式	一定の時間間隔で区切り，それぞれの通信局が1つの搬送波を順番に使用します．
FDMA 周波数分割多元接続方式	周波数帯を複数の帯域に分割し，複数の搬送波を，それぞれの通信局が使用します．
CDMA 符号分割多元接続方式	通信局毎に異なる拡散符号でスペクトル拡散を行い，同時間に同じ周波数帯を使用します．

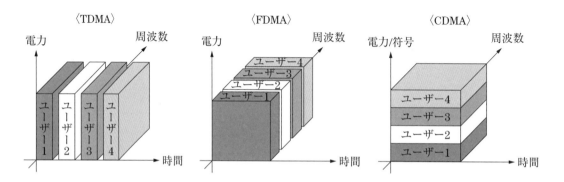

(2) OFDM (Orthogonal Frequency-Division Multiplexing)

　OFDM（直交周波数分割多重）は，ある帯域内で互いに直交し，干渉しづらい複数の搬送波（サブキャリア）を使用することにより，搬送波同士の間隔を狭めて周波数帯域を有効利用することができます．

　すなわち，あるサブキャリアの大きさが最大となる中心周波数において，他のサブキャリアの大きさがゼロになるようにサブキャリアを重ねて配置することにより，他の信号の影響を受けずにより多くのデータの伝送が可能となります．

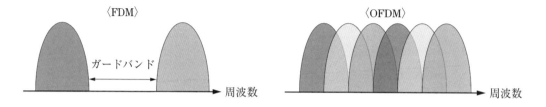

(3) OFDMA (Orthogonal Frequency-Division Multiple Access)

　OFDMA（直交周波数分割多元接続方式）はOFDMに基づく多元接続方式であり，周波数軸と時間軸でチャネルを分割して複数のユーザーに割り振ります．

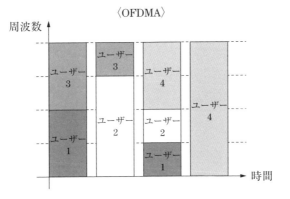

〈OFDMA〉

周波数

ユーザー3 / ユーザー3 / ユーザー4

ユーザー1 / ユーザー2 / ユーザー2 / ユーザー4

ユーザー1

時間

(4) CSMA (Carrier Sense Multiple Access)

CSMA（搬送波感知多重アクセス）は，1つのチャネルを複数の通信局が監視し，他局が使用していないことを確認したあとで，そのチャネルを使う方式です．

(5) ガードインターバル期間

OFDM の各サブキャリアは，所定の間隔で送信されるシンボル単位でデータの伝送を行いますが，隣接するシンボル間の干渉を防ぐため，各シンボルの有効シンボルに対してガードインターバル期間が付加されます．

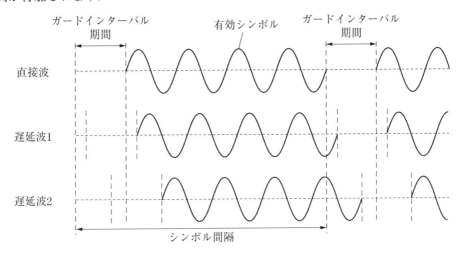

ガードインターバル期間　有効シンボル　ガードインターバル期間

直接波

遅延波1

遅延波2

シンボル間隔

(6) マルチパス妨害

移動通信環境では，電波は周囲の建物などにより反射され，多くの方向から到来することになります．直接到来する直接波に対し，建物などにより反射された波は遅延して到来するため，遅延波となります．シンボルが連続して伝送される場合，遅延したシンボルが後続のシンボルに影響を与え，正しい信号が受信できなくなります．

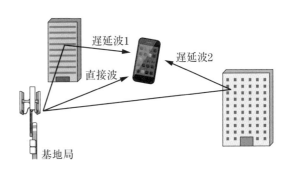

遅延波1 / 遅延波2 / 直接波 / 基地局

11 インターネット通信

問 題

類似問題
● 平成26年度 III-30
● 平成25年度 III-31
● 平成24年度 IV-29

平成27年度 III-31

インターネットのプロトコル階層に関する次の記述のうち，最も不適切なものはどれか。

① 対等な層間の通信制御の規約をプロトコル，上下層間の通信制御の手続きをインタフェースという。

② 通信の宛先を示す情報には，ポート番号，IP（Internet Protocol）アドレス，及びMAC（Media Access Control）アドレスがある。

③ TCP（Transmission Control Protocol）はトランスポート層のプロトコルであり，信頼性のあるトランスポートサービスを実現するために，コネクションレス型サービスを実現する。

④ TCPでは，ARQ（Automatic Repeat reQuest）におけるウインドウ機能を用いて，フロー制御と輻輳制御を実現する。

⑤ IPはネットワーク層のプロトコルであり，IPアドレスに基づきデータグラム型パケット交換処理を行う。

解説&解答

③が不適切．TCPはコネクションレス型ではなく，コネクション型のサービスです。 **答え ③**

詳しく解説

① 層間の通信制御の規約をプロトコルといい，通信の信頼性を高めるためのプロトコルであるTCP（トランスポート層）やデータの通信手順を示すプロトコルであるIP（インターネット層）などがあります。

② ポート番号は，トランスポート層で通信相手が有するどの機能と接続するかを特定する識別番号，IPアドレスは，インターネット層で通信相手を特定する識別番号，MACアドレスは，パソコンやルータなどのネットワークI/Fカードを特定するためのアドレスです。

③ トランスポート層の通信プロトコルにはTCP，UDPがあります。TCPは，通信を行う際に通信相手との間で，通信開始および通信終了の確認を行うコネクション型のプロトコルです。対して，UDPはコネクションレス型のプロトコルで，通信相手に確認を行うことなく，いつでも通信相手に情報を送ることができます。よって，TCPと比べると信頼性は落ちますが，高速に転送を行えるため動画などの大量のデータを転送する際に利用されます。

④ 信頼性の高い通信を実現するために再送制御（ARQ），フロー制御や輻輳制御などを行っており，この際にウインドウサイズ（確認応答なしで転送が行えるデータ量）を利用しています。

⑤ IPは，インターネットなどで広く使われており，IPアドレスに基づいて，別のネットワーク

の特定した通信相手までパケット単位でデータを転送します.

問題

類似問題
● 令和元年度（再）Ⅲ-32
● 平成 28 年度　　Ⅲ-32

令和 3 年度　Ⅲ-25

インターネットに関する次の記述のうち，不適切なものはどれか．
① ARP（Address Resolution Protocol）は，MAC アドレスから IP アドレスを知るためのプロトコルである．
② NAT（Network Address Translation）は，プライベート IP アドレスとグローバル IP アドレス間の変換を行う機能である．
③ TCP（Transmission Control Protocol）は，フロー制御や再送制御などの機能を持つ．
④ DNS（Domain Name System）は，IP アドレスと FQDN（Fully Qualified Domain Name）との対応関係を検索し提供するシステムである．
⑤ DHCP（Dynamic Host Configuration Protocol）は，IP アドレスやネットマスクなど，ネットワークに接続するうえで必要な情報を提供可能なプロトコルである．

解説＆解答

①が不適切．ARP は，IP アドレスに対応する MAC アドレスを問い合わせて調べるためのプロトコルです．MAC アドレスから IP アドレスを知るものではありません．　　**答え　①**

詳しく解説

① ARP は，IP アドレスに対応する MAC アドレスを問い合わせて調べるためのプロトコルです．
　1. ARP リクエストで知りたい IP アドレスを問い合わせます．
　2. ARP リプライで該当するコンピュータが，MAC アドレスを含んで応答します．

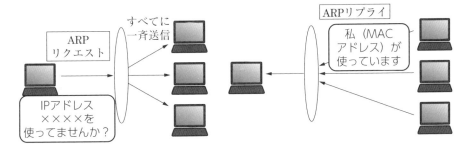

② IP アドレスには，インターネットで唯一割り当てられたグローバル IP アドレス以外に，自宅や会社などのローカルネットワークの中で使用されるプライベート IP アドレスがあります．
③ 信頼性の高い通信を実現するために，フロー制御や再送制御などを行っています．
④ DNS とは，ネットワーク上で人間が覚えやすいようにコンピュータにつけた FQDN（例：www.example.co.jp）と IP アドレスの対応関係を管理し，相互に変換する仕組みです．
⑤ DHCP サーバは，割り当て可能な IP アドレスをプールしており，通信を行いたいクライアントからの要求に対して，現在使われていない IP アドレスを一定期間提供します．

(1) プロトコルの階層構造

　インターネットなどで使用されている TCP/IP プロトコルは，4層からなる階層構造で構成されています．

階層	名称	役割	規格（プロトコル）
4層	アプリケーション層	Web，メールなどのアプリケーション機能を実現する	HTTP，SNTP，POP3 など
3層	トランスポート層	通信の制御	TCP，UDP など
2層	インターネット層（ネットワーク層）	他のネットワークとの間での通信を実現する	IP など
1層	ネットワークインターフェース層（データリンク層/物理層）	同一ネットワーク内のコンピュータとの通信を実現する	Ethernet，無線 LAN など

　アプリケーションによりデータの転送を行う際は，各層で順に処理されていきます．

・アプリケーション層ではデータ転送の機能が実装されます．

・トランスポート層では転送したいデータの通信制御が行われます．

・インターネット層では，他のネットワークに属するコンピュータにデータを転送するための IP パケットに処理されます．

・ネットワークインターフェース層に属するイーサネットなどにより，物理的にデータが送出されます．

(2) TCP（Transmission Control Protocol）と UDP（User Datagram Protocol）

　トランスポート層で通信制御を行うプロトコルには TCP と UDP があり，アプリケーション側の通信目的や用途で使い分けられます．通信相手になるべく確実にデータを転送したい場合には，信頼性の高い通信が可能な TCP を選択し，動画の再生など多少データに欠損が損じてもよいので高速にデータを転送したい場合には，UDP が選択されます．

プロトコル	TCP	UDP
通信方式	コネクション型	コネクションレス型
信頼性	データを確実に送受信	データ欠損の可能性あり
転送速度	リアルタイム性は低い	高速データ転送が可能
用途	Web，メールなど	音楽，動画などのストリーミング

(3) TCP で行われる通信制御機能

　ARQ（Automatic Repeat reQuest）（再送制御）：確認応答がなければ再送します．

　フロー制御：受信ノードの受信可能な情報量に応じて送信情報量を制御します．

　輻輳制御：ロスベース方式では，パケットロスが発生するまでは徐々に輻輳ウインドウサイズを増加させ（加算的増大），パケットロスが発生すると大きく輻輳ウインドウサイズを減少（乗算的減少）させます．

(4) 通信の宛先を示す情報

　あるネットワークに属するコンピュータから別のネットワークに属するコンピュータにデータを届けるためには，通信の宛先を示す情報が必要です．通信の宛先を示す情報には，ポート番号，IPアドレス，MACアドレスがありますが，これらの識別情報を用いてデータが目的の通信相手に届けられる様子は，次のようになります．

　送信側のコンピュータでは，転送したいデータに対して，アプリケーションを特定するためのポート番号を指定するTCPヘッダが付加され，TCPパケットとなります．続いて，転送するコンピュータを示すIPアドレスを指定するIPヘッダが付加され，IPパケットとなります．次に，イーサネットで転送を行う機器のネットワークI/Fカードを特定するためのMACアドレスを指定するMACフレームがつくられ，IPネットワークに送出されます．

　付加されたアドレスを利用してMACフレームが目的のコンピュータに届くと，受信側のコンピュータでは，MACフレームからIPパケットを取り出し，IPパケットからTCPパケットを取り出し，ポート番号によって通信相手であるアプリケーションにデータが届けられます．

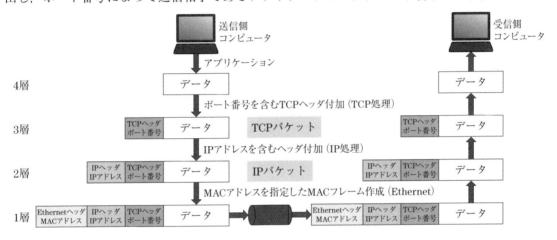

類似問題　**令和元年度　Ⅲ-30**

　次のIPアドレス（IPv4アドレス）のブロードキャストアドレスとして，最も適切なものはどれか．

　　170.15.16.8／16

① 170.15.16.0　　　③ 170.15.16.255　　　⑤ 255.255.0.0

② 170.15.0.0　　　④ 170.15.255.255

🔍 **詳しく解説＆解答**

　ブロードキャストアドレスとは，IPアドレスのホストアドレス部分をすべて1にしたもので，ネットワーク内のすべての機器に一斉にデータを送るために使われるものです．

　／16という表記から，上位16ビットがネットワークアドレス部，下位16ビットがホストアドレス部となるので，下位16ビットが1となっている④が正解となります．すなわち，170.15.255.255を16進数で表すとAA.0F.FF.FFとなり，下位16ビットは2進数でオール1です．
　　　　　　　　　　　　　　　　オール1

答え　④

電気設備

1 保護・安全対策

問 題

類似問題
● 平成23年度 Ⅳ-35

平成29年度 Ⅲ-35

電気設備の接地に関する次の記述の，□□□に入る語句の組合せとして最も適切なものはどれか．

電路の保護装置の確実な動作の確保や ア の低下を図って，イ を抑制するため電路の ウ に接地を施す場合がある．

	ア	イ	ウ
①	異常高温	過電流	線路導体
②	一線地絡電流	異常電圧	中性点
③	回転数	過電流	線路導体
④	通信雑音	過電流	末端
⑤	対地電圧	異常電圧	中性点

解説&解答

接地は保護継電器の確実な動作，対地電圧の低下，異常電圧の抑制などの役割を目的として，電路の中性点にも施設される場合があります．よって⑤が正解です．この場合の接地の種類はB種接地です．

答え ⑤

詳しく解説

接地に関する規定には，「電気設備に関する技術基準を定める省令」（以下：電気設備技術基準）（電気設備の接地）第十条があり，次のように規定されています．

「電気設備の必要な箇所には，異常時の電位上昇，高電圧の侵入等による感電，火災その他人体に危害を及ぼし，又は物件への損傷を与えるおそれがないよう，接地その他の適切な措置を講じなければならない．ただし，電路に係る部分にあっては，第五条第一項の規定に定めるところによりこれを行わなければならない．」

また，この省令を受け，電気設備の技術基準の解釈には，（保安上又は機能上必要な場合における電路の接地）第19条に「電路の保護装置の確実な動作の確保，異常電圧の抑制又は対地電圧の低下を図るために必要な場合は，本条以外の解釈の規定による場合のほか，次の各号に掲げる場所に接地を施すことができる．一 電路の中性点（使用電圧が300 V以下の電路において中性点に接地を施し難いときは，電路の一端子）二，三省略」とあります．

類似問題
● 令和元年度　Ⅲ-35
● 平成28年度　Ⅲ-35

平成24年度 Ⅳ-34

「電気設備に関する技術基準を定める省令」に基づいた異常の予防及び保護対策に関する次の記述の，□□□に入る語句として正しい組合せはどれか。

「電路の必要な箇所には，　ア　による過熱焼損から　イ　及び電気機械器具を保護し，かつ，　ウ　の発生を防止できるよう，　エ　を施設しなければならない。」

	ア	イ	ウ	エ
①	うず電流	電線	火災	過電流遮断器
②	過電流	電線	異常電圧	過電流遮断器
③	うず電流	電路	異常電圧	過電流遮断器
④	過電流	電線	火災	過電流遮断器
⑤	過電圧	電路	火災	過電圧遮断器

解説＆解答

電気設備技術基準において，次のように規定されています。

(過電流からの電線及び電気機械器具の保護対策) 第十四条「電路の必要な箇所には，過電流による過熱焼損から電線及び電気機械器具を保護し，かつ，火災の発生を防止できるよう，過電流遮断器を施設しなければならない。」

よって④が正解です。

答え　④

詳しく解説

ア　「過熱焼損」は，接触不良や，絶縁の劣化などでも発生しますが，多くの場合は電流の流し過ぎにより発生するため，ここでは過電流が正解です。なお，うず電流は，電磁誘導により導体に誘起されるうず状の電流で，IHヒータなどにも使用されています。また，過電圧もそれだけでは過熱焼損には至りません。過電流とは，過負荷や短絡などにより電路に流れる過剰な電流のことで，過電圧は，電気回路の不具合や落雷などにより，電線や回路にかかる過剰な電圧のことです。

イ　電気設備技術基準の第一条に「電路とは通常の使用状態で電気が通じているところをいう。」「電気機械器具とは，電路を構成する機械器具をいう。」とあります。電気機械器具も電路に含まれるため，ここでは電線が正解です。

ウ　異常電圧の発生原因は様々で，発生防止には接地や避雷器の設置，高電圧を継電器等で検知しての遮断器の開放，などがあります。しかし，ここでは文章の流れから火災が正解です。

エ　過電流を防止する遮断器は過電流遮断器となります。

(1) 接地

接地は，アース，グランドともいい，電気機器の外箱や架台などを大地と同電位に保つため，地中に埋設した導体に電線などで接続することをいいます．かつて，接地は感電の防止（保護接地）が主目的でしたが，最近は電子機器の安定な動作のために基準電位点に接続すること（機能接地）を目的としたものも多くなっています．

保護のための接地は，問題の解説でも述べたように，電気設備技術基準にも規定されており，漏電による感電の防止や，火災の防止，変圧器の内部混触による低圧側電路への高電圧侵入の抑制のための低圧側接地などがあります．

以下，参考に接地工事の種類とその規定を挙げておきます．

〈接地工事の種類〉

工事種類	接地抵抗値	接地線太さ	機器電圧レベル
A 種	10 Ω 以下	直径 2.6 mm 以上	高圧又は特別高圧機器の金属架台及び金属ケース
B 種	計算値[注1]	直径 4.0 mm 以上	高圧又は特別高圧電路と低圧電路の結合用変圧器の低圧側中性点（中性点なき場合は低圧側 1 端子）
C 種	10 Ω 以下[注2]	直径 1.6 mm 以上	低圧機器の金属架台及び金属ケース（300 V 超え）
D 種	100 Ω 以下[注2]	直径 1.6 mm 以上	低圧機器の金属架台及び金属ケース（300 V 以下，直流電路及び 150 V 以下の交流電路に設置）

注 1) 変圧器の高圧側又は特別高圧側の電路の 1 線地絡電流値で 150 を除した値以下．
但し，自動的に高圧又は特別高圧の電路を遮断する装置の遮断時間が 1 秒を超え，2 秒以下の場合，300 を除した値以下．又 1 秒以下の場合，600 を除した値以下．
2) 地絡を生じた場合に 0.5 秒以内に自動的に電路を遮断する装置を施設するときは 500 Ω 以下．

出典：電気設備の技術基準の解釈第 17 条～29 条より抜粋

その他，最近は接地施工に取り入れられることが多くなってきた「構造体接地」について概要を説明します．

鉄骨造，鉄筋コンクリート造の建設物の鉄骨や鉄筋を，決められた工法（鉄骨等の一部を地中に埋設，等電位ボンディング（電気的接続））などにより施工した場合，抵抗値などの条件を満たせば，A 種，B 種接地工事の接地極として使用することができるというものです．

詳しい内容は，電気設備技術基準の解釈 第 18 条（工作物の金属体を利用した接地工事）に記載されています．

(2) 遮断器

電気回路における遮断器とは，正常動作時の負荷電流を開閉するとともに，保護継電器と連動して事故電流などを遮断して負荷設備などを保護する装置のことです．故障電流などを遮断する際には，開放した電極間に高電圧が発生し，電流遮断を困難にするような作用があります．遮断器はその作用に耐え，遮断を可能にした装置です．

単に負荷電流を開閉するものを負荷開閉器（負荷スイッチ）と呼び，事故電流などを遮断する

ことはできないため，遮断器とは区別されています．また，定格電流は，電気製品を安全に使用するために製造者によって保証された電流の限度値のことで，定格遮断電流は，遮断器が遮断できる限度値のことです．

〈その他の関連規定〉

省令には，第十五条（地絡に対する保護対策）があり，「電路には，地絡が生じた場合に，電線若しくは電気機械器具の損傷，感電又は火災の恐れがないよう，地絡遮断器の施設その他の適切な措置を講じなければならない．ただし，電気機械器具を乾燥した場所に施設する等地絡による危険のおそれがない場合は，この限りではない．」と規定されています．

電気設備技術基準の解釈 第33条（低圧電路に施設する過電流遮断器の性能等）には，「低圧電路に施設する過電流遮断器は，これを施設する箇所を通過する短絡電流を遮断する能力を有するものであること．（以下省略）」と規定されています．

その他，第34条（高圧又は特別高圧の電路に施設する過電流遮断器の性能等），第35条（過電流遮断器の施設の例外），第36条（地絡遮断装置の施設）などの規定があります．

(3) 遮断器の種類（参考）

遮断器は高圧用のものから家庭用のものまで多種あり，ここでは代表的なものを紹介します．

① 油入遮断器（OCB）：遮断部分が油のタンクの中にあり，アークによる油の分解で水素を発生させ，その冷却作用で消弧させます．消弧とは，アークを消滅させることです．

② 真空遮断器（VCB）：遮断部分が高真空の容器の中にあり，アークを高真空中で拡散して消弧させます．

③ ガス遮断器（GCB）：遮断部分がSF_6ガスが充填された容器内に設置されており，アークにガスを吹きつけて消弧させます．SF_6ガスは絶縁性，消弧性が高いガスです．しかし近年，SF_6ガスに，二酸化炭素の2万倍以上の温室効果があることが分かり，排出削減の対象となっています．

④ 磁気遮断機（MCB）：遮断部分が磁気を発生するコイルや鉄心に囲まれていて，アークを磁気の作用で消弧室に押し込んで消弧させます．

⑤ 気中遮断機（ACB）：遮断部分が空気中にあり，遮断される電流の磁界によりアークを消弧室に押し込んで遮断します．

⑥ 配線用遮断器（MCCB）：低圧回路に用いられ，消弧室内の壁で冷却してアークを消弧させます．

⑦ 漏電遮断器（ELB）：配線用遮断器に地絡検出装置を組み込み，過電流や短絡に加えて漏電が発生したときにも電流を遮断します．

2 停電対策

問題

類似問題
● 平成 25 年度 Ⅲ-35

令和元年度（再）Ⅲ-35

あるビルの蓄電池設備計画では，次の2条件を満たすことが求められるという。第一に停電発生からその復旧までの所要時間を1時間とし，この間の平均使用電力が5 kWであること，また，第二に停電復旧後に復電に必要な開閉器駆動に50 kWの電力が必要で，これにかかる時間が36秒であることである。この蓄電池に最低限必要な電流容量に最も近い値はどれか。ただし，蓄電池の定格電圧は100 Vであり，蓄電池の放電損失はないものとする。

① 40 Ah　② 45 Ah　③ 50 Ah　④ 55 Ah　⑤ 60 Ah

詳しく解説＆解答

非常用蓄電池設備の必要電流容量は，[Ah] で表示されます。例えば 100 Ah であれば，10 A を必要とする負荷（100 V であれば電力 1 000 W）に対して，10 h（時間）供給できる容量があるということです。

問題の第一条件から，平均使用電力は 5 kW，1 h（時間）必要なので，必要電力量 W_1 は以下になります。

$$W_1 = 5\,[\text{kW}] \times 1\,[\text{h}] = 5\,[\text{kWh}]$$

第二条件から，開閉器駆動に 50 kW，必要時間が 36 秒 $\left(\dfrac{36}{3\,600}\,\text{h}\right)$ 必要なので，必要電力量 W_2 は以下になります。

$$W_2 = 50\,[\text{kW}] \times \frac{36}{3\,600}\,[\text{h}] = 0.5\,[\text{kWh}]$$

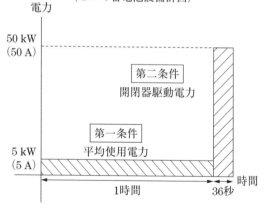

〈ビルの蓄電池設備計画〉

よって蓄電池に必要な電力量は，$W = W_1 + W_2 = 5 + 0.5 = 5.5\,[\text{kWh}]$ となります。5.5 kWh は，5 500 Wh です。

電力量 [Wh] ＝ 電圧 [V] × 電流 [A] × 時間 [h] です。電力量 5 500 W，電圧 100 V，必要電流を I [A] とすると，時間は約 1 h（時間）なので，以下の式が成り立ちます。

$$5\,500\,[\text{Wh}] = 100\,[\text{V}] \times I\,[\text{A}] \times 1\,[\text{h}] \quad \cdots (1)$$

必要電流容量を Q [Ah] とすると，$Q = I\,[\text{A}] \times$ 時間 [h] なので，(1)式より，

$$\therefore Q\,[\text{Ah}] = I\,[\text{A}] \times 1\,[\text{h}] = \frac{5\,500}{100} = 55\,[\text{Ah}] \quad \text{となります。}$$

答え　④

平成 26 年度 Ⅲ-35

　ITやマルチメディアなどの情報通信機器を支える電源システムの一般的な品質向上策に関する次の記述のうち，最も不適切ものはどれか。

① 冗長なシステムの構成法の1つは，常用機と予備機を用意し，常用機が故障時に予備機に切り替わって運転する方式である。

② 冗長なシステムのもう1つの構成法は，複数台の機器が負荷を分担して運転し，故障時は故障機を瞬時に切り離し，残りの健全機から電力を供給する方式である。

③ 事故時の予備電源装置への切換においては，瞬断切換方式に加えて，瞬断を発生させない無瞬断切換方式もある。

④ 無停電電源装置（UPS）は，定電圧定周波電源装置（CVCF）及び自家発電装置からなり，停電時にも長時間の給電が可能な装置である。

⑤ 定電圧定周波電源装置（CVCF）は，交流を整流したのち，インバータで再び交流に変換しており，電圧や周波数の安定した電力供給が可能である。

解説＆解答

　④が不適切。無停電電源装置（UPS：Uninterruptible Power Supply）とは，停電などによって常用の電力が切断された場合にも電力を供給し続ける非常用の電源装置です。電力を安定させる電力変換装置（整流器，インバータなど）と，停電時に電力を供給するバッテリによって構成されており，UPSの構成要素には自家発電装置は含まれません。

答え　④

詳しく解説

　④以外は以下の通り，いずれも適切です。

① 電源などのシステムに障害が生じた場合，障害が全体のシステムに及ばないように予備の電源を用意しておき，すぐ運用再開できるように，二重に電源を用意することは，重要なシステムを停止させないようにする冗長システムの構成法の1つです。

② 複数台の電源で負荷を分担して運転し，1台故障しても残りの電源で運転を継続する方法は，冗長システムの1つです。

③ 現代のような高度情報化社会では，電源が瞬時停電することは制御機器や通信機器，データセンターなどに重大なダメージを与えかねません。サイリスタスイッチを用いた高速瞬断切換装置，無瞬断切換方式の電源システムも開発されています。

⑤ CVCF（Constant Voltage Constant Frequency）とは，負荷変動や電力供給側の品質変動による電圧や周波数の変動に対して，常に一定の電圧と周波数の交流電源を供給するための装置です。しかし，近年はUPSにもインバータによるCVCF機能が備わっており，厳密な区別は難しくなっています。

問題を解くために必要な基礎知識

(1) 蓄電池

電池には一次電池と二次電池があり，一次電池は使い捨ての電池で，単一や単三などの規格で呼ばれるマンガン電池やアルカリ電池があります．二次電池は充電すれば再使用が可能な電池で，蓄電池とも呼ばれ，鉛電池やリチウムイオン電池などがあります．非常用の蓄電池としては，消防庁の告示に「蓄電池設備の基準」があり，構造や性能，充電装置などが記載されています．この基準では，「消防用設備を定められた時間以上有効に監視，制御，作動等をすることができるもの」と定められています．

令和元年度（再）Ⅲ-35 の問題は，一般のビルに関する非常用の蓄電設備の電流容量の算定に関するものですが，UPS（無停電電源装置）などを設置する場合でも，「火災予防条例」の規制を受ける場合があります（定格容量と電槽数の積の合計が 4 800 Ah・セル以上の蓄電設備，その他条件あり）．代表的な蓄電池の種類には，下表のものがあります．

〈代表的な蓄電池〉

名称	正極/負極	電圧	特徴・用途
鉛電池	二酸化鉛/鉛	2 V	安価，時間・放電流とも自由に選択 ：自動車バッテリ，非常用電源
ニッケル・カドミュウム電池	水酸化 Ni/水酸化 Cd	1.2 V	大電流の充放電が可能だが消費電力は小 ：電動工具，非常用電源
ニッケル水素電池	水酸化 Ni/水素吸蔵合金	1.2 V	Ni/Cd 電池より電気容量は 2 倍 ：ポータブル電子機器，ハイブリッドカー
リチウムイオン電池	リチウム遷移金属酸化物/黒鉛	3.7 V	電圧が高く，軽量コンパクト ：ポータブル電子機器，ハイブリッドカー

その他，大電力用蓄電池として，ナトリウム硫黄電池（NaS 電池），レドックスフロー電池などが開発されています．

(2) 電気の容量を表す単位

■ Ah

Ah（アンペアアワー）は，電池の容量を表す単位で，電池の使い始めから使い終わるまで取り出すことができる電気量のことです．通常，「時間率」と一緒に表示されます．

10 Ah（1 時間率）：10 A を 1 時間流せる容量がある．

10 Ah（5 時間率）：2 A を 5 時間流せる容量がある．

■ Wh

通常，電気量の単位としては Wh が使われます．特に大きな電気量を表す場合には kWh が用いられます．kWh は電力会社が電気を電気量として売る単位であり，kWh＝1 000×Wh です．また，Wh＝電圧×電流×時間です．それに対して，Ah は蓄電池の容量であり，Ah＝電流×時間で，比較すると，Wh＝Ah×電圧の関係があります．

また，特定の電圧を得るためには蓄電池を直列に接続することが一般的です．

(3) UPS

UPS は，オンラインシステムや
データセンターのような大規模設
備から，サーバやパソコンなどの
ネットワーク機器まで，様々な規
模の重要なシステムを停電や電源
トラブルから守る無停電電源シス
テムです．

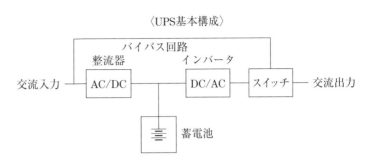

〈UPS基本構成〉

一般に整流器やインバータなどの電力変換部と蓄電池などの蓄電部の組み合わせで構成され，停電や瞬時電圧低下が発生した際に，蓄電池により安定した電力を供給し続け，電源トラブルが機器に与える影響を防ぐ働きをします．

〈UPS の主な給電方式〉

給電方式	定常時	停電時の切り替え	電源品質	メリット・デメリット	価格
常時商用給電方式	商用電源で負荷に給電	蓄電池回路に高速切替 約 10 ms	通常時は商用電源に依存	低損失・商用電源の変動がそのまま供給．瞬時停電対応不可	低
常時インバータ給電方式	インバータによる負荷給電	無瞬断	通常時も安定した電源を提供	電源品質高・内部消費電力大	高
ラインインタラクティブ給電方式	常時商用給電方式に電圧安定化を付加	蓄電池回路に高速切替 約 10 ms	安定した電圧給電が可能	安定電圧・瞬時停電対応不可	中

〈UPS のシステム構成〉

システム構成	台数	切換
並列冗長システム	N＋1 以上	UPS を並列にして容量に余裕をもたせて運転し，故障時は残りの健全機で運転を継続する．足りない場合はバイパス回路で商用電源を使用する．
共通予備システム	N＋1	共通予備 UPS の出力を常用 UPS のバイパス入力に接続し，故障時は予備機で給電する．不足した場合は商用電源を使用．
2 重化システム	N＋N	独立した 2 つのシステムで運転，故障時は切り替えのため双方向無瞬断切換装置，高速瞬断切換装置などを使用する．

N＝必要台数

(4) CVCF

CVCF とは，定電圧定周波数装置を指します．
CVCF は，UPS の中の一部の構成要素としても存
在し，交流を直流に変換した後，インバータを通
じて再び交流に戻します．このプロセスを通じて

〈CVCF基本構成〉

交流入力 ─ AC/DC ─ DC/AC ─ 交流出力
整流器　　　インバータ

ノイズや歪みを取り除いた一定の品質の電気を供給する機能をもつ装置となります．

3 電気設備一般

問題

平成27年度 Ⅲ−35

　ヒートポンプに関する次の記述の，□□□□□に入る語句の組合せとして最も適切なものはどれか。

　近年，広く普及したヒートポンプ式の加熱装置は，低温部から熱を移動して高温部に伝送する装置である。効率の良さを表す指標としては　ア　が用いられ，略称はCOPである。その定義は，電気式で加熱の場合，　イ　を　ウ　で割ったものである。COPは通常1を大きく　エ　いる。

	ア	イ	ウ	エ
①	成績係数	電気入力	有効加熱熱量	上回って
②	成績係数	有効加熱熱量	電気入力	上回って
③	成績係数	電気入力	有効加熱熱量	下回って
④	増幅係数	電気入力	有効加熱熱量	下回って
⑤	増幅係数	有効加熱熱量	電気入力	上回って

解説＆解答

　ヒートポンプの効率を表す指標は成績係数（COP：Coefficient Of Performance）です。その定義は，ヒートポンプで得られた熱量を消費された電力（電気入力）で割ったもので，給湯システムや空調機などの性能表示に使われています。ヒートポンプの成績係数は，一般的に3〜6程度になります。よって②が正解です。

答え ②

詳しく解説

　ヒートポンプは，空気などの熱を集めて，低い温度の熱を高い温度のところにくみ上げ，移動させて利用する設備です。この熱を「くみ上げる」動作がポンプの機能に似ているため，ヒートポンプと呼ばれています。比較的少ない電気エネルギーで，それ以上の熱エネルギーを得ることができる装置です。

　熱を伝える物質である，冷媒を圧縮する際の凝縮熱や膨張させる際の気化熱を利用して，熱を温水器にためたり，空調による冷房や暖房に活用しています。その際，投入した電気エネルギーに対して，得られた熱エネルギーが何倍になったかを示した数値を成績係数（COP）と呼びます。ヒートポンプの成績係数（COP）は，消費電力量をW［J］，熱交換器で吸収した熱量（有効加熱熱量）をQ［J］とすると，冷房時では，$COP = \dfrac{Q}{W}$となり，通常は3〜6となります。なお，暖房時は$COP = 1 + \dfrac{Q}{W}$となります。

令和 2 年度　Ⅲ-35

類似問題
● 平成 30 年度　Ⅲ-35

　高電圧用ケーブルに関する次の記述の，□□□□に入る語句の組合せとして，最も適切なものはどれか．

　高圧設備に使用されるケーブルには，OF ケーブルと CV ケーブルがある．OF ケーブルはクラフト紙と絶縁油で絶縁を保つケーブルである．CV ケーブルは，OF ケーブルと異なり絶縁油を使用せずに　ア　で絶縁を保つケーブルである．CV ケーブルの特徴は OF ケーブルよりも燃え難く，軽量で，　イ　が少なく，保守や点検の省力化を図ることができる．CV ケーブルは，　ア　の内部に水分が侵入すると，異物やボイド，突起などの高電界との相乗効果によって，　ウ　が発生して劣化が生じる．

	ア	イ	ウ
①	架橋ポリエチレン	誘電体損	トリー
②	ポリエチレン	銅損	軟化
③	クロロプレン	銅損	硬化
④	架橋ポリエチレン	鉄損	トリー
⑤	ポリエチレン	誘電体損	硬化

解説＆解答

　CV ケーブルは架橋ポリエチレンを絶縁体とし，誘電体損が少ない特徴がありますが，水の侵入による水トリーが発生すると絶縁劣化が生じる欠点もあります．よって①が正解です．

答え　①

詳しく解説

■ ケーブルの特徴

　OF ケーブルは，電気の絶縁に絶縁油を含浸させた絶縁紙を使い，主に 66 kV 以上の超高圧ケーブルとして使用されています．また，ケーブル導体の中に金属スパイラル管を設けて絶縁油を入れ，外部から圧力を掛けることで，温度変化によるケーブルの膨張や収縮を調整しています．

　CV ケーブルは，絶縁体に架橋ポリエチレンを使用し，絶縁性能に優れ，誘電率，誘電体損失がともに少ない特徴があります．また，絶縁油を使用しないため火災などの防止にも優れています．このような特性から近年では古くなった OF ケーブルとの交換が進められています．

　CV ケーブルは，架橋ポリエチレンの内部に水が浸透すると，架橋ポリエチレンの内部のボイドなどへの高電界の影響で水トリーが発生し，絶縁劣化が生じる欠点があります．

〈語句説明〉

・誘電体損は，交流電圧によりケーブルの絶縁体に熱エネルギーとして発生する損失です．

・銅損は，ケーブルの抵抗に電流が流れることにより，ジュール熱として発生する損失です．

・鉄損は，変圧器の鉄心に発生する磁束による損失で，無負荷損ともいわれています．

　また，水トリーについては，次の問題を解くために必要な基本知識で説明します．

(1) ヒートポンプの原理

例として，右図にヒートポンプを使った給湯システムを示します.

① 空気のもつ低温の熱を利用するため，空気を熱交換器に取り込み，さらに低温の冷媒を蒸発させることで熱を吸収します.

② 冷媒を圧縮機（コンプレッサー）で圧縮すると，冷媒は高温・高圧になります.

③ 冷媒の熱を水熱交換器で水に伝えてお湯をつくります.

④ お湯を温水器に送ってためます.

⑤ 水熱交換器で冷やされた冷媒は，

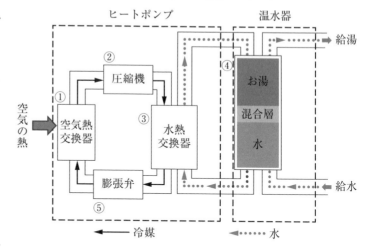

〈ヒートポンプを使った給湯システム〉

膨張弁で膨張され，さらに低温・低圧になり，最初の空気熱交換器に送られます.

問題の解説でも説明した通り，ヒートポンプは比較的少ない電気エネルギーを使って，それ以上に大きな熱エネルギーを得ることができる省エネルギー技術です. 通常あるエネルギーを別のエネルギーに変換する場合（例えば，ヒーターでお湯を沸かすなど），変換効率は理想的な条件でも1です. 通常はロスがあり，それ以下のエネルギーしか得られません. しかし，ヒートポンプは空気のもつ熱エネルギーを利用して，運転に必要な圧縮機などに使用する電気エネルギーよりも大きい熱エネルギーが得られます（水や地中の熱エネルギーも利用できます）.

(2) 成績係数（COP）

ヒートポンプの効率を示す指標です. 消費電力量に対する得られた熱エネルギー量で表され，例えば，電力量100 J（ジュール＝ワット・秒）を使って500 Jの熱エネルギーを得たなら，成績係数は500/100＝5となります. ヒートポンプの場合，通常は3〜6程度です. 成績係数は，エアコンに使う場合，冷房時と暖房時で成績係数の式が異なります.

・冷房時

室内の熱交換器で吸収した熱量を Q ［J］，圧縮機での消費電力量を W ［J］とすると，COP は「消費電力量に対する得られた熱エネルギー量」なので，$COP = \dfrac{Q}{W}$ となります.

・暖房時

暖房時には冷媒の流れる向きが冷房時とは逆になり，圧縮機の運転に使った電気エネルギー W ［J］は熱エネルギーとなったあと，暖房の熱として利用するため，得られる熱エネルギーは Q ＋

W となります．よって暖房時の COP は，$\mathrm{COP} = \dfrac{W+Q}{W} = 1 + \dfrac{Q}{W}$ となります．ただし，熱損失は無視しています．また，冷房時の圧縮機の運転で発生した熱は外に排出しています．

(3) 高圧ケーブル

CV ケーブル＝架橋ポリエチレン絶縁ビニルシースケーブル (cross-linked polyethylene insulated PVC sheathed cable)

日本では，500 kV まで広く使用されています．架橋ポリエチレンは，分子を網状に補強する「架橋」を施すことで耐熱性能を高めており，最高許容温度が 90℃になり，電流容量も大きくとれます（右図参照）．

また，誘電率，誘電損失ともに小さい特徴があります．ただし，絶縁破壊現象（水トリー）が起こる可能性があります．

■ 水トリー (water tree)

架橋ポリエチレンの絶縁層内に侵入した微量の水分や異物が，時間経過により絶縁体の中に浸透し，絶縁劣化を経て絶縁破壊する現象のことです（右図参照）．

■ OF ケーブル (oil filed cable)

超高圧送電用のケーブルで，ケーブル内部に油通路をつくり，油圧を加えた絶縁油を封入したものです．極めて粘度の低い絶縁油を含浸したクラフト紙を絶縁体とし，その上に遮へい層（金属シース）を施したものです．ボイド（ケーブル製作時に発生する小さな空洞のことで，水トリーの原因となる）の発生がなく，高電圧用に適しています．現在も超高圧用に広く使用され，特に超高圧直流線路として使用されています（右図参照）．

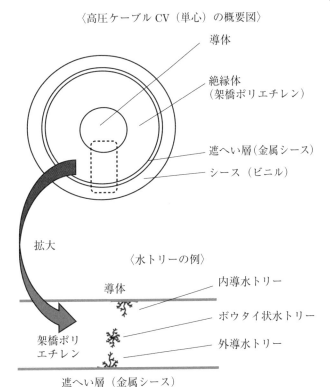

〈高圧ケーブル CV（単心）の概要図〉

- 導体
- 絶縁体（架橋ポリエチレン）
- 遮へい層（金属シース）
- シース（ビニル）

拡大

〈水トリーの例〉

導体

架橋ポリエチレン

遮へい層（金属シース）

- 内導水トリー
- ボウタイ状水トリー
- 外導水トリー

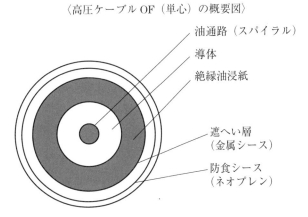

〈高圧ケーブル OF（単心）の概要図〉

- 油通路（スパイラル）
- 導体
- 絶縁油浸紙
- 遮へい層（金属シース）
- 防食シース（ネオプレン）

技術士一次試験 電気電子部門
苦手をおぎなう合格テキスト

2023 年 11 月 29 日　　　第 1 版第 1 刷発行

著　　者　廣吉康平・平塚由香里・滑川幸廣・秋葉俊哉
発 行 者　村 上 和 夫
発 行 所　株式会社 オーム社
　　　　　郵便番号　101-8460
　　　　　東京都千代田区神田錦町 3-1
　　　　　電話　03(3233)0641(代表)
　　　　　URL　https://www.ohmsha.co.jp/

© 廣吉康平・平塚由香里・滑川幸廣・秋葉俊哉 2023

印刷・製本　美研プリンティング
ISBN978-4-274-23097-4　Printed in Japan

本書の感想募集　https://www.ohmsha.co.jp/kansou/
本書をお読みになった感想を上記サイトまでお寄せください．
お寄せいただいた方には，抽選でプレゼントを差し上げます．